中国科学院近海海洋观测研究网络
黄海站、东海站观测数据图集Ⅸ

刘长华　王　旭　王春晓　贾思洋　著

海洋出版社

2023年·北京

图书在版编目(CIP)数据

中国科学院近海海洋观测研究网络黄海站、东海站观测数据图集. Ⅸ / 刘长华等著. — 北京：海洋出版社，2023.3

ISBN 978-7-5210-1102-9

Ⅰ. ①中… Ⅱ. ①刘… Ⅲ. ①黄海－海洋站－海洋监测－数据集②东海－海洋站－海洋监测－数据集 Ⅳ. ①P717

中国国家版本馆CIP数据核字(2023)第055821号

中国科学院近海海洋观测研究网络
黄海站、东海站观测数据图集Ⅸ
ZHONGGUO KEXUEYUAN JINHAI HAIYANG GUANCE YANJIU WANGLUO
HUANGHAI ZHAN, DONGHAI ZHAN GUANCE SHUJU TUJI Ⅸ

责任编辑：赵 娟
责任印制：安 淼

海洋出版社 出版发行
http://www.oceanpress.com.cn
北京市海淀区大慧寺路 8 号 邮编：100081
鸿博昊天科技有限公司印刷 新华书店北京发行所经销
2023年3月第1版 2023年3月第1次印刷
开本：889mm × 1194mm 1 / 16 印张：12.5
字数：300千字 定价：150.00元

发行部：010-62100090 总编室：010-62100034

本数据图集出版得到以下项目支持

- 国家重点研发专项“海气交互关键层大剖面综合同步观测浮标研制与应用示范”（2022YFC3104300）
- 中国科学院仪器设备功能开发技术创新项目“基于浮标载体的海洋可视化系统研制”（GYH201802）
- 中国科学院科研仪器设备研制项目“原位可视化海洋多参数高精度观测系统”（YJKYYQ20210027）
- 中国科学院网络安全和信息化专项“基于黄海、东海浮标观测数据的‘数字孪生海洋’信息模型应用示范”（CAS-WX2021SF-0503）
- 中国科学院关键技术人才项目

序

海洋调查是海洋科学研究、海洋资源环境利用和海洋安全保障的基础。海洋观测是认识海洋的基本手段，是海洋经济发展、环境保护和权益维护的前提。海洋观测技术的快速发展和进步，不仅直接促成海洋科学规律的重大发现和海洋科学研究的变革，还会直接促进人类社会经济的可持续发展。党的二十大报告提出“发展海洋经济，保护海洋生态环境，加快建设海洋强国”“强化经济、重大基础设施、金融、网络、数据、生物、资源、核、太空、海洋等安全保障体系建设”，这些党和国家的政策方针对海洋监测提出了更高的要求，海洋科技创新是建设海洋强国的根本动力和关键要素，加快海洋开发利用进程，促进海洋经济又快又好的高质量发展，关键在海洋科技的快速发展。

基于浮标的海基观测具有突出的特点和优势，浮标可获得海水特别是表层海水长期序列的观测数据，是调查船和其他移动观测所不能比拟的，长期的海表观测数据对天气和海况预报、海洋科学研究以及海洋资源环境的开发利用具有十分重要的价值。

海洋领域国家野外科学观测研究站的建设是强化海洋国家科技力量的重要手段，由中国科学院海洋研究所具体负责建设和运维的黄海海洋观测研究站和东海海洋观测研究站在海洋科学观测研究站建设运行中具有鲜明的特色。这两个野外台站的建设目标是获取我国近海关键海域长序列、稳定、连续、高质量的海洋气象、水文、水质等观测数据，为海洋科学研究和海洋开发利用提供支撑。截至 2021 年 12 月，已积累了近 15 年的实测数据，而且持续观测时长不断创造我国近海观测长时间序列之最。随着巨量观测数据的积累，如何有效地发挥这些海量观测数据的作用已成为一个必须关注的问题，鉴于此，黄海及东海海洋观测研究站的技术人员把观测网络获取的数据进行规范整理和质控后，绘制成可供初步借鉴的观测数据时序变换图件，按年份形成系列图集公开出版，为海洋、气象、交通等领域提供帮助，一方面可以对获得的观测数据质量有全面把控，反馈台站运维改进和提升浮标观测的水平，另一方面可大幅度推进观测数据的开放共享，更好地服务于科学研究、经济发展、环境预报以及防灾减灾等众多领域。

此前，作者及其团队已经出版了两个野外台站的浮标观测数据图集 7 册（2009 年至 2017 年）和台风专题数据图集 1 册，获得了很好的效果和应用层面的反馈。在此基础上，他们再接再厉，完成了 2018 年数据图集的汇集编撰。从该图集可以看出，伴随着浮标观测运维的持续稳步开展，经过近 10 年的磨练和积累，2018 年的数据质量较以往有了明显提升，多数浮标有效获取数据时长超过 350 天，充分体现了这支技术团队严谨科学的工作态度和勤奋高效的工作成效，这本图集更是他们经风雨、沐寒暑，拼搏奉献的见证，愿他们永远保持“咬定青山不放松，立根原在破岩中”的精神，与海中的浮标一样“千磨万击还坚劲，任尔东西南北风”。

最后，希望该系列图集的持续出版，在提升观测数据的应用效率，实现观测数据发挥更大的应用价值，促进我国海洋科学研究、海洋资源环境利用以及海洋国家安全保障水平提升上发挥应有的作用。

2022 年 12 月 1 日

前　言

根据气候监测，2018 年年初的拉尼娜彻底消失，而自 2018 年 9 月以来，赤道中东太平洋海温持续偏高，进入厄尔尼诺状态，且一直持续到 2019 年 7 月才消失。厄尔尼诺现象大致每 3 ~ 4 年发生一次，是全球气候最重要的特征之一，其行为的变化对世界各地的天气模式和极端事件具有非常严重的影响，厄尔尼诺现象的出现导致更多的极端气候，譬如干旱、洪水、高温、强风暴等。

在此背景下，2018 年气候特征较常年有所不同。中国气象局发布的《2018 年中国气候公报》[①]显示，我国 2018 年平均气温（10.1℃）较常年偏高 0.5℃，春夏季气温创历史新高，秋冬季气温接近常年同期；高温日数多，东北及中东部地区高温极端性突出；全国平均降水量 673.8 mm，比常年偏多 7%；生成和登陆台风多、登陆位置偏北、灾损重，“安比”“云雀”“温比亚”3 个台风在 1 个月内相继登陆上海，其中“温比亚”灾损为当年最重；低温冷冻害及雪灾频发，1 月底寒潮侵袭中东部引发暴雪，4 月上旬西北、华北等地出现阶段性春寒，12 月底出现入冬以来范围最大的低温雨雪冰冻天气过程，低温冷冻害及雪灾损失偏重。

厄尔尼诺是年际尺度的气候现象，因此研究其对中国近海环境的影响需要连续数 10 年以上的观测数据，实时连续长期定点获取海洋观测数据的海洋观测浮标能够积累多年大量宝贵的基础观测资料，可为厄尔尼诺等相关研究提供重要的数据支撑。中国科学院近海观测研究网络黄海海洋观测研究站和东海海洋观测研究站（以下简称“黄海站和东海站”）便是以海洋观测浮标为主要设施，长期致力于中国近海海域定点与联网观测的野外台站。其观测范围北起北黄海长山群岛海域，西至渤海秦皇岛外海海域，南至东海舟山群岛海域，东至 124°E 中韩中间线附近，以北黄海的长山群岛附近海域、山东外海海域和东海的长江口及其邻近海域为重点观测范围，建设目标是获取我国近海关键海域长序列、稳定、连续、高质量的海洋气象、水文、水质等观测数据。黄海站和东海站自 2007 年开始筹建，2009 年正式挂牌并投入运行，长期以来始终保持稳步、健康发展，观测技术手段和能力显著提升。建站初期，仅有 6 套观测浮标系统，发展到目前（截至 2022 年）已经拥有 24 套观测设施，主要包括国内首套三锚式浮标综合观测平台、单锚式浮标、潜标、海岛自动气象站和海洋调查船等，现已形成了观测范围广阔、站位布局合理、技术手段丰富的网络化综合观测体系，可长期、稳定地为我国近海海洋科学研究提供高质量的基础观测数据支撑。

本图集是关于黄海站和东海站的观测数据集第九分册（总第九卷），起止时间为 2018 年 1 月 1 日至 2018 年 12 月 31 日，为 1 个年度周期浮标的数据累积成果。浮标的分布主要集中于 3 个区域，分别是北黄海长海县附近海域，南黄海山东荣成楮岛和青岛灵山岛海域，以及东海长江口外海附近海域（见技术说明中浮标分布图）。综合考虑数据的质量和区域代表性，图集共选取了 7 套浮标的观测

---

① 中国气象局国家气候中心，2019，2018 年中国气候公报。

数据，主要观测项目包括海洋气象、水文、水质，各浮标情况介绍以及具体使用的观测设备和获取的观测参数等内容可参见技术说明部分。

本图集的编写方式继续沿用了2020年以来出版图集改进后的形式，即选取典型站位浮标的观测数据进行曲线绘制，并针对每个参数全年的变化特征进行简要概括描述和分析，同时就该观测参数所记录的特殊天气现象进行专题描述，如寒潮和台风等。图集正文中以图文并茂的形式展示了黄海站和东海站的数据获取情况、数据质量情况以及数据变化情况，进而吸引广大海洋科研工作者深入挖掘数据或者是申请我们已经获取的长序列观测数据，以支持其相关研究。因此，本图集的出版核心是宣传和促进数据应用及共享，这一宗旨与国家近几年所大力提倡的开放数据、共享数据的精神是完全符合的。

基于这一新的图集编写目的，所以在观测站点的选择上也就没有必要面面俱到，更不必要对所有获取的原始数据进行处理、质量控制和成图，这些工作由深入研究海洋的各位学者开展，其效果会事半功倍，而且目的性会更加明确。我们需要做的仅仅是将我们拥有的观测数据宣传出去，让众多的海洋科研工作者知道我们的资源，通过合作或直接申请的方式大力推进数据共享和应用。

本年度数据获取情况整体评价为优秀。多个浮标获取的观测参数时长超过350天，且除盐度外，多数参数的数据有效率均达到98%以上，数据质量高。如位于黄海青岛董家口外海海域（35°25′N，119°57′E）的18号浮标，其获取的气温和气压数据、风速和风向数据、有效波高和有效波周期数据几乎涵盖了全年365天的长序列观测数据，水温和盐度数据也获取了352天的长序列观测数据，这对于以锚系式定点观测方式而言，是极其难得的。我们用表格的形式展示本图集涉及浮标获取参数的时长情况，以供参阅。

根据数据曲线可以基本概括出几个观测海域的环境变化特征。北黄海通过01号浮标获取的气温、气压数据可以看出，该海域月度变化特征与该海域常年季节气候变化特点基本吻合，气温平均值最低的月份为1月，并且在该段时间内出现观测到的年度最低气温（−13.2℃），平均气温值最高的月份为8月，并且在该时间段内出现观测到的年度最高气温（31.4℃）。通过风速和风向数据，可以看出该海域冬季盛行北西北风，且6级以上大风天数较多，夏季盛行南东南风，6级以上大风天数较少。水温数据与气温数据密切相关，盐度变化特征受该海域降水影响明显，年度水温平均值为12.77℃，年度盐度平均值为32.03；测得的年度最高水温和最低水温分别为31.5℃和1.3℃；测得的年度最高盐度和最低盐度分别为32.5和31.2。测得的波浪数据主要有效波高和有效波周期，根据数据统计得出年度有效波高平均值为0.72 m，年度有效波周期平均值为4.49 s；测得的年度最大有效波高为2.5 m，对应的有效波周期为8.6 s。

2018 年度黄海站、东海站典型浮标获取主要参数的时长列表

浮标	大致位置	观测参数	获取时长	主要时间段	备注
01	北黄海 长海县 附近海域	气温、气压	365 天	全年	盐度传感器故障导致数据缺失
		风速、风向			
		有效波高、有效波周期			
		表层水温			
		表层盐度	196 天	1 月 1 日至 3 月 24 日 9 月 10 日至 12 月 31 日	
06	东海 嵊山岛 海礁 附近海域	气温、气压	365 天	全年	
		风速、风向			
		有效波高、有效波周期			
07	黄海 荣成楮岛 附近海域	气温、气压	360 天	1 月 1 日至 12 月 26 日	浮标大修导致数据缺失
		风速、风向			
		有效波高、有效波周期			
09	黄海 灵山岛 附近海域	气温、气压	365 天	全年	盐度传感器故障导致数据缺失
		风速、风向			
		有效波高、有效波周期			
		表层水温			
		表层盐度	295 天	1 月 1 日至 8 月 22 日 11 月 1 日至 12 月 31 日	
17	黄海 仰口 附近海域	气温、气压	365 天	全年	水温和盐度传感器故障导致数据缺失
		风速、风向			
		有效波高、有效波周期			
		表层水温	337 天	1 月 1 日至 10 月 17 日 11 月 15 日至 12 月 31 日	
		表层盐度	306 天	2 月 1 日至 10 月 17 日 11 月 15 日至 12 月 31 日	
18	黄海 董家口 附近海域	气温、气压	365 天	全年	水温和盐度传感器故障导致数据缺失
		风速、风向			
		有效波高、有效波周期			
		表层水温	352 天	1 月 1 日至 8 月 11 日 8 月 25 日至 12 月 31 日	
		表层盐度			
20	舟山 六横岛 附近海域	气温、气压	352 天	1 月 14 日至 12 月 31 日	浮标大修导致数据缺失
		风速、风向			
		有效波高、有效波周期			
		表层水温			
		表层盐度	291 天	1 月 14 日至 10 月 31 日	

南黄海通过09号浮标获取的气温、气压数据可以看出，该海域月度变化特征与该海域常年季节气候变化特点基本吻合，气温平均值最低的月份为1月，并且在该段时间内出现观测到的年度最低气温（-8.1℃），平均气温值最高的月份为8月，并且在该时间段内出现观测到的年度最高气温（31.5℃）。通过风速和风向数据，可以看出该海域冬季盛行北西北和北风，且6级以上大风天数较多，夏季盛行南风和东南风，6级以上大风天数较少。水温数据与气温数据密切相关，盐度变化特征受该海域降水影响明显，年度水温平均值为14.33℃，年度盐度平均值为31.35；测得的年度最高水温和最低水温分别为30.5℃和3.0℃；测得的年度最高盐度和最低盐度分别为31.9和29.8。测得的波浪数据主要有效波高和有效波周期，根据数据统计得出年度有效波高平均值为0.56 m，年度有效波周期平均值为4.84 s；测得的年度最大有效波高为3.5 m，对应的有效波周期为7.6 s。

长江口邻近海域通过20号浮标获取的气温、气压数据可以看出，该海域月度变化特征与该海域常年季节气候变化特点基本吻合，气温平均值最低的月份为2月，并且在该段时间内出现观测到的年度最低气温（1.7℃），气温平均值最高的月份为8月，年度最高气温（31.8℃）出现在7月。通过风速和风向数据，可以看出该海域6级以上大风天数较黄海海域明显偏多，全年冬季盛行偏北风，且6级以上大风天数较多，夏季盛行偏南风，6级以上大风天数也不太少。水温数据与气温数据密切相关，盐度变化特征受该海域降水以及长江冲淡水影响明显，年度水温平均值为20.35℃，年度盐度平均值为30.66；测得的年度最高水温和最低水温分别为34.1℃和8.1℃；测得的年度最高盐度和最低盐度分别为33.9和25.6。测得的波浪数据主要有效波高和有效波周期，根据数据统计得出年度有效波高平均值为1.27 m，年度有效波周期平均值为6.67 s；测得的年度最大有效波高为6.6 m，对应的有效波周期为9.8 s。

上述内容是对2018年度获取数据的简单概述，详细曲线特征信息各位读者可参照图集正文对应的数据曲线，根据需要做深入分析，也可通过海洋大数据中心进行原始数据的申请（网址：http://msdc.qdio.ac.cn/）。

本图集工作是集体劳动成果的结晶。自2009年黄海海洋观测研究站和东海海洋观测研究站正式建站以来，几十位管理与技术人员付出了艰辛的努力，中国科学院海洋研究所的孙松、侯一筠、王凡、任建明、宋金明、于非、于仁成等领导付出了很大的精力，先后指导了此项工作的实施，具体实施的技术人员包括刘长华、陈永华、贾思洋、王春晓、王旭、王彦俊、冯立强、张斌、李一凡、杨青军、张钦等。同时，相关兄弟单位的管理和技术人员也给予了无私的帮助和关心，主要有上海海洋气象局的黄宁立、陈智强、费燕军，山东荣成楮岛水产公司的王军威、张义涛、王森林，大连獐子岛渔业集团的臧有才、赵学伟、张晓芳、杨殿群、张永国、杨鑫等，特向他们表示深深的感谢！

本图集由刘长华、王春晓、王旭、贾思洋和王彦俊等撰写完成，刘长华负责图集整体构思、前言部分的撰写和统稿，王春晓和王旭主要负责数据的整理、曲线绘制和各参数年度曲线特征的描述，王彦俊给予曲线绘制的技术支持，贾思洋负责技术说明的撰写及通稿的审校；本图集合稿后的整体编辑和具体细节的处理由王春晓全面负责。撰写期间，遇到国内新冠肺炎疫情，王春晓同志克服居家办公的种种困难，按时、保质地完成了各项工作，在此对他的辛勤付出，表示特别的感谢！

青岛海洋试点国家实验室副主任、中国科学院大学海洋学院副院长、国家杰出青年科学基金获得者宋金明研究员，在百忙之中为本图集作序，多年来对我们的这项工作给予了鼓励和充分的肯定，而且还时时督促我们要以持之以恒的热情将该项工作持续开展下去，对图集板块的组成、图件表达样式等都提出了非常宝贵的建议，使图集的质量得到了提升，这些都为图集得以出版起到了重要的作用，在此对他表示特别的感谢！

本图集虽然较以往出版的图集有所改进，如撰写内容的编排、曲线的进一步标准化、部分参数年度曲线特征简单描述的优化等，都是总结前几分册的不足而做的改进和提升。但是整体上与我们的设想仍然相距甚远，与各位读者的要求差距也较大，尤其是获取数据的质量和连续性以及采用的数据获取技术方法，均有诸多欠缺和不足，敬请读者不吝赐教，批评指正！

刘长华

2022 年 10 月于青岛汇泉湾畔

中国科学院近海海洋观测研究网络
黄海站、东海站观测数据图集Ⅸ

技术说明

《中国科学院近海海洋观测研究网络黄海站、东海站观测数据图集Ⅸ》根据黄海站和东海站对黄海海域、东海海域长期累积的观测数据编制完成。观测内容包括海洋气象、海洋水文、水质等参数。本图集系2018年1月至2018年12月期间月度、年度所积累的观测数据，并选择部分具有代表性海域浮标的气温、气压、风速、风向、表层水温、表层盐度、有效波高和有效波周期等要素进行绘制。

黄海站、东海站主要通过布放在海上的锚泊式海洋观测研究浮标系统进行海洋参数的采集，黄海站、东海站长期安全在位运行浮标系统20余套。浮标系统主要搭载了风速风向仪、温湿仪、气压仪、能见度仪、声学多普勒流速剖面仪、波浪仪、温盐仪、叶绿素－浊度仪、溶解氧仪等观测设备，浮标的数据采集系统控制上述设备对中国近海海域的海洋气象参数、水文参数和水质参数等进行实时、动态、连续的观测，并通过CDMA/GPRS和北斗通信方式将观测数据传输至陆基站接收系统进行分类存储。

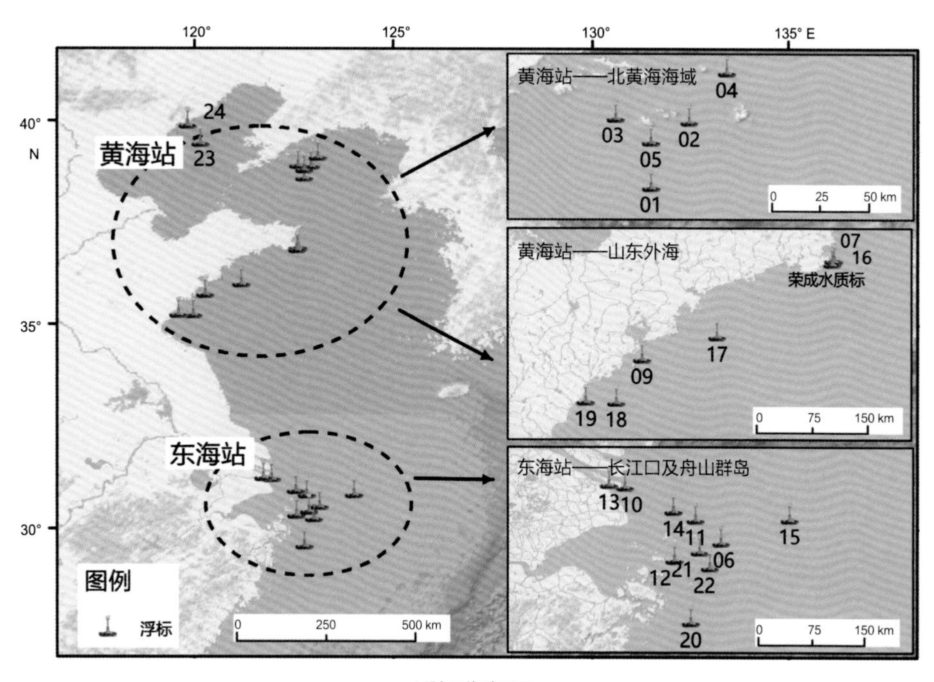

浮标分布图

海洋观测浮标系统的设计参照海洋行业标准《小型海洋环境监测浮标》（HY/T 143—2011）和《大型海洋环境监测浮标》（HY/T 142—2011）执行；观测仪器的选择参照《海洋水文观测仪器通用技术条件》（GB/T 13972—1992）执行。重要海洋气象、海洋水文、水质等参数的观测工作参照《海洋调查规范》（GB/T 12763—2007）和《海滨观测规范》（GB/T 14914—2006）执行。

一、浮标情况介绍

黄海站、东海站布放的浮标包括多种类型，每一个浮标可观测的参数也有所不同，各浮标具体情况介绍以及获取参数的详细技术指标参见如下两个列表。

黄海站、东海站浮标情况列表

站位	浮标	开始运行时间	布放位置	观测参数类型	备注
黄海站	01 号	2009 年 6 月	大连獐子岛附近海域	气象、水文、表层水质	直径 3 m 钢制浮标
	02 号	2009 年 6 月	大连獐子岛附近海域	水文、表层水质	直径 2 m 钢制浮标
	03 号	2009 年 6 月	大连獐子岛附近海域	气象（风）、水文、表层水质	直径 2 m 钢制浮标
	04 号	2009 年 6 月	大连獐子岛附近海域	水文、表层水质	直径 2 m 钢制浮标
	05 号	2009 年 6 月	大连獐子岛附近海域	水文、表层及剖面水质	直径 2 m 钢制浮标
	07 号	2010 年 6 月	荣成楮岛附近海域	气象、水文、表层水质	直径 3 m 钢制浮标
	荣成水质标	2014 年 7 月	荣成楮岛附近海域	表层水质	直径 1 m 钢制浮标
	09 号	2010 年 7 月	青岛灵山岛附近海域	气象、水文、表层水质	直径 3 m EVA 浮标
	16 号	2018 年 5 月	荣成楮岛附近海域	气象、水文、表层及剖面水质	直径 2.3 m EVA 浮标
	17 号	2014 年 10 月	青岛仰口外海海域	气象、水文、表层水质	直径 10 m 钢制浮标
	18 号	2014 年 10 月	青岛董家口外海海域	气象、水文、表层水质	直径 10 m 钢制浮标
	19 号	2014 年 8 月	日照近海海域	气象、水文、表层水质	直径 3 m 钢制浮标
	23 号	2021 年 4 月	秦皇岛外海海域	气象、水文、表层水质	直径 6 m 钢制浮标
	24 号	2022 年 6 月	秦皇岛近海海域	气象、水文、表层水质	直径 3 m EVA 浮标

续表

站位	浮标	开始运行时间	布放位置	观测参数类型	备注
东海站	06 号	2009 年 8 月	舟山海礁附近海域	气象、水文、表层水质	直径 10 m 钢制浮标
	10 号	2013 年 9 月	长江门崇明岛附近海域	气象、水文、表层水质	直径 3 m 钢制浮标
	11 号	2010 年 4 月	舟山花鸟岛附近海域	气象、水文、表层水质	直径 10 m 钢制浮标
	12 号	2010 年 5 月	舟山黄泽洋附近海域	气象、水文、表层水质	长度 10 m 船型浮标
	13 号	2010 年 5 月	舟山小洋山附近海域	气象、水文、表层水质	直径 3 m 钢制浮标
		2018 年 9 月	长江口崇明附近海域		
	14 号	2011 年 3 月	舟山长江口外海海域	气象、水文、表层水质	长度 10 m 船型浮标
	15 号	2012 年 7 月	东海 124°E 附近海域	气象、水文、表层水质	直径 10 m 钢制浮标
	20 号	2012 年 6 月	舟山六横岛附近海域	气象、水文、表层水质	直径 10 m 钢制浮标
	21 号	2020 年 12 月	舟山东半洋礁附近海域	气象、水文、表层水质	直径 10 m 钢制浮标
	22 号	2018 年 7 月	舟山衢山岛附近海域	气象、水文、表层及剖面水质	直径 15 m 钢制浮标
		2021 年 1 月	舟山浪岗附近海域		

黄海站、东海站浮标观测参数技术指标列表

类型	测量参数	测量范围	测量准确度	分辨率
气象参数	风速	0 ~ 100 m/s	±0.3 m/s 或读数的 1%	0.1 m/s
	风向	0° ~ 360°	±3°	1°
	气温	−50 ~ 50℃	±0.3℃	0.1℃
	气压	500 ~ 1 100 hPa	±0.2 hPa（25℃），±0.3 hPa（−40 ~ 60℃）	0.01 hPa
	相对湿度	0 ~ 100% RH	±2% RH	1% RH
	能见度	10 ~ 20 000 m	±10% ~ ±15%	1 m
水文参数	水温	−3 ~ +45℃	±0.01℃	0.001℃
	电导率	2 ~ 70 mS/cm	±0.01 mS/cm	0.001 mS/cm
	波高	0.2 ~ 25.0 m	±［0.1 m+（5% 或 10%）H］，H 为实测波高值	0.1 m
	波周期	2 ~ 30 s	±0.25 s	0.1 s
	波向	0° ~ 360°	±5° 或 ±10°	1°
	流速	±5 m/s	±0.5% V±0.5 cm/s，V 为实测流速值	1 mm/s
	流向	0° ~ 360°	±10°	1°
水质参数	叶绿素	0.1 ~ 400 μg/L	±1%	0.01 μg/L
	浊度	0 ~ 1 000 FTU	±0.2%	0.03 FTU
	溶解氧	0 ~ 200%	±2%	0.01%

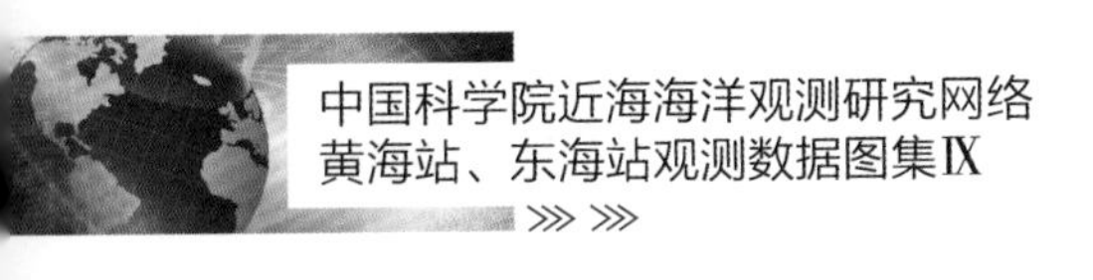

二、数据采集设备

（一）温湿仪

观测气温使用的设备为美国 RM Young 公司生产的 41382LC 型温湿仪，气温测量采用高精度铂电阻温度传感器，观测范围为 −50 ~ 50℃，观测精度为 ±0.3℃，响应时间为 10 s。

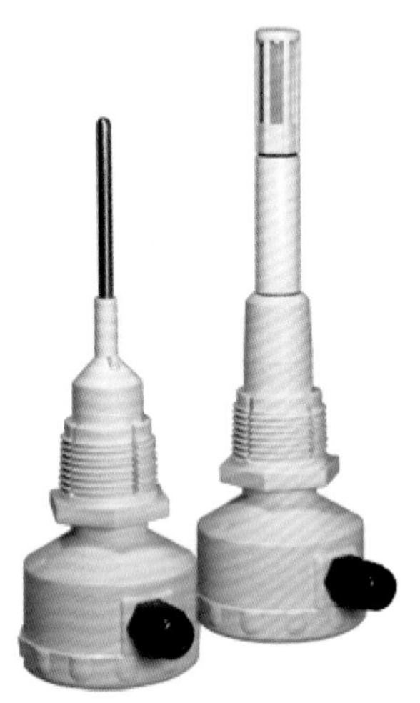

41382LC 型温湿仪

（二）气压仪

观测气压使用的设备为美国 RM Young 公司生产的 61302V 型气压仪，在浮标上使用时配备防风装置保证数据的稳定可靠，观测范围为 500 ~ 1 100 hPa，观测精度为 ±0.2 hPa（25℃），±0.3 hPa（−40 ~ 60℃）。

61302V 型气压仪

（三）风速风向仪

观测风速风向使用的设备为美国 RM Young 公司生产的 05106 型风速风向仪，是专门为海洋环境设计的增强型风速风向仪，能够适应海洋上高湿度、高盐度、高腐蚀性的环境，具有卓越的性能和优异的环境适应性，能够适应各种复杂的测量环境。同时它对强沙尘环境也拥有良好的适应性，拥有比同类型其他产品更长的使用寿命。该风速风向仪的风速测量范围为 0 ~ 100 m/s，精度为 ±0.3 m/s 或读数的 1%，启动风速为 1.1 m/s；风向测量范围为 0º ~ 360º，精度为 ±3，启动风速（10° 位移）为 1.1 m/s。

05106 型风速风向仪

（四）温盐仪

浮标上安装的获取水温、盐度的设备为日本 JFE 公司生产的 ACTW–CAR 型温盐仪。该设备的电导率测量采用七电极探头并安装有可自动上下移动的防污刷，在每次测量时，活塞式防污刷自动清洁探头内壁，从而有效防止生物附着，保证 2 ~ 3 个月不用维护也能获得稳定的测量数据。该设备水温测量范围为 −3 ~ 45℃，精度为 ±0.01℃；电导率测量范围为 2 ~ 70 mS/cm，精度为 ±0.01 mS/cm。

ACTW–CAR 型温盐仪

（五）波浪仪

2012 年 8 月之前，黄海站 01 ~ 05 号浮标使用国产 OSB 型波浪仪，该设备利用重力测波的基本原理进行波高测量，在倾角罗盘的配合下，经过复杂计算，可提供波向数据。该设备波高的测量范围为 0.2 ~ 25.0 m，精度为 ±（0.1 m + 5% H），H 为实测波高值；波周期的测量范围为 2 ~ 30 s，准

确度为 ±0.25 s；波向的测量范围为 0° ~ 360°，准确度为 ±5°。

建站之初，黄海站 07 号和 09 号浮标，以及东海站的 06 号浮标上安装的获取波浪相关（波高、波向和波周期）数据的设备为国产 SBY1-1 型波浪测量仪，采用最先进的三轴加速度计与数字积分算法，具备高可靠性、低功耗和稳定性好等特点。该设备波高的测量范围为 0.2 ~ 25.0 m，精度为 ±（0.1 m + 10% *H*），*H* 为实测波高值；波周期的测量范围为 2 ~ 30 s，准确度为 ±0.25 s；波向的测量范围为 0° ~ 360°，准确度为 ±10°。为方便数据处理和保障数据观测的一致性，自 2012 年 8 月开始，黄海站、东海站的全部浮标均统一使用国产 SBY1-1 型波浪测量仪。

浮标在位运行过程中，若遇到风平浪静或波周期极短的情况，实际波高或波周期数据超出设备测量范围时，两种波浪仪均只给出参考值，如波高 0.0 m 或 0.1 m 以及波周期小于 2.0 s 的参考数据。考虑到数据准确性问题，本图集对超出设备测量范围的波高和波周期仅用于曲线绘制，参考值不参与平均值计算。

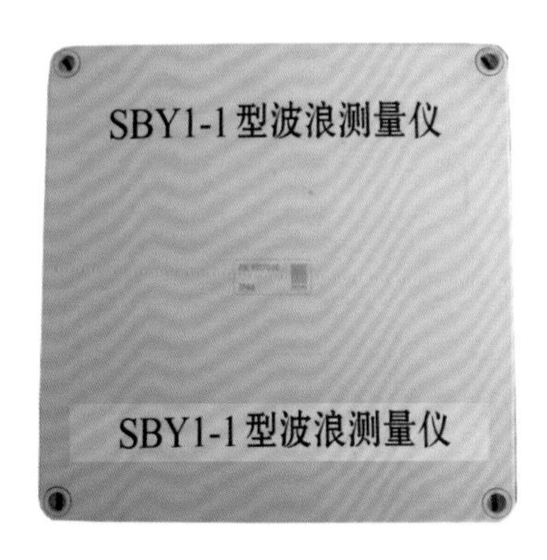

SBY1-1 型波浪测量仪

三、数据采集方法及采样周期

常规观测参数采集频率为每 10 min 测量 1 次（波浪参数每 30 min 测量 1 次），数据传输间隔可设置为 10 min、30 min、60 min（可选）。

（一）气象观测

1. 风

采用双传感器工作。每点次进行风速、风向观测，观测参数为：每 1 min 风速和风向、最大风速、最大风速的风向、最大风速出现的时间、极大风速、极大风速的时间、瞬时风速、瞬时风向、10 min 平均风速、10 min 平均风向、2 min 平均风速和 2 min 平均风向。风速单位：m/s。风向单位：（°）。

项　目	采样长度 / min	采样间隔 / s	采样数量 / 次
10 min 平均风速	10	1	600
10 min 平均风向	10	1	600

2. 气温与湿度

每 10 min 观测 1 次。

项　目	采样长度 / min	采样间隔 / s	采样数量 / 次
气温	4	6	40
湿度	4	6	40

3. 气压与能见度

每 10 min 观测 1 次。

项　目	采样长度 / min	采样间隔 / s	采样数量 / 次
气压	4	6	40
能见度	4	6	40

（二）水文观测

1. 波浪

波浪仪安装在浮标重心所在位置，每 30 min 观测 1 次，观测内容：有效波高和对应的周期、最大波高和对应的周期、平均波高和对应的周期、十分之一波高和对应的周期及波向（每 10° 区间出现的概率，并确定主要波向）。

2. 剖面流速流向

剖面流速流向的观测采用直读式声学多普勒海流剖面仪，从水深 3 m 开始，每 2 m 水深一层，水下每 10 min 观测 1 次，每次 Ping 数 60。

3. 水温、盐度

表层水温、盐度传感器安装于水深 2 m 上下，每 10 min 观测 1 次。

（三）水质观测

表层水质观测包括浊度、叶绿素、溶解氧 3 项，传感器安装于水深 2 m 上下，每 10 min 观测 1 次。

四、英文缩写范例

气温：AT，Air Temperature	风速：WS，Wind Speed
气压：AP，Air Pressure	风向：WD，Wind Direction
水温：WT，Water Temperature	有效波高：SignWH，Significant Wave Height
盐度：SL，Salinity	有效波周期：SignWP，Significant Wave Period

01 号浮标

06 号浮标

07 号浮标

09 号浮标

21 号浮标

22 号浮标

23 号浮标

24 号浮标

中国科学院近海海洋观测研究网络
黄海站、东海站观测数据图集Ⅸ

目　录

水文观测 ……………………………………………………………… 87

气象观测

2018 年度 01 号浮标观测数据概述及曲线
（气温和气压）

2018 年，01 号浮标共获取 365 天的气温和气压长序列观测数据。通过对获取数据质量控制和分析，01 号浮标观测海域 2018 年度气温、气压数据和季节数据特征如下。

年度气温平均值为 11.19℃，年度气压平均值为 1 014.27 hPa；测得的年度最高气温和最低气温分别为 31.4℃和 −13.2℃；测得的年度最高气压和最低气压分别为 1 040.3 hPa 和 988.7 hPa。以 2 月为冬季代表月，观测海域冬季的平均气温是 −1.55℃，平均气压是 1 021.59 hPa；以 5 月为春季代表月，观测海域春季的平均气温是 12.41℃，平均气压是 1 008.15 hPa；以 8 月为夏季代表月，观测海域夏季的平均气温是 26.68℃，平均气压是 1 004.11 hPa；以 11 月为秋季代表月，观测海域秋季的平均气温是 9.94℃，平均气压是 1 021.32 hPa。

2018 年，01 号浮标观测海域月度气温、气压变化特征与该海域常年季节气候变化特点基本吻合。01 号浮标观测的气温、气压月平均值、最高值和最低值数据参见表 1。

2018 年，01 号浮标记录到 1 次寒潮过程和 2 次台风过程。寒潮的具体过程中，12 月 25 日 07:00（6.3℃）至 12 月 26 日 07:00（−5.7℃），24 h 气温下降了 12℃，之后最低气温下降到 −11.1℃（12 月 27 日 08:30），寒潮期间气压最高值为 1 035.0 hPa（12 月 27 日 10:00）。第一次台风过程，8 月 19—22 日，01 号浮标获取到了第 18 号强热带风暴“温比亚”的相关数据，获取到的最低气压为 988.7 hPa（8 月 20 日 18:30）。第二次台风过程，8 月 23—25 日，01 号浮标获取到了第 19 号强台风“苏力”的相关数据，获取到的最低气压为 996.3 hPa（8 月 24 日 00:30）。

表 1　01 号浮标各月份气温、气压观测数据

月份	气温 / ℃			气压 / hPa			备注
	平均	最高	最低	平均	最高	最低	
1	−2.63	5.4	−13.2	1 023.07	1 035.6	1 005.3	
2	−1.55	3.8	−9.0	1 021.59	1 032.2	1 001.9	
3	2.41	10.2	−4.0	1 017.49	1 033.0	1 003.3	
4	6.25	10.9	1.3	1 012.81	1 023.7	995.6	
5	12.41	19.1	7.6	1 008.15	1 019.9	997.9	
6	18.14	22.9	14.8	1 003.76	1 013.3	993.8	
7	23.17	30.9	18.3	1 004.68	1 011.6	995.0	
8	26.68	31.4	22.3	1 004.11	1 010.5	988.7	记录 2 次台风
9	21.63	25.6	15.7	1 010.90	1 020.1	994.7	
10	15.57	21.8	7.8	1 016.90	1 025.5	1 003.6	
11	9.94	15.7	3.5	1 021.32	1 026.9	1 006.6	
12	1.31	11.7	−11.1	1 026.87	1 040.3	1 012.8	记录 1 次寒潮

注：全书中各月份数据统计表格中如果某月获取的数据不足 15 天，则不进行极值统计。

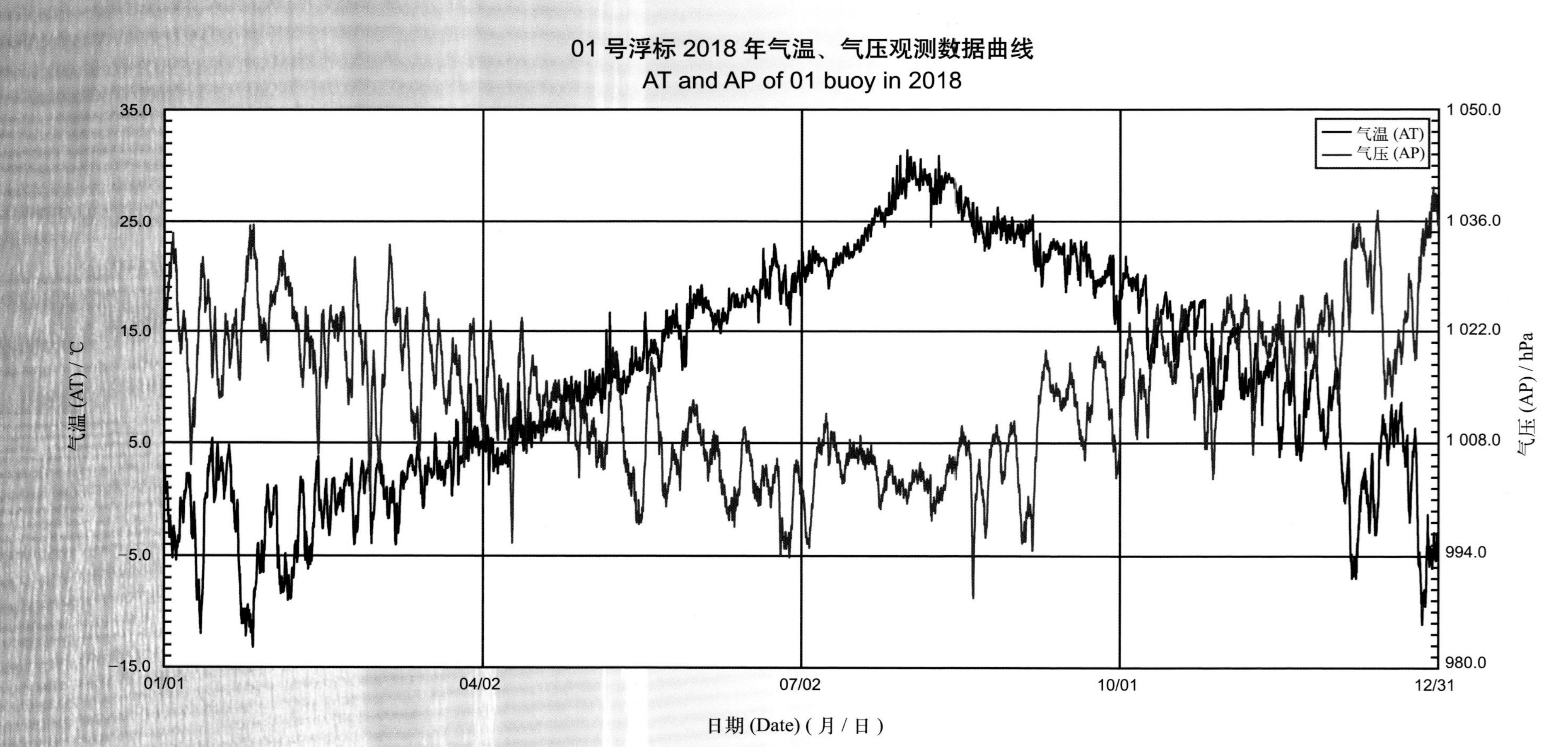
01 号浮标 2018 年气温、气压观测数据曲线
AT and AP of 01 buoy in 2018
气温 (AT)
气压 (AP)
气温 (AT) / ℃
气压 (AP) / hPa
日期 (Date) (月 / 日)
35.0
25.0
15.0
5.0
−5.0
−15.0
1 050.0
1 036.0
1 022.0
1 008.0
994.0
980.0
01/01
04/02
07/02
10/01
12/31

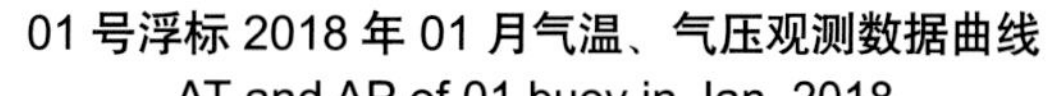

01 号浮标 2018 年 01 月气温、气压观测数据曲线
AT and AP of 01 buoy in Jan. 2018

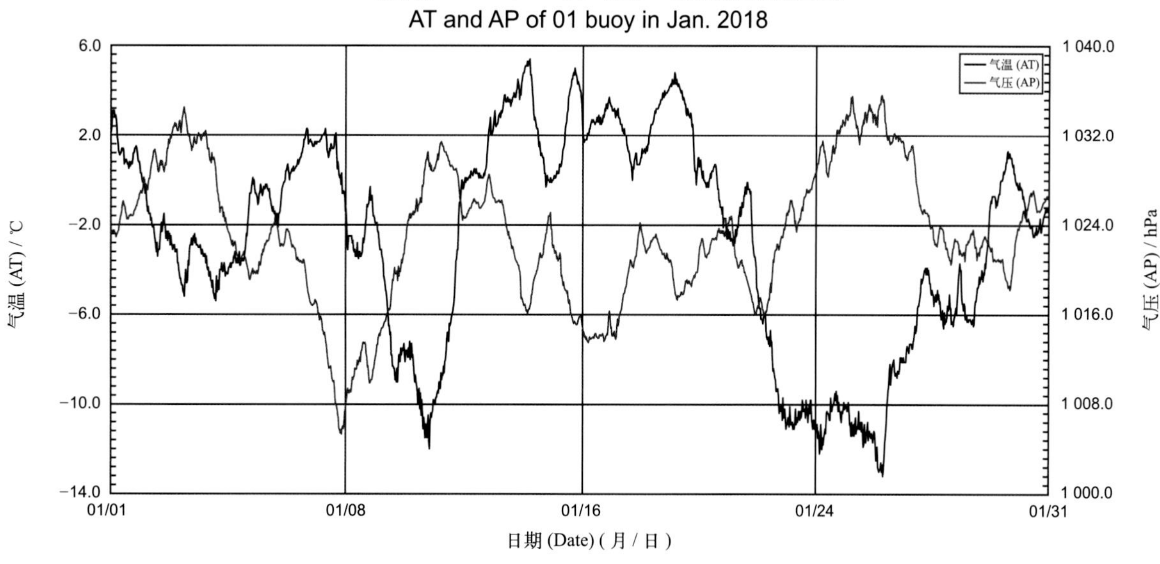

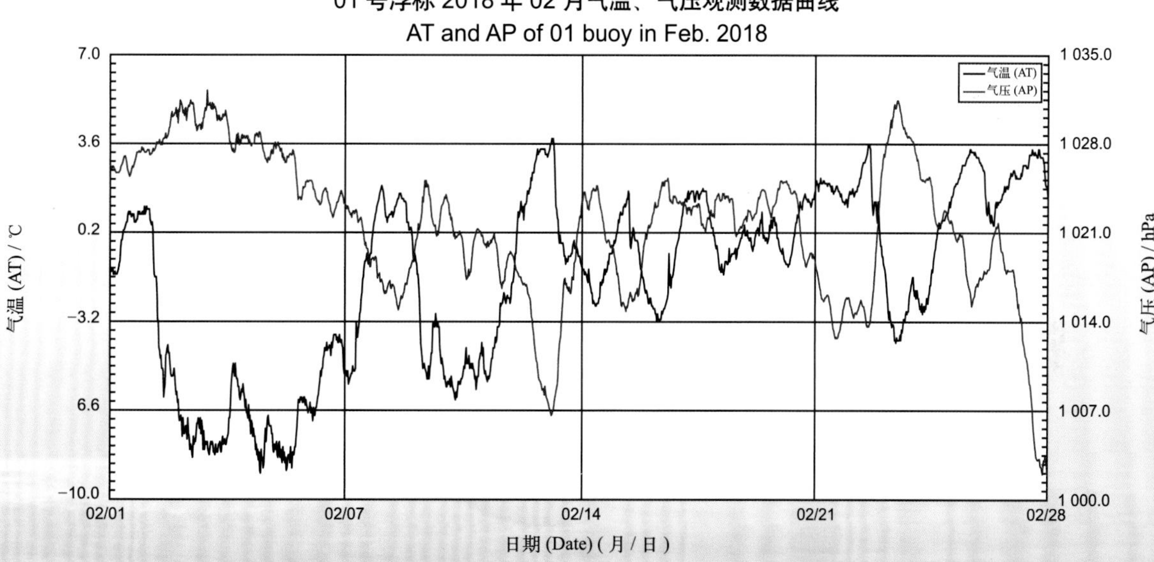

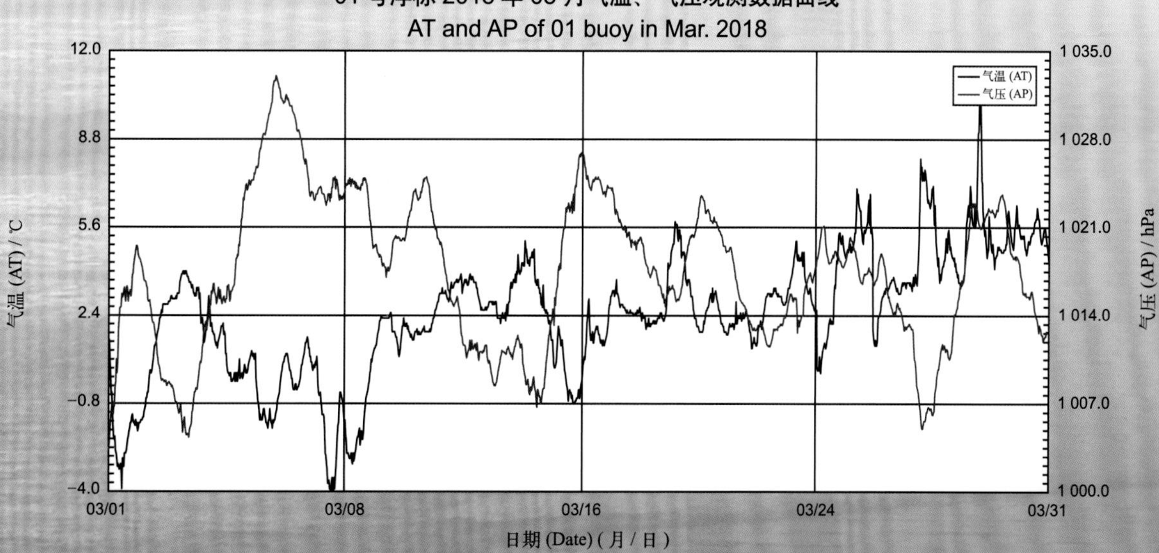

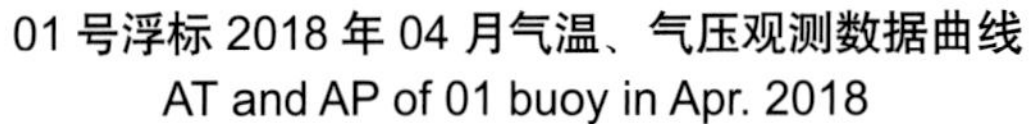

01 号浮标 2018 年 04 月气温、气压观测数据曲线
AT and AP of 01 buoy in Apr. 2018

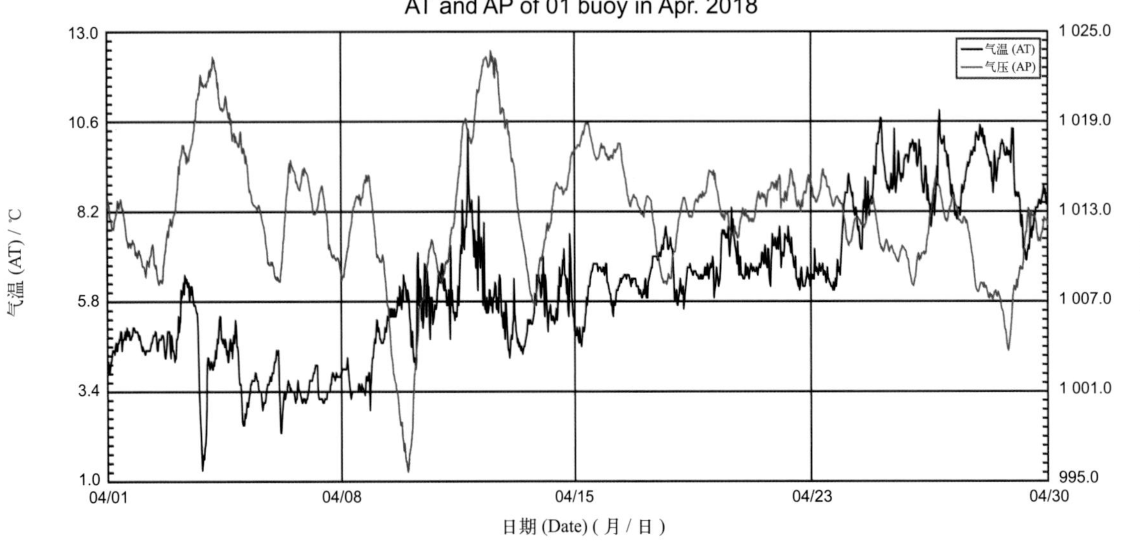

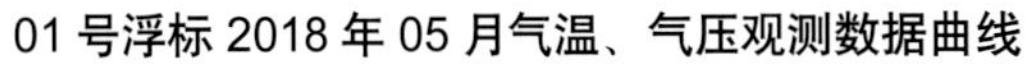

01 号浮标 2018 年 05 月气温、气压观测数据曲线
AT and AP of 01 buoy in May 2018

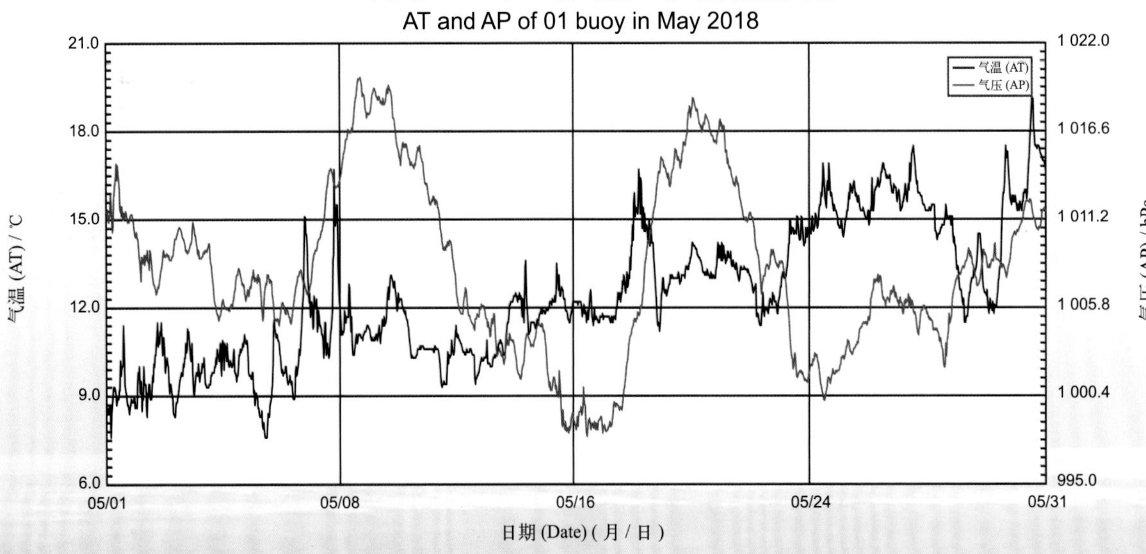

01 号浮标 2018 年 06 月气温、气压观测数据曲线
AT and AP of 01 buoy in Jun. 2018

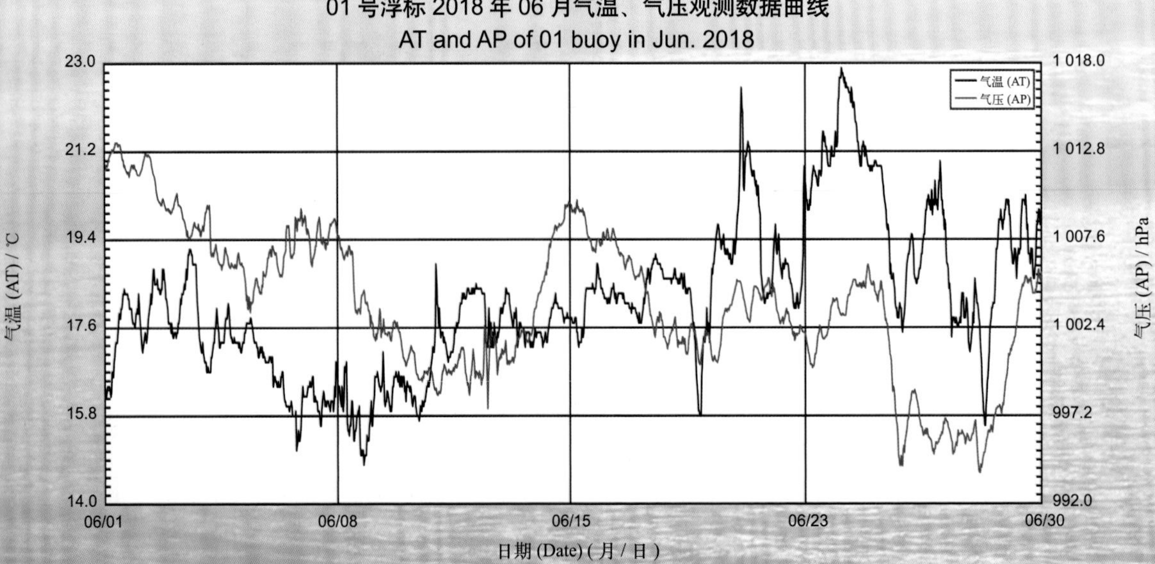

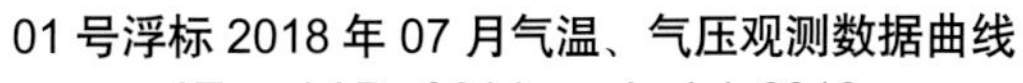

01 号浮标 2018 年 07 月气温、气压观测数据曲线

AT and AP of 01 buoy in Jul. 2018

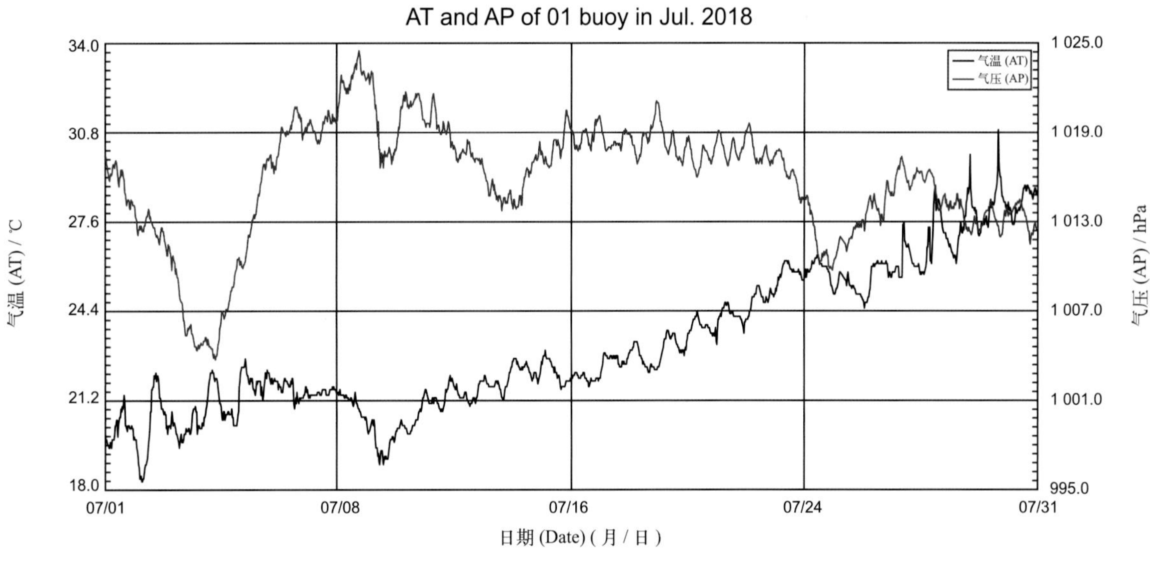

01 号浮标 2018 年 08 月气温、气压观测数据曲线

AT and AP of 01 buoy in Aug. 2018

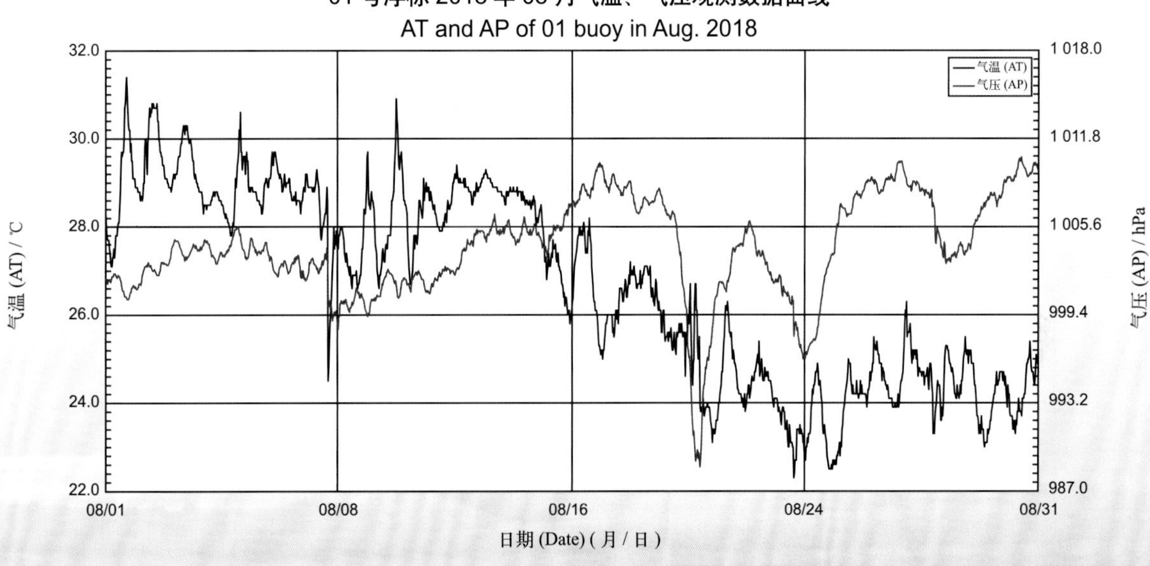

01 号浮标 2018 年 09 月气温、气压观测数据曲线

AT and AP of 01 buoy in Sep. 2018

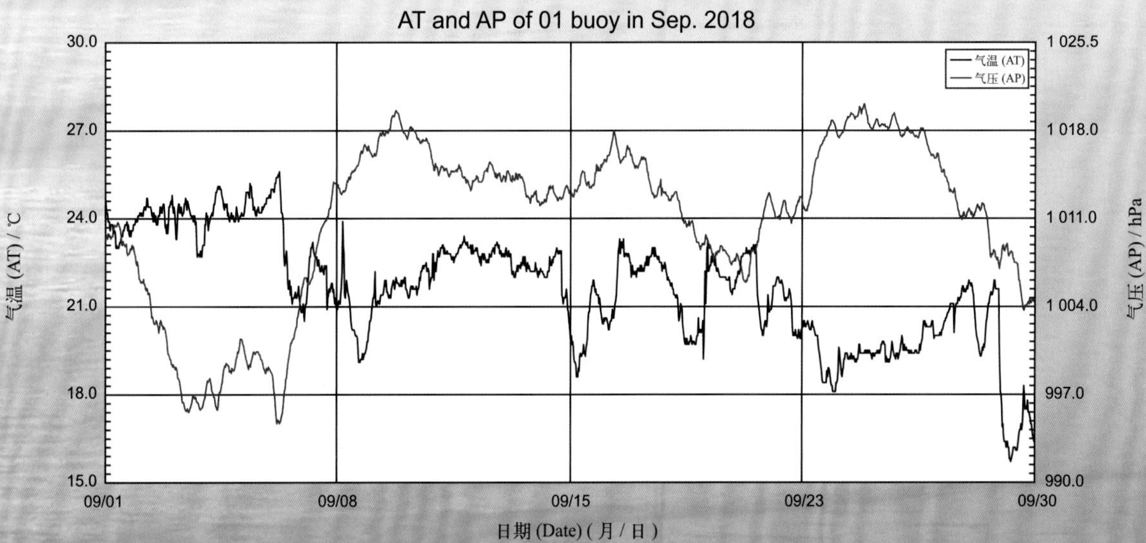

01 号浮标 2018 年 10 月气温、气压观测数据曲线
AT and AP of 01 buoy in Oct. 2018

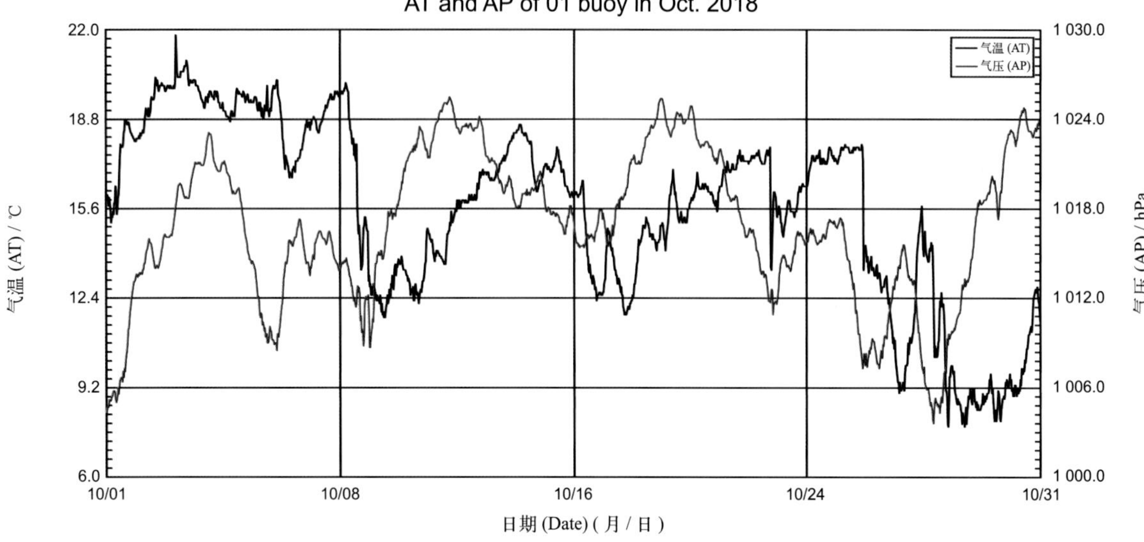

01 号浮标 2018 年 11 月气温、气压观测数据曲线
AT and AP of 01 buoy in Nov. 2018

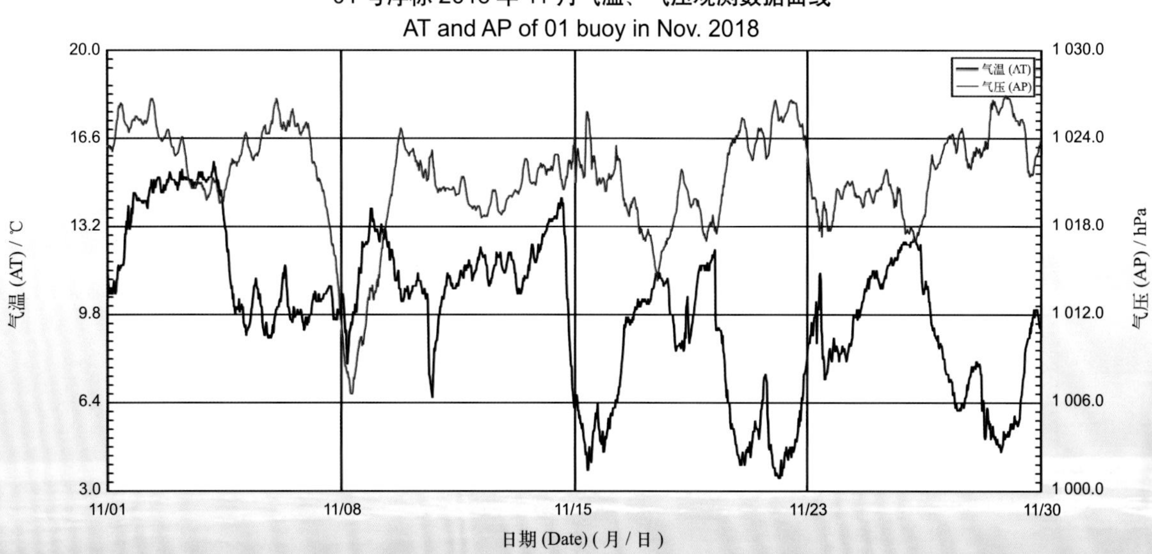

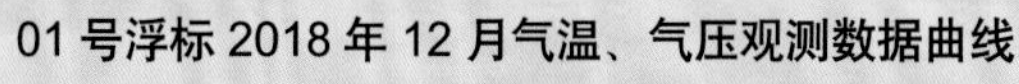

01 号浮标 2018 年 12 月气温、气压观测数据曲线
AT and AP of 01 buoy in Dec. 2018

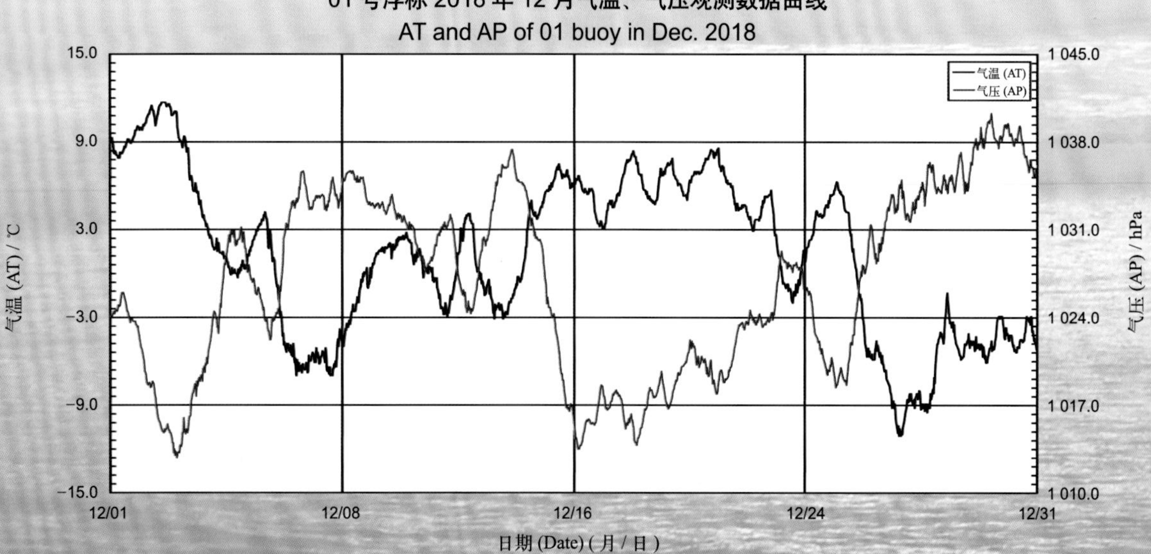

2018年度06号浮标观测数据概述及曲线
（气温和气压）

2018年，06号浮标共获取365天的气温和气压长序列观测数据。通过对获取数据质量控制和分析，06号浮标观测海域2018年度气温、气压数据和季节数据特征如下。

年度气温平均值为16.86℃，年度气压平均值为1 016.16 hPa，测得的年度最高气温和最低气温分别为30.5℃和0℃，测得的年度最高气压和最低气压分别为1 039.1 hPa和982.9 hPa。以2月为冬季代表月，观测海域冬季的平均气温是6.51℃，平均气压是1 024.79 hPa；以5月为春季代表月，观测海域春季的平均气温是18.22℃，平均气压是1 011.35 hPa；以8月为夏季代表月，观测海域夏季的平均气温是26.93℃，平均气压是1 004.03 hPa；以11月为秋季代表月，观测海域秋季的平均气温是16.51℃，平均气压是1 022.17 hPa。

2018年，06号浮标观测海域月度气温、气压变化特征与该海域常年季节气候变化特点基本吻合。浮标观测的气温、气压月平均值和最高值、最低值数据参见表2。

2018年，06号浮标记录到5次台风过程。第一次台风过程，7月20—23日，06号浮标获取到了第10号强热带风暴“安比”的相关数据，获取到的最低气压为982.9 hPa（7月22日06:00）。第二次台风过程，8月1—4日，06号浮标获取到了第12号台风“云雀”的相关数据，获取到的最低气压为989.4 hPa（8月3日00:30）。第三次台风过程，8月15—18日，06号浮标获取到了第18号强热带风暴“温比亚”的相关数据，获取到的最低气压为986.2 hPa（8月16日19:30）。第四次台风过程，8月21—24日，06号浮标获取到了第19号强台风“苏力”的相关数据，获取到的最低气压为995.7 hPa（8月23日02:00）。第五次台风过程，10月4—7日，06号浮标获取到了第25号超强台风“康妮”的相关数据，获取到的最低气压为997.8 hPa（10月5日15:00）。

表 2　06 号浮标各月份气温、气压观测数据

月份	气温 / ℃			气压 / hPa			备注
	平均	最高	最低	平均	最高	最低	
1	6.95	14.5	1.2	1 025.52	1 036.3	1 013.9	
2	6.51	14.6	0.0	1 024.79	1 034.3	1 005.4	
3	10.01	14.3	4.1	1 019.91	1 028.8	1 005.5	
4	13.53	18.1	7.8	1 016.04	1 026.6	1 006.4	
5	18.22	23.3	12.8	1 011.35	1 024.2	1 001.5	
6	21.64	25.5	16.5	1 007.19	1 016.8	999.5	
7	26.08	30.5	23.7	1 005.76	1 012.3	982.9	记录 1 次台风
8	26.93	29.4	23.4	1 004.03	1 011.2	986.2	记录 3 次台风
9	24.64	28.1	20.9	1 011.89	1 018.3	998.9	
10	19.26	23.4	15.6	1 019.13	1 026.7	997.8	记录 1 次台风
11	16.51	20.3	12.2	1 022.17	1 028.3	1 016.0	
12	11.49	19.7	3.2	1 026.30	1 039.1	1 014.0	

06 号浮标 2018 年气温、气压观测数据曲线

AT and AP of 06 buoy in 2018

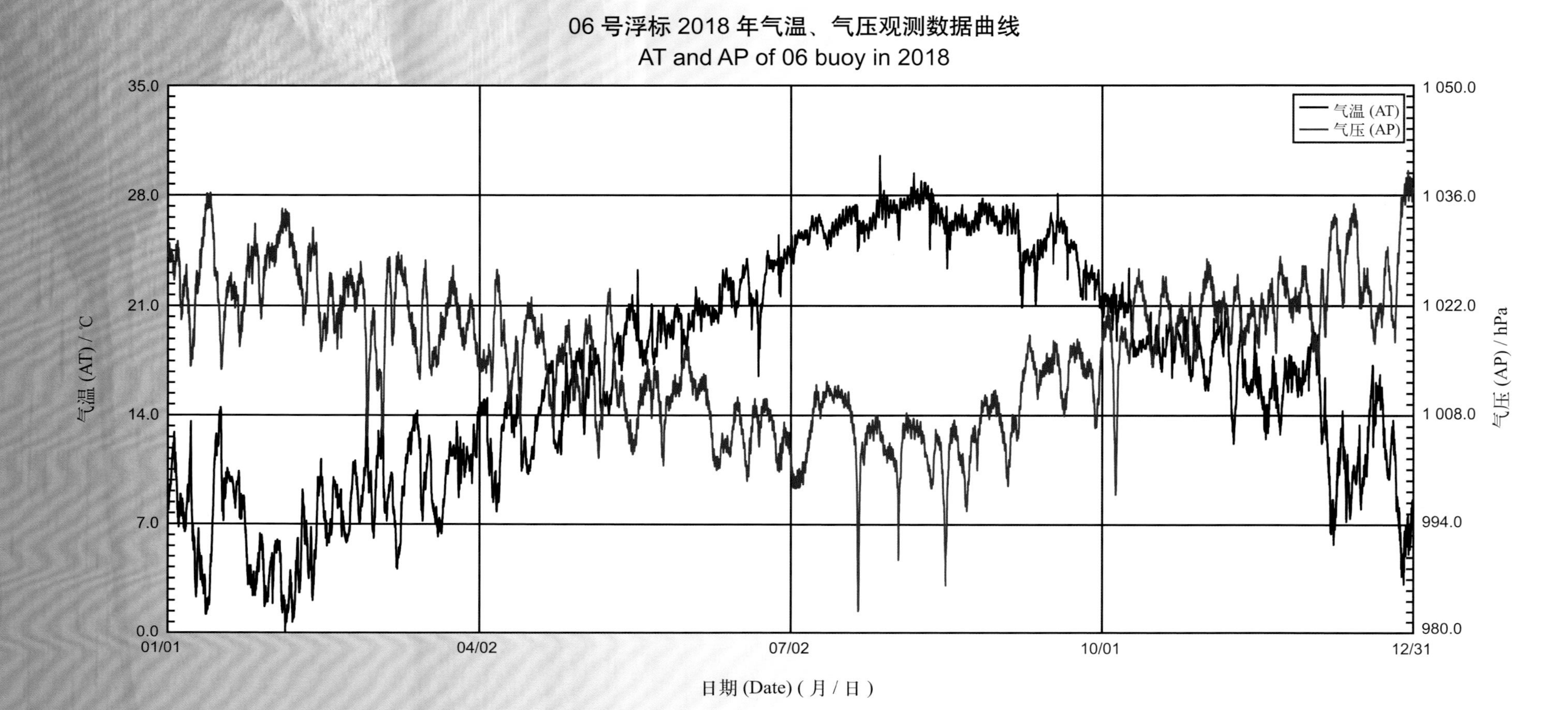

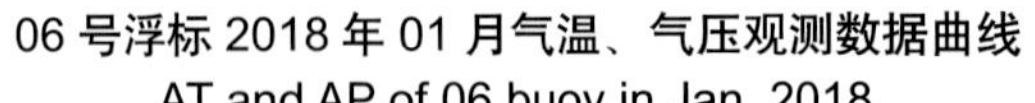

06 号浮标 2018 年 01 月气温、气压观测数据曲线
AT and AP of 06 buoy in Jan. 2018

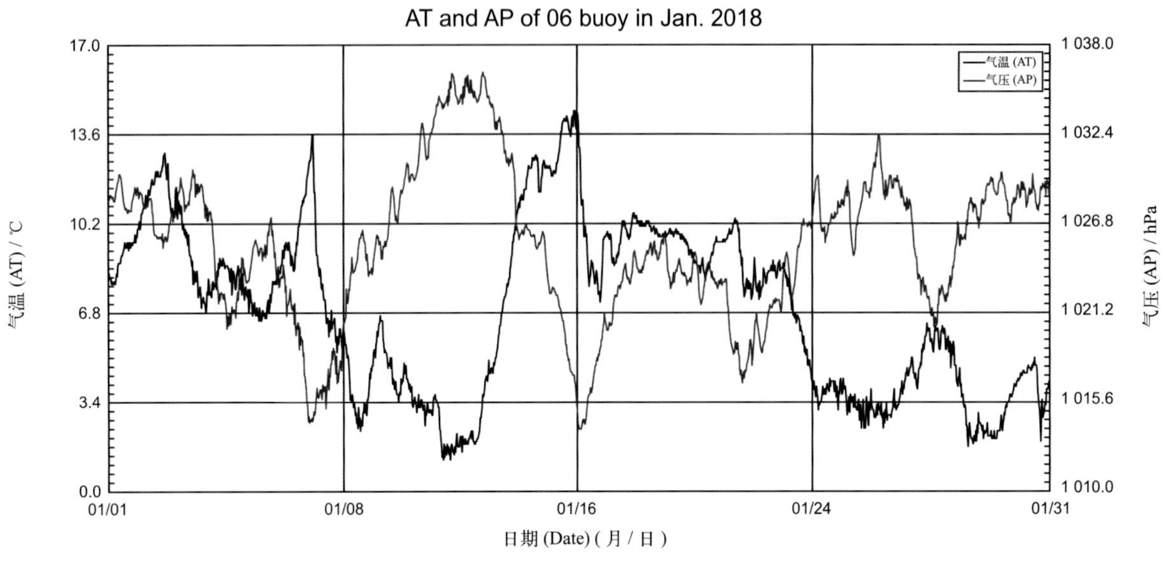

06 号浮标 2018 年 02 月气温、气压观测数据曲线
AT and AP of 06 buoy in Feb. 2018

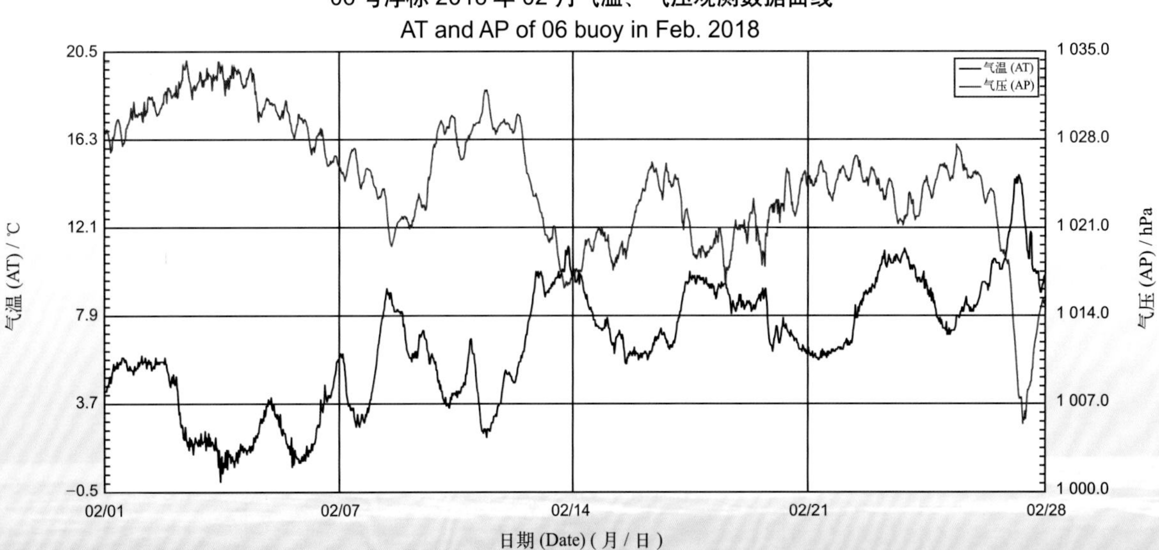

06 号浮标 2018 年 03 月气温、气压观测数据曲线
AT and AP of 06 buoy in Mar. 2018

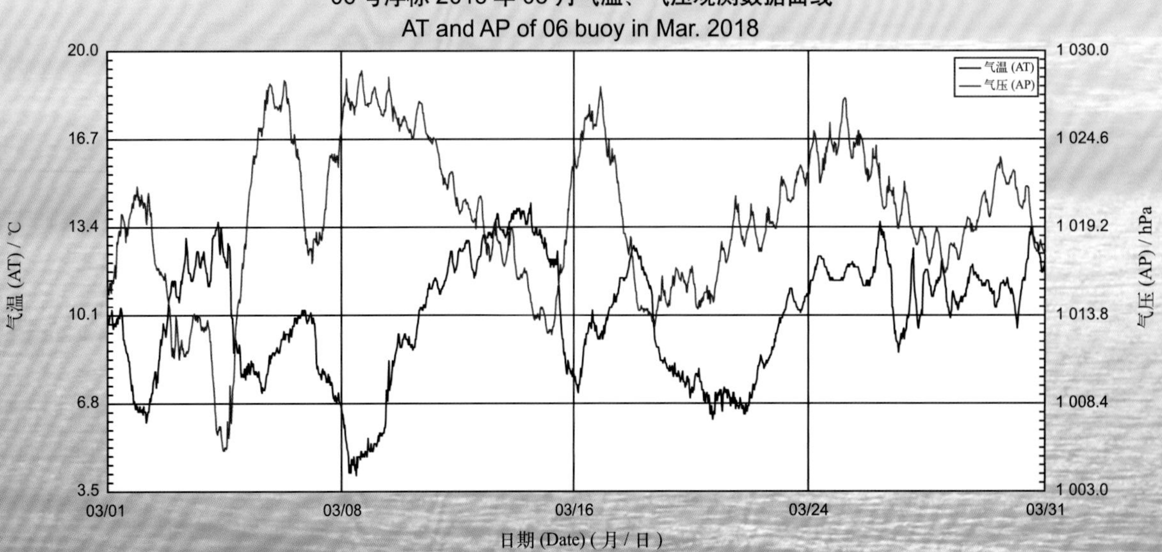

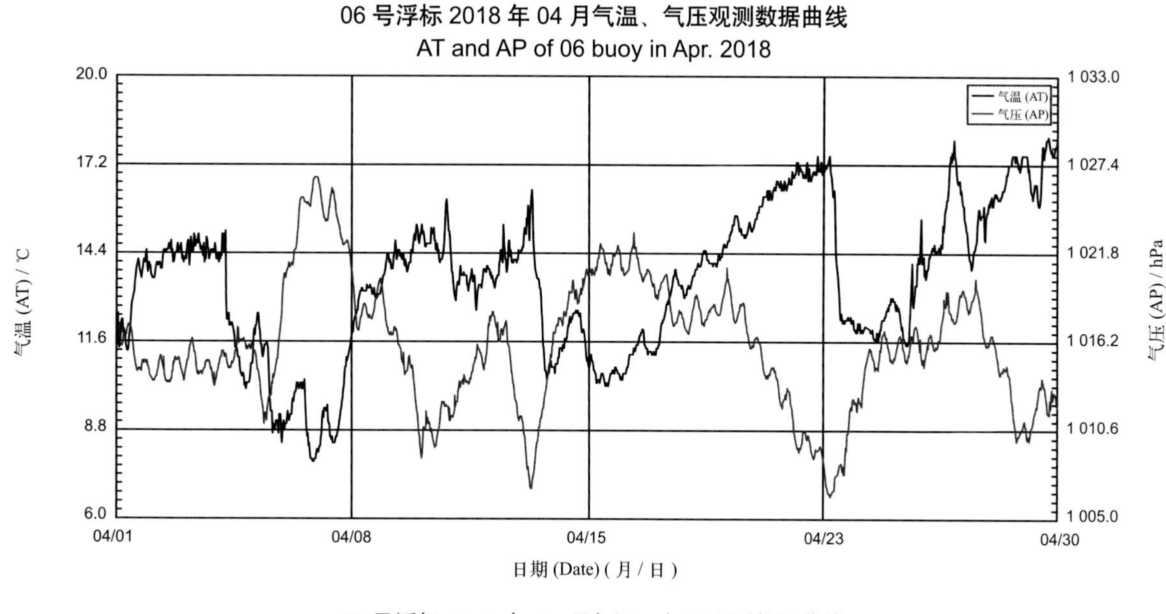

06 号浮标 2018 年 04 月气温、气压观测数据曲线
AT and AP of 06 buoy in Apr. 2018

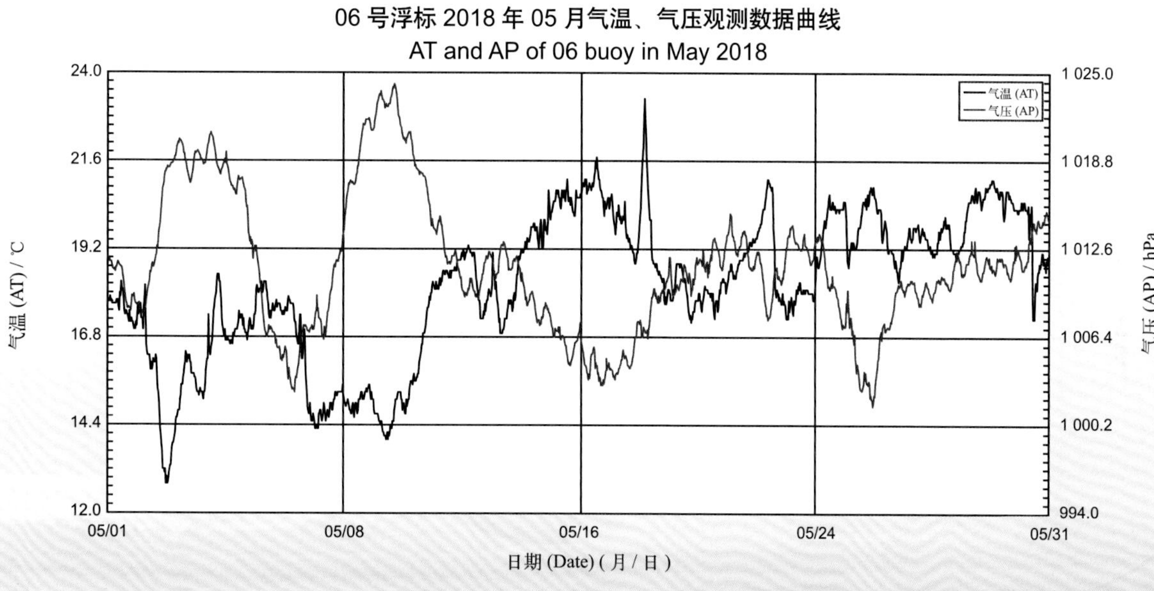

06 号浮标 2018 年 05 月气温、气压观测数据曲线
AT and AP of 06 buoy in May 2018

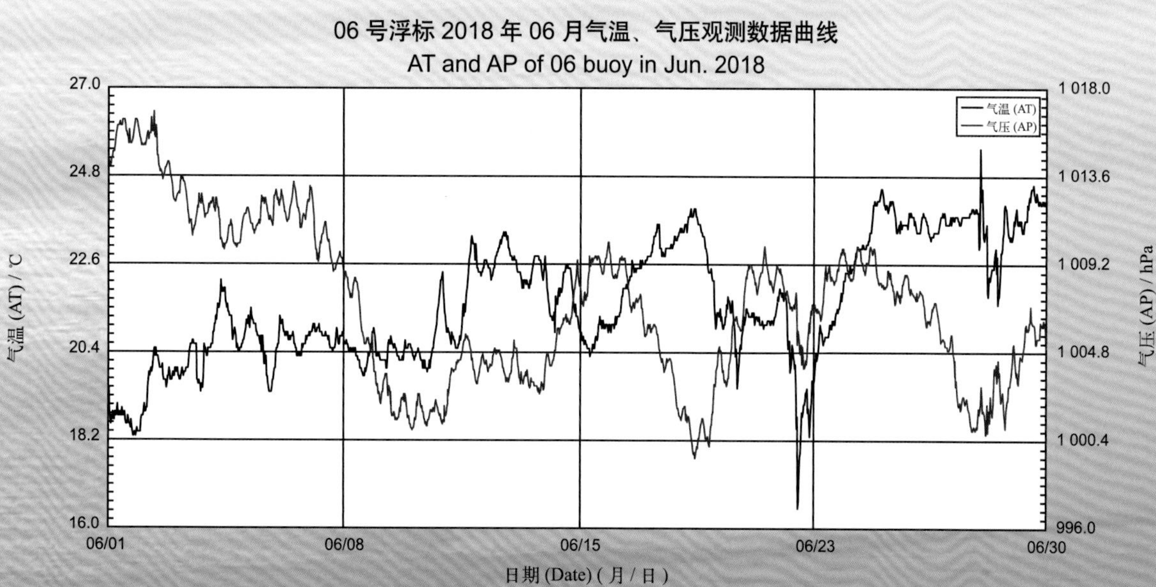

06 号浮标 2018 年 06 月气温、气压观测数据曲线
AT and AP of 06 buoy in Jun. 2018

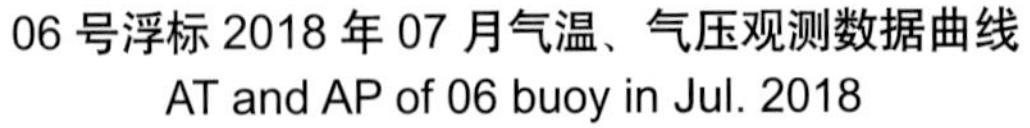

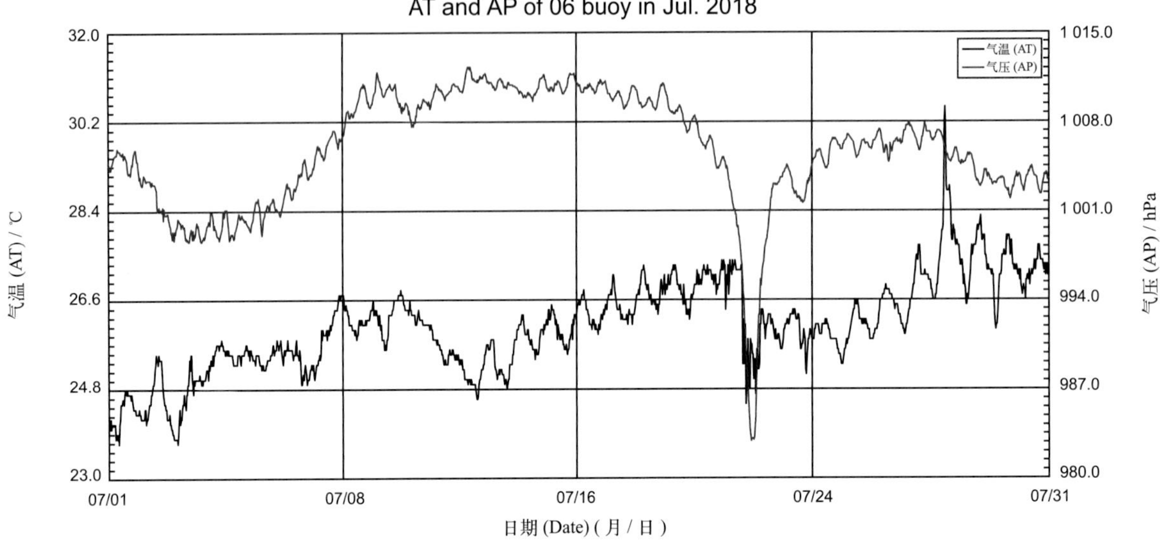

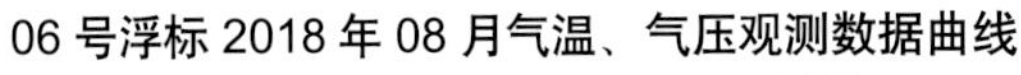

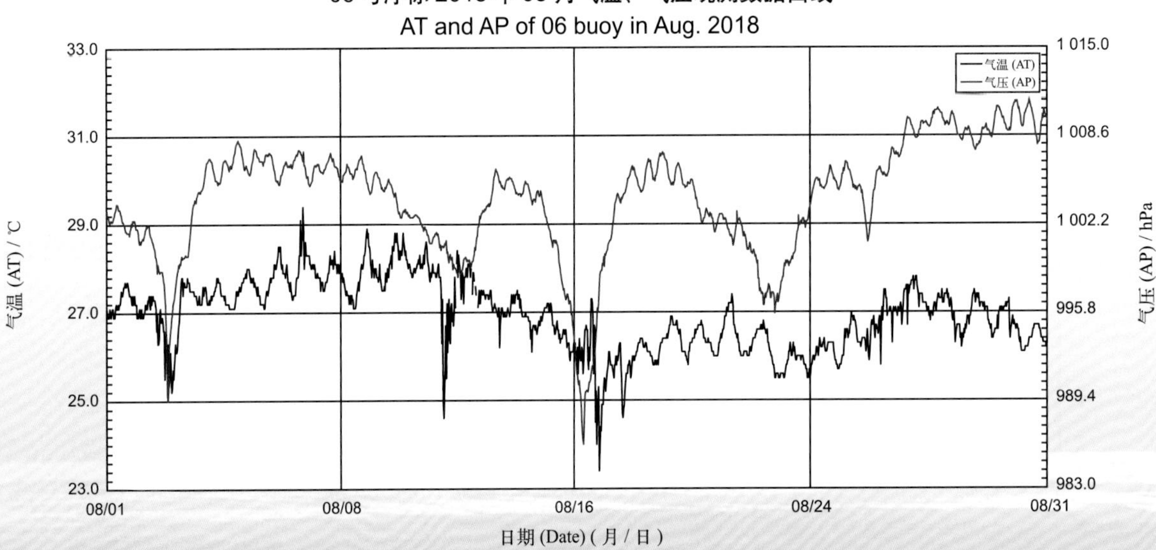

06 号浮标 2018 年 09 月气温、气压观测数据曲线
AT and AP of 06 buoy in Sep. 2018

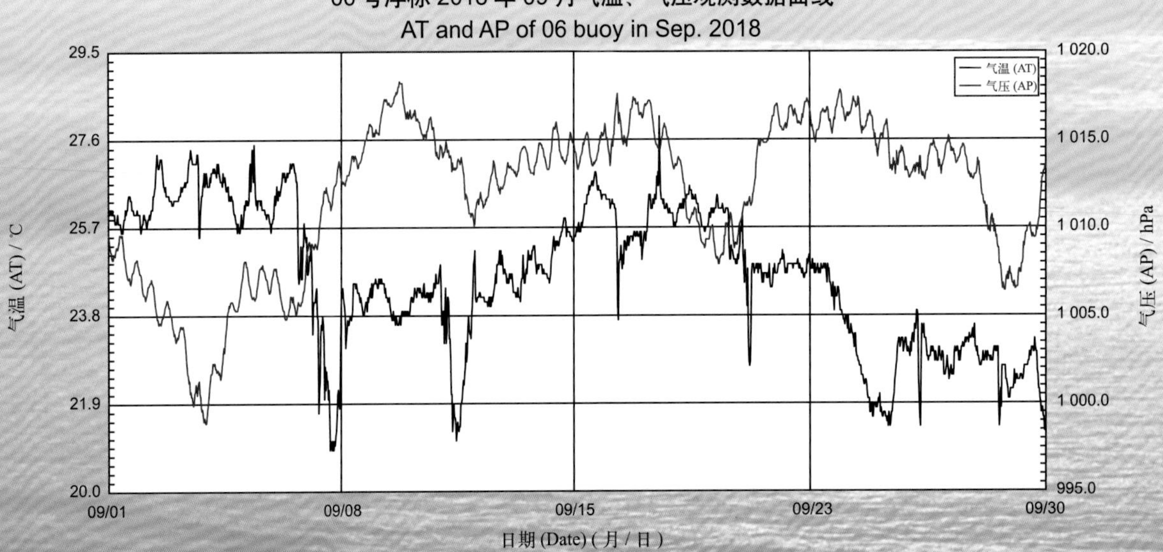

06 号浮标 2018 年 10 月气温、气压观测数据曲线
AT and AP of 06 buoy in Oct. 2018

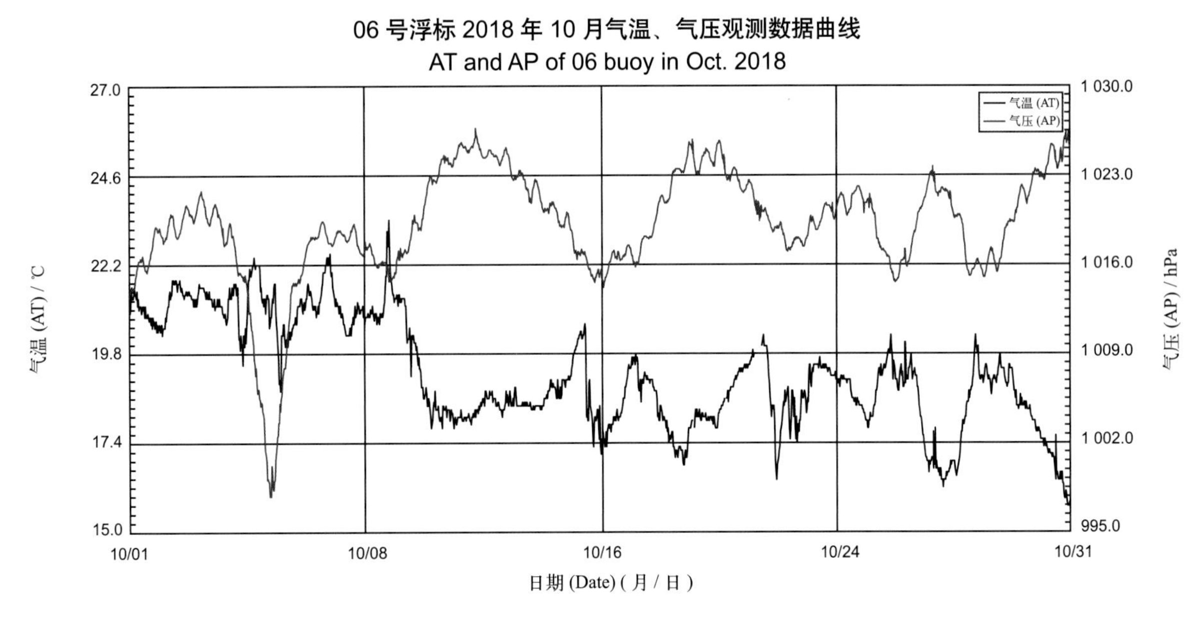

06 号浮标 2018 年 11 月气温、气压观测数据曲线
AT and AP of 06 buoy in Nov. 2018

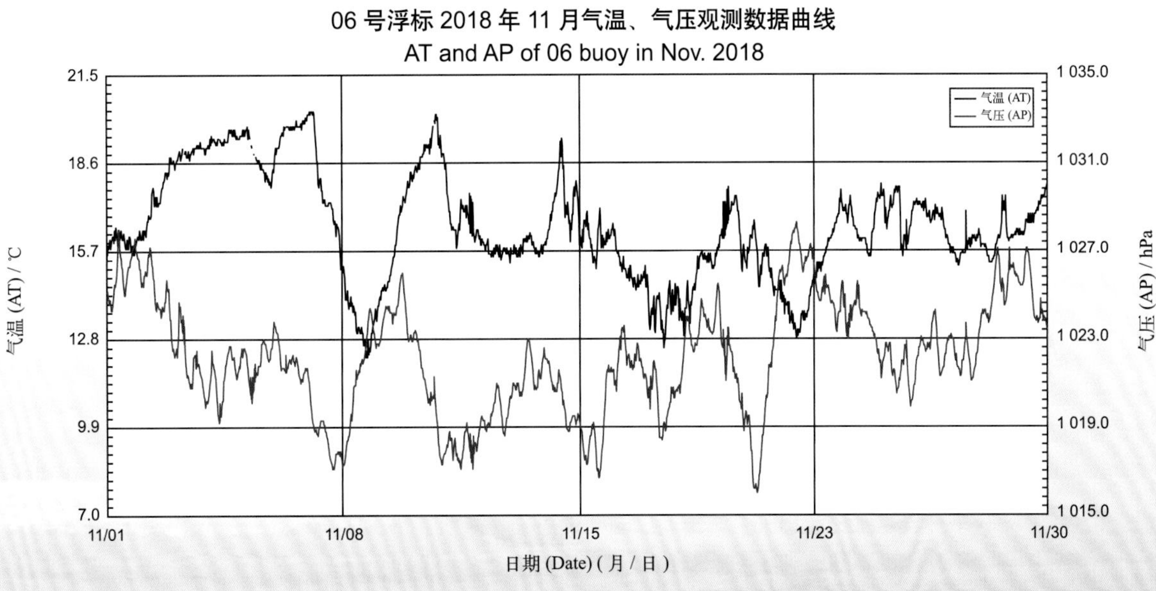

06 号浮标 2018 年 12 月气温、气压观测数据曲线
AT and AP of 06 buoy in Dec. 2018

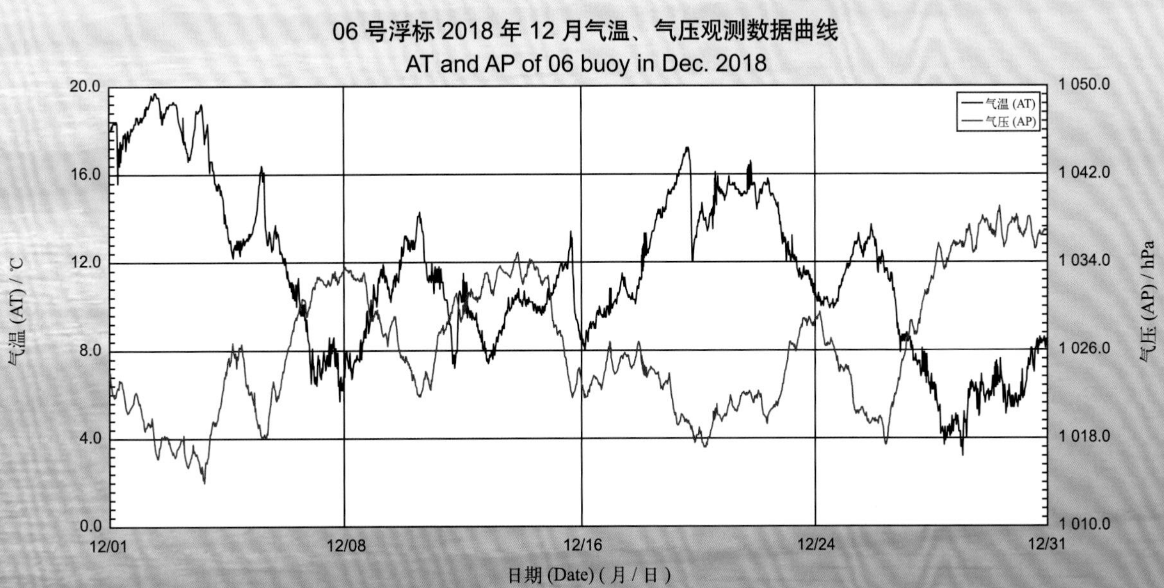

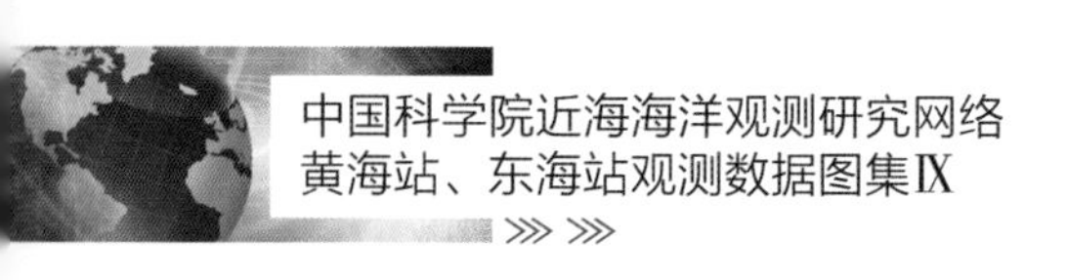

2018 年度 07 号浮标观测数据概述及曲线
（气温和气压）

2018 年，07 号浮标共获取 360 天的气温和气压长序列观测数据。获取数据的主要区间为 1 月 1 日 00:00 至 12 月 26 日 11:30。通过对获取数据质量控制和分析，07 号浮标观测海域 2018 年度气温、气压数据和季节数据特征如下。

年度气温平均值为 12.08℃，年度气压平均值为 1 017.83 hPa；测得的年度最高气温和最低气温分别为 28.0℃和 −8.4℃；测得的年度最高气压和最低气压分别为 1 039.7 hPa 和 996.5 hPa。以 2 月为冬季代表月，观测海域冬季的平均气温是 0.03℃，平均气压是 1 025.25 hPa；以 5 月为春季代表月，观测海域春季的平均气温是 13.47℃，平均气压是 1 013.14 hPa；以 8 月为夏季代表月，观测海域夏季的平均气温是 24.53℃，平均气压是 1 007.60 hPa；以 11 月为秋季代表月，观测海域秋季的平均气温是 11.19℃，平均气压是 1 024.51 hPa。

2018 年，07 号浮标观测海域月度气温、气压变化特征与该海域常年季节气候变化特点基本吻合。07 号浮标观测的气温、气压月平均值、最高值和最低值数据参见表 3。

2018 年，07 号浮标记录到 1 次寒潮过程和 3 次台风过程。寒潮的具体过程中，1 月 22 日 07:30（3.7℃）至 1 月 23 日 07:30（−6.9℃），24 h 气温下降了 10.6℃，之后最低气温下降到 −8.4℃（1 月 26 日 08:00），寒潮期间气压最高值为 1 037.7 hPa（1 月 26 日 08:00）。第一次台风过程，8 月 19—21 日，07 号浮标获取到了第 18 号强热带风暴“温比亚”的相关数据，获取到的最低气压为 996.5 hPa（8 月 20 日 14:30）。第二次台风过程，8 月 22—25 日，07 号浮标获取到了第 19 号强台风“苏力”的相关数据，获取到的最低气压为 999.4 hPa（8 月 24 日 03:00）。第三次台风过程，10 月 4—7 日，07 号浮标获取到了第 25 号超强台风“康妮”的相关数据，获取到的最低气压为 1 010.5 hPa（10 月 6 日 04:00）。

表 3　07 号浮标各月份气温、气压观测数据

月份	气温 / ℃			气压 / hPa			备注
	平均	最高	最低	平均	最高	最低	
1	−0.46	5.6	−8.4	1 026.42	1 037.7	1 011.4	记录 1 次寒潮
2	0.03	7.9	−6.3	1 025.25	1 035.4	1 007.6	
3	4.34	13.8	−1.0	1 021.99	1 034.9	1 008.7	
4	8.71	14.5	3.6	1 018.08	1 030.0	1 005.6	
5	13.47	21.0	9.2	1 013.14	1 024.3	1 003.9	
6	17.62	25.5	13.6	1 007.75	1 019.9	996.9	
7	20.71	27.5	16.5	1 007.98	1 013.1	998.3	
8	24.53	28.0	21.8	1 007.60	1 013.8	996.5	记录 2 次台风
9	22.18	27.5	15.8	1 014.62	1 023.00	998.9	
10	16.44	22.8	9.9	1 020.68	1 029.00	1 007.7	记录 1 次台风
11	11.19	17.3	5.5	1 024.51	1 030.10	1 011.2	
12	4.71	15.2	−3.4	1 027.87	1 039.70	1 013.9	缺测 5 天数据

07 号浮标 2018 年气温、气压观测数据曲线
AT and AP of 07 buoy in 2018

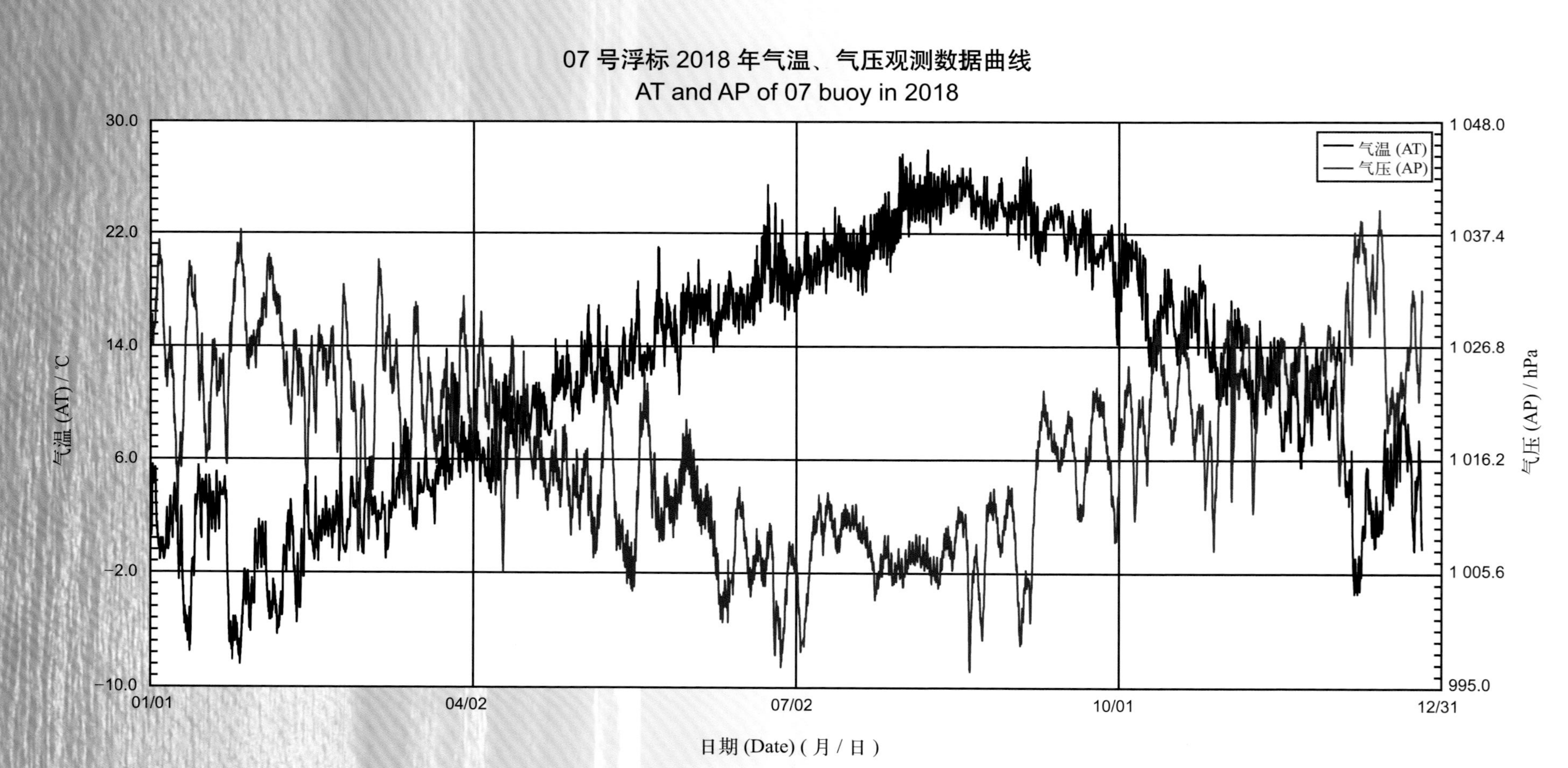

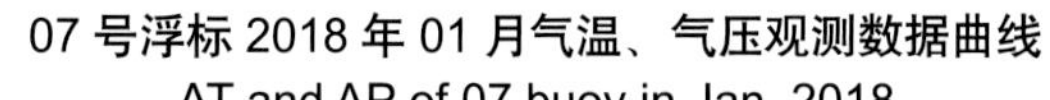

07 号浮标 2018 年 01 月气温、气压观测数据曲线

AT and AP of 07 buoy in Jan. 2018

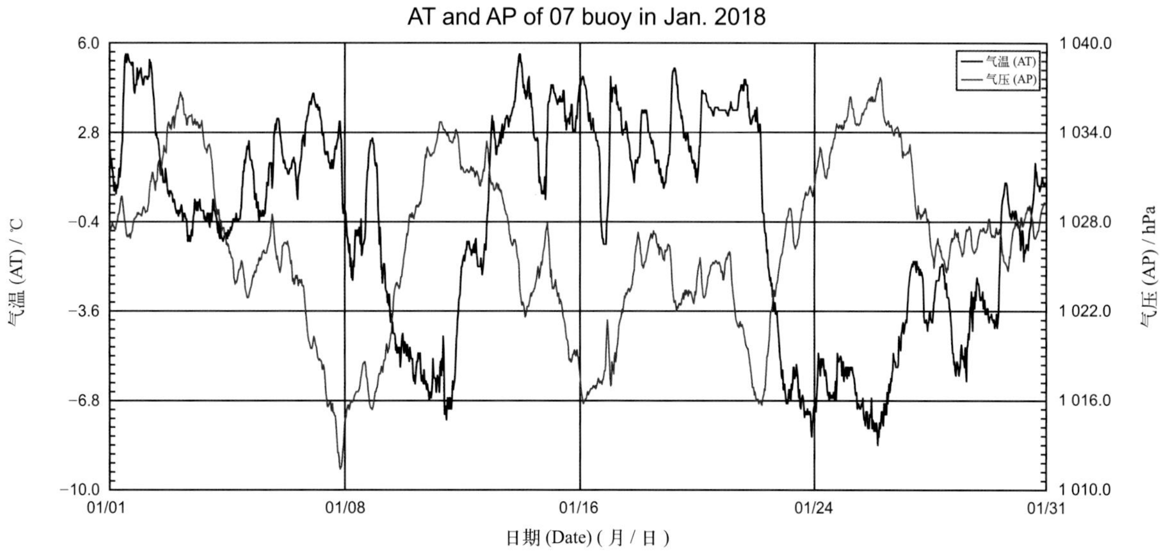

07 号浮标 2018 年 02 月气温、气压观测数据曲线

AT and AP of 07 buoy in Feb. 2018

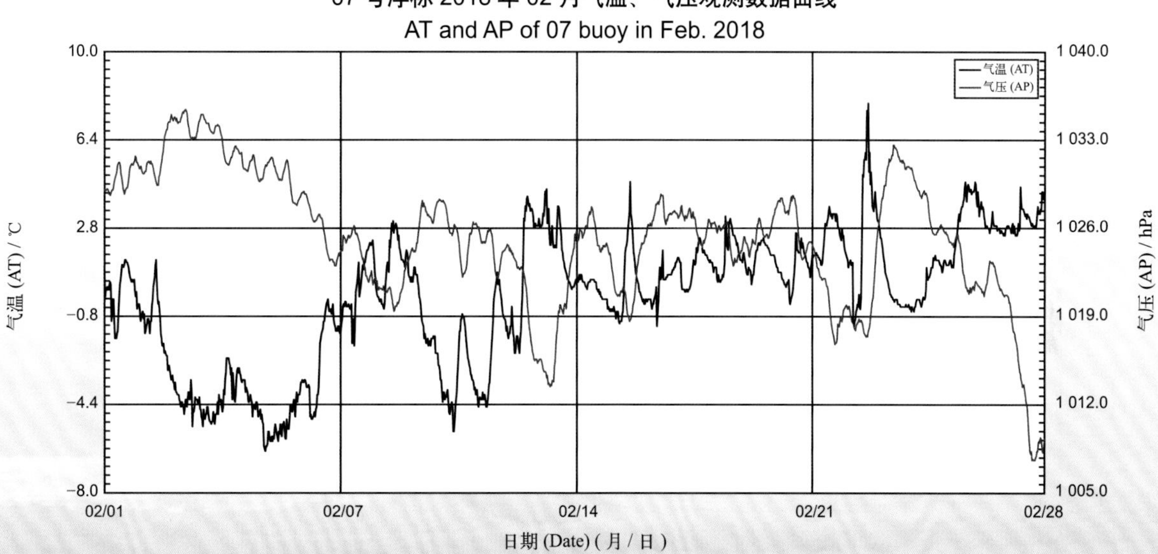

07 号浮标 2018 年 03 月气温、气压观测数据曲线

AT and AP of 07 buoy in Mar. 2018

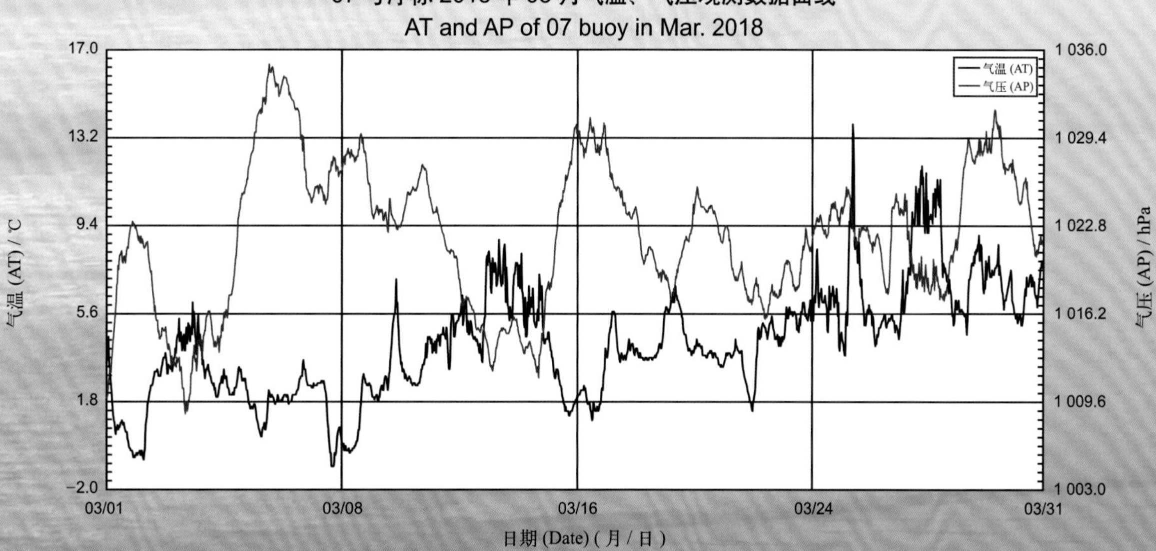

07 号浮标 2018 年 04 月气温、气压观测数据曲线
AT and AP of 07 buoy in Apr. 2018

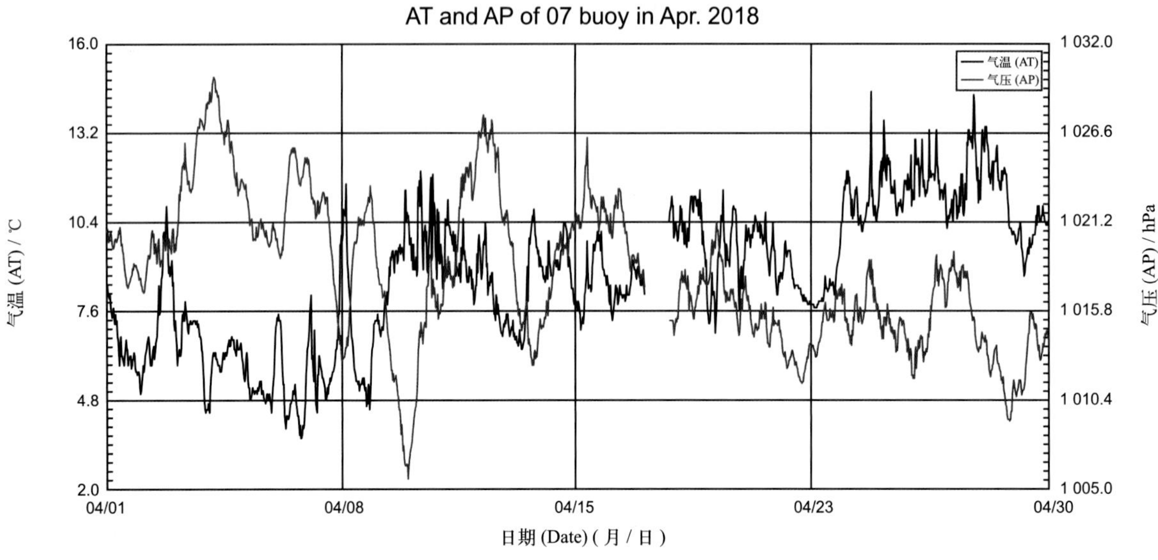

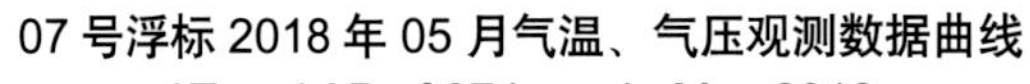
07 号浮标 2018 年 05 月气温、气压观测数据曲线
AT and AP of 07 buoy in May 2018

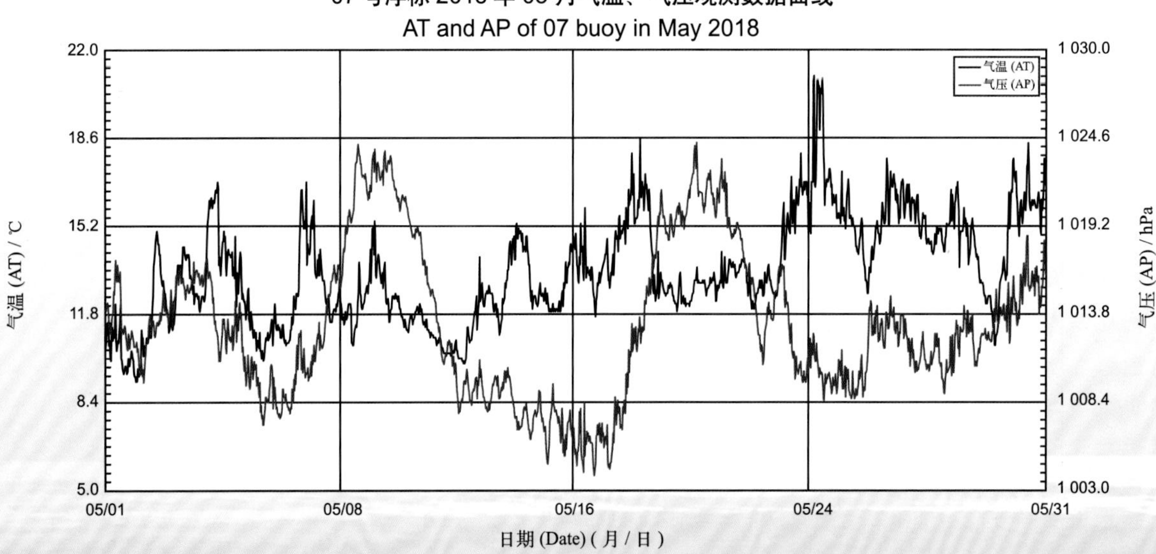

07 号浮标 2018 年 06 月气温、气压观测数据曲线
AT and AP of 07 buoy in Jun. 2018

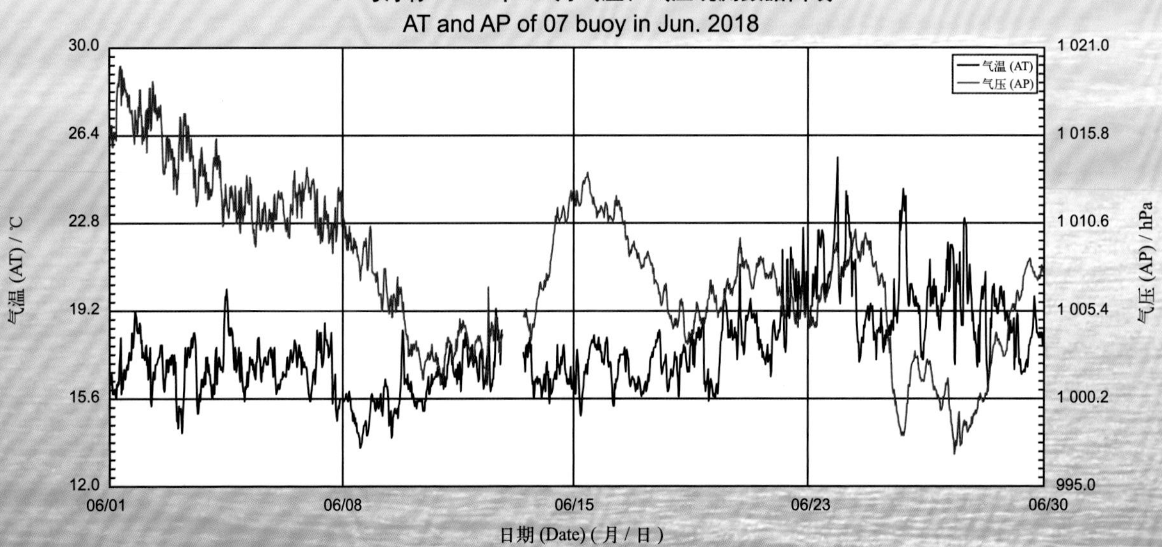

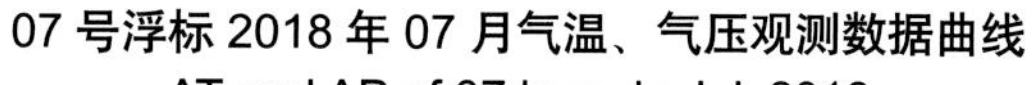

07 号浮标 2018 年 07 月气温、气压观测数据曲线
AT and AP of 07 buoy in Jul. 2018

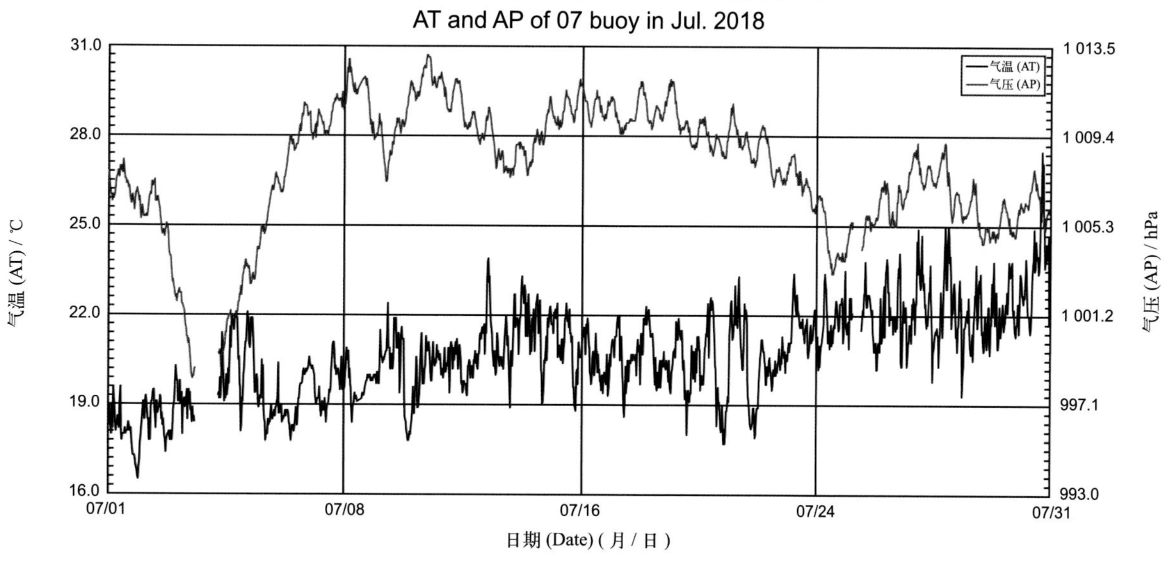

07 号浮标 2018 年 08 月气温、气压观测数据曲线
AT and AP of 07 buoy in Aug. 2018

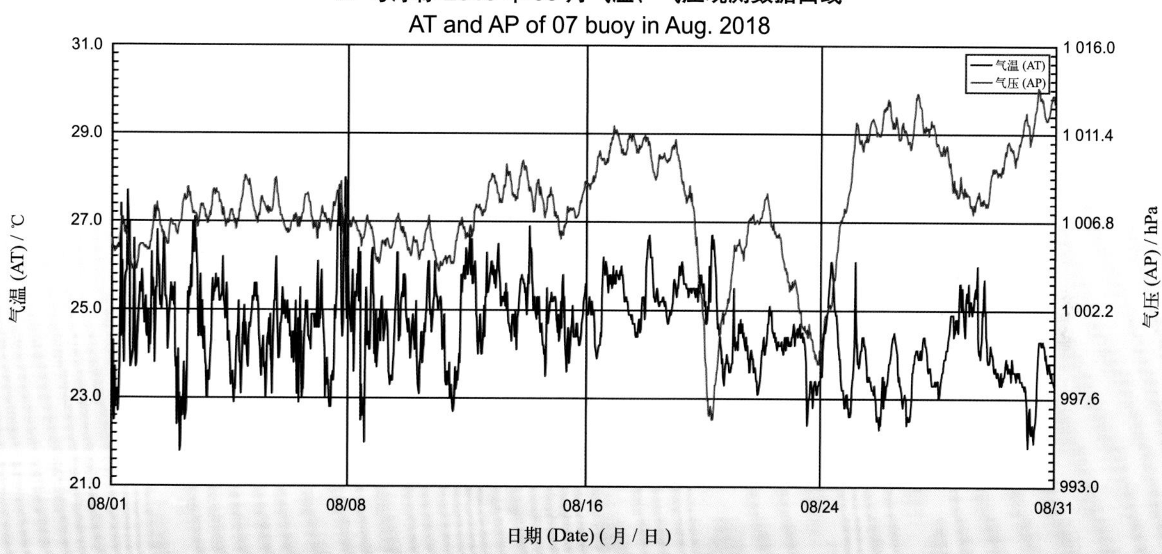

07 号浮标 2018 年 09 月气温、气压观测数据曲线
AT and AP of 07 buoy in Sep. 2018

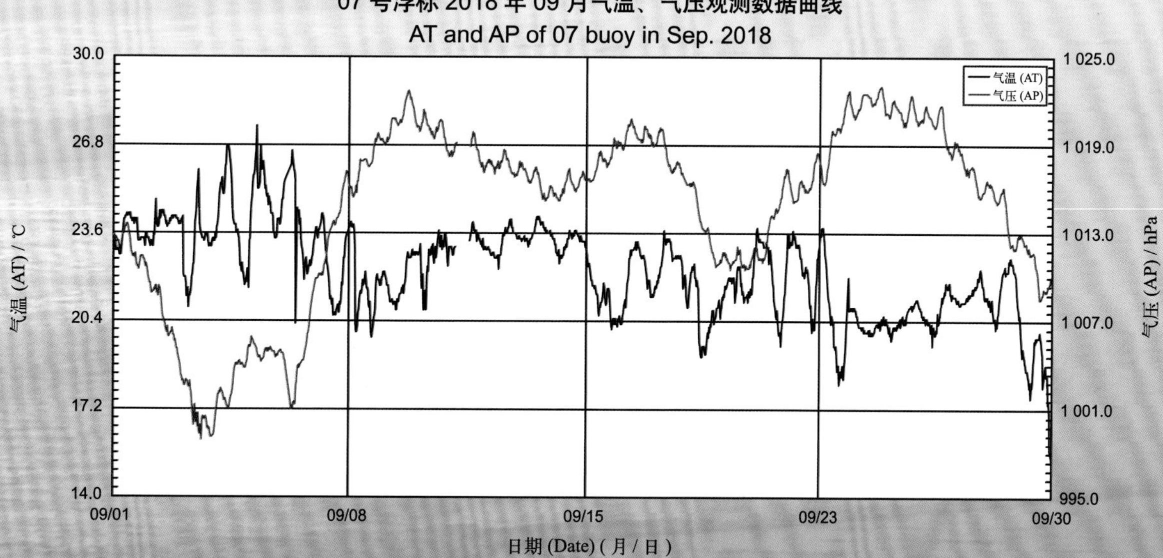

07 号浮标 2018 年 10 月气温、气压观测数据曲线
AT and AP of 07 buoy in Oct. 2018

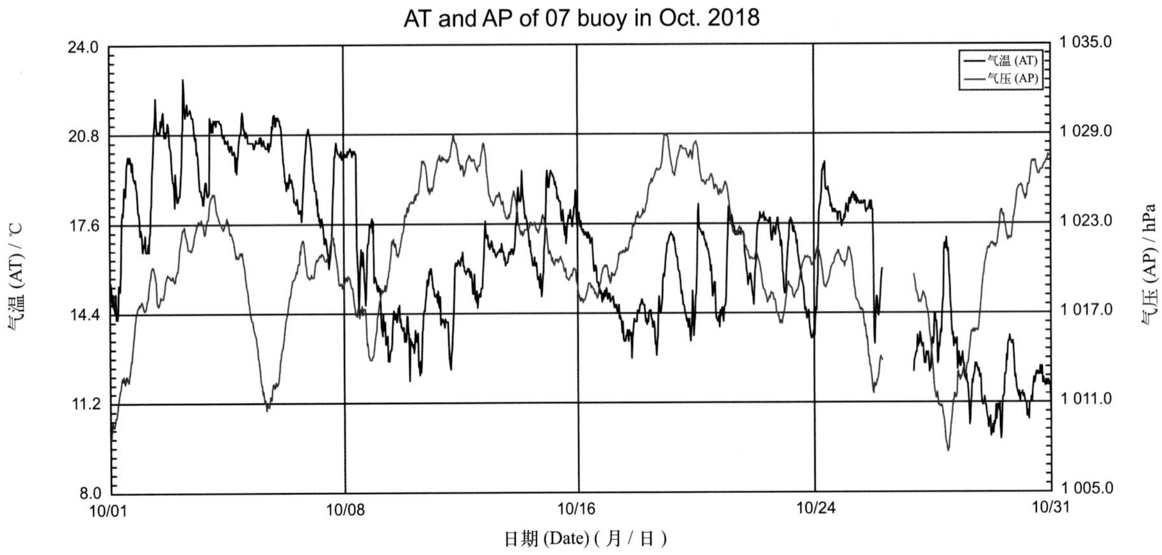

07 号浮标 2018 年 11 月气温、气压观测数据曲线
AT and AP of 07 buoy in Nov. 2018

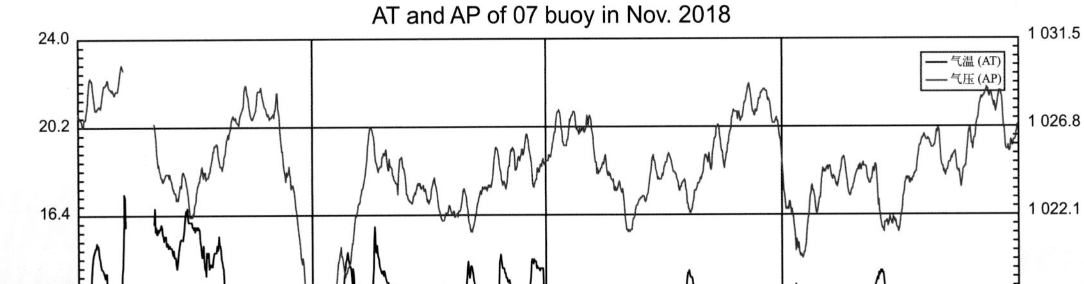

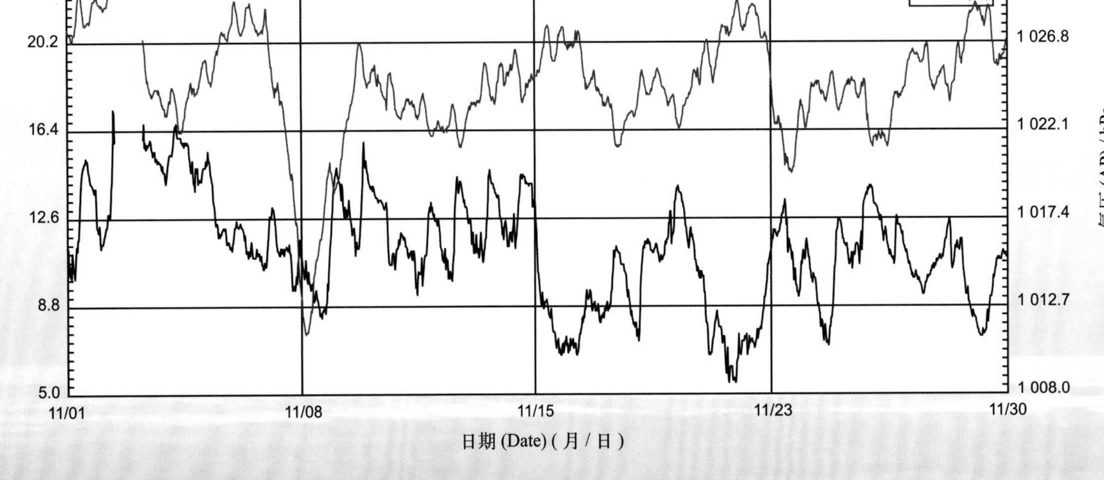

07 号浮标 2018 年 12 月气温、气压观测数据曲线
AT and AP of 07 buoy in Dec. 2018

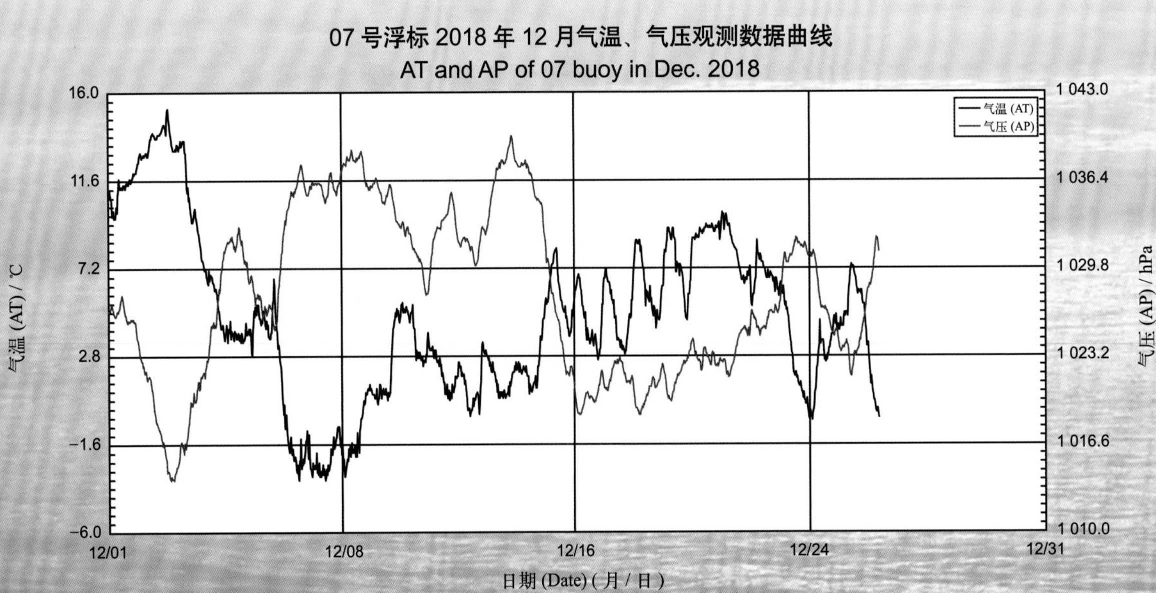

2018 年度 09 号浮标观测数据概述及曲线
（气温和气压）

2018 年，09 号浮标共获取 365 天的气温和气压长序列观测数据。通过对获取数据质量控制和分析，09 号浮标观测海域 2018 年度气温、气压数据和季节数据特征如下。

年度气温平均值为 13.59℃，年度气压平均值为 1 017.13 hPa；测得的年度最高气温和最低气温分别为 31.5℃和 −8.1℃；测得的年度最高气压和最低气压分别为 1 043.9 hPa 和 997.0 hPa。以 2 月为冬季代表月，观测海域冬季的平均气温是 1.87℃，平均气压是 1 025.38 hPa；以 5 月为春季代表月，观测海域春季的平均气温是 14.94℃，平均气压是 1 010.87 hPa；以 8 月为夏季代表月，观测海域夏季的平均气温是 27.16℃，平均气压是 1 006.17 hPa；以 11 月为秋季代表月，观测海域秋季的平均气温是 12.08℃，平均气压是 1 024.75 hPa。

2018 年，09 号浮标布放海域月度气温、气压变化特征与该海域常年季节气候变化特点基本吻合。浮标观测的月平均气温、气压和最高值、最低值数据参见表 4。

2018 年，09 号浮标记录到 4 次台风过程。第一次台风过程，7 月 22—25 日，09 号浮标获取到了第 10 号强热带风暴“安比”的相关数据，获取到的最低气压为 999.1 hPa（7 月 23 日 15:00）。第二次台风过程，8 月 19—21 日，09 号浮标获取到了第 18 号强热带风暴“温比亚”的相关数据，获取到的最低气压为 998.6 hPa（8 月 20 日 02:10）。第三次台风过程，8 月 22—25 日，09 号浮标获取到了第 19 号强台风“苏力”的相关数据，获取到的最低气压为 1 000.9 hPa（8 月 23 日 17:30）。第四次台风过程，10 月 4—7 日，09 号浮标获取到了第 25 号超强台风“康妮”的相关数据，获取到的最低气压为 1 012.5 hPa（10 月 6 日 03:30）。

表4　09号浮标各月份气温、气压观测数据

月份	气温 / ℃			气压 / hPa			备注
	平均	最高	最低	平均	最高	最低	
1	0.81	7.5	−8.1	1 027.39	1 039.5	1 015.2	
2	1.87	7.8	−6.5	1 025.38	1 037.9	1 007.5	
3	5.50	13.6	−2.1	1 020.33	1 033.7	1 007.5	
4	10.05	20.0	5.1	1 015.40	1 025.1	1 001.5	
5	14.94	21.1	9.8	1 010.87	1 023.6	997.8	
6	19.24	27.2	14.4	1 006.47	1 017.4	997.0	
7	24.33	29.2	19.9	1 006.01	1 011.7	997.1	记录1次台风
8	27.16	31.5	23.2	1 006.17	1 013.5	998.6	记录2次台风
9	23.21	28.5	16.9	1 014.02	1 022.1	998.6	
10	17.43	24.2	9.1	1 021.18	1 029.7	1 010.6	记录1次台风
11	12.08	18.6	5.3	1 024.75	1 031.0	1 015.5	
12	4.12	15.0	−6.1	1 030.47	1 043.9	1 014.5	

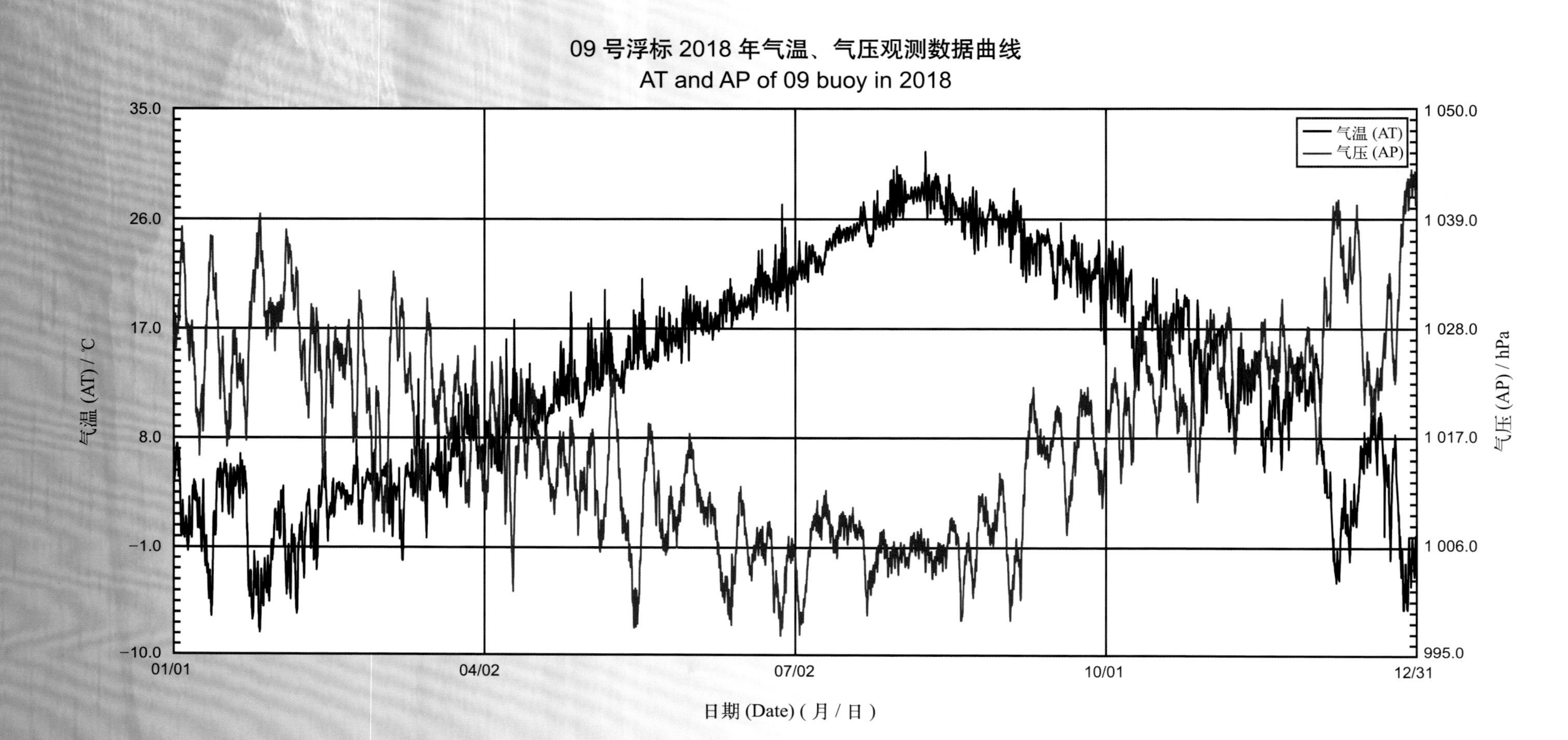
09 号浮标 2018 年气温、气压观测数据曲线
AT and AP of 09 buoy in 2018
气温 (AT)
气压 (AP)
气温 (AT) / ℃
35.0
26.0
17.0
8.0
−1.0
−10.0
气压 (AP) / hPa
1 050.0
1 039.0
1 028.0
1 017.0
1 006.0
995.0
01/01
04/02
07/02
10/01
12/31
日期 (Date) (月 / 日)

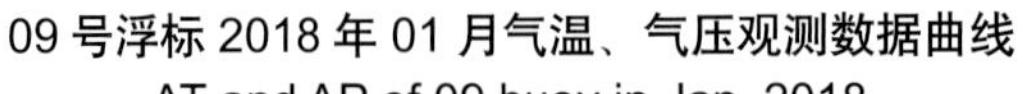
09 号浮标 2018 年 01 月气温、气压观测数据曲线
AT and AP of 09 buoy in Jan. 2018

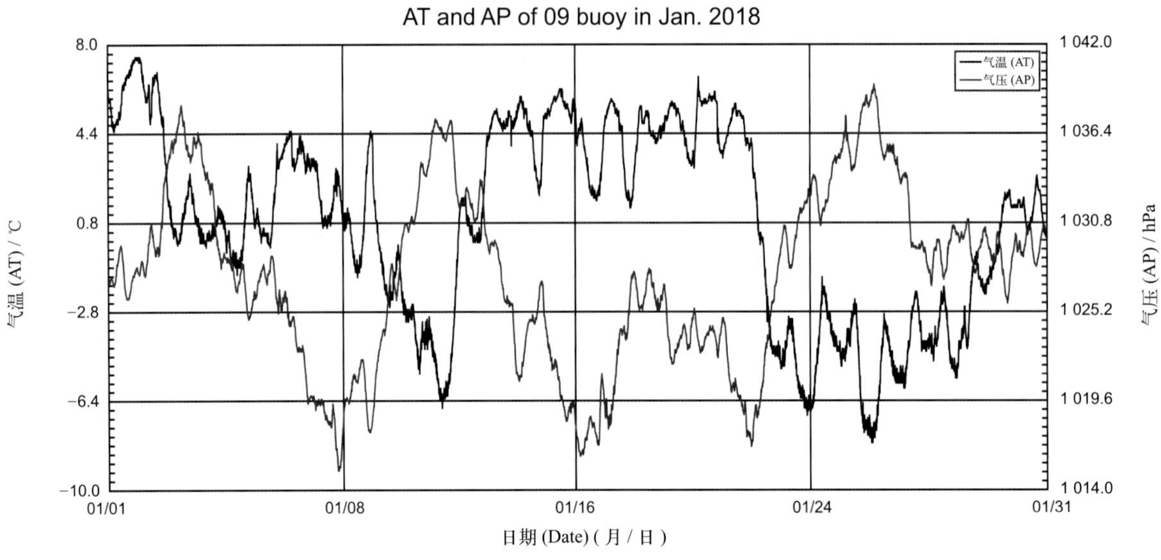

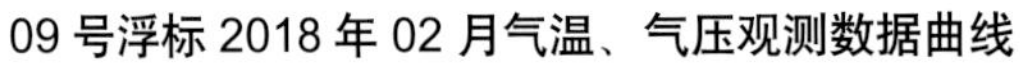
09 号浮标 2018 年 02 月气温、气压观测数据曲线
AT and AP of 09 buoy in Feb. 2018

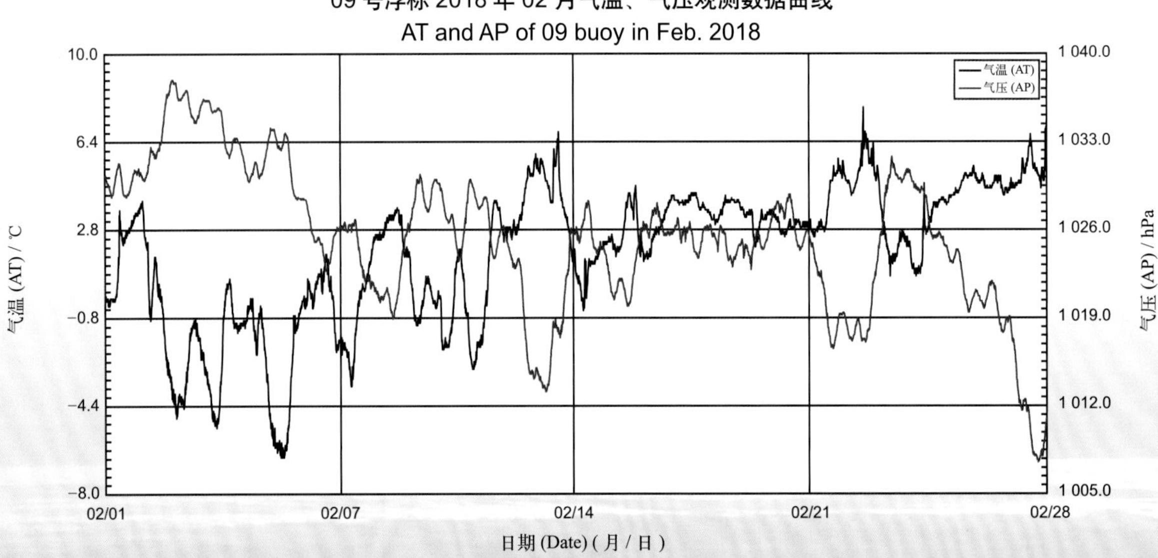

09 号浮标 2018 年 03 月气温、气压观测数据曲线
AT and AP of 09 buoy in Mar. 2018

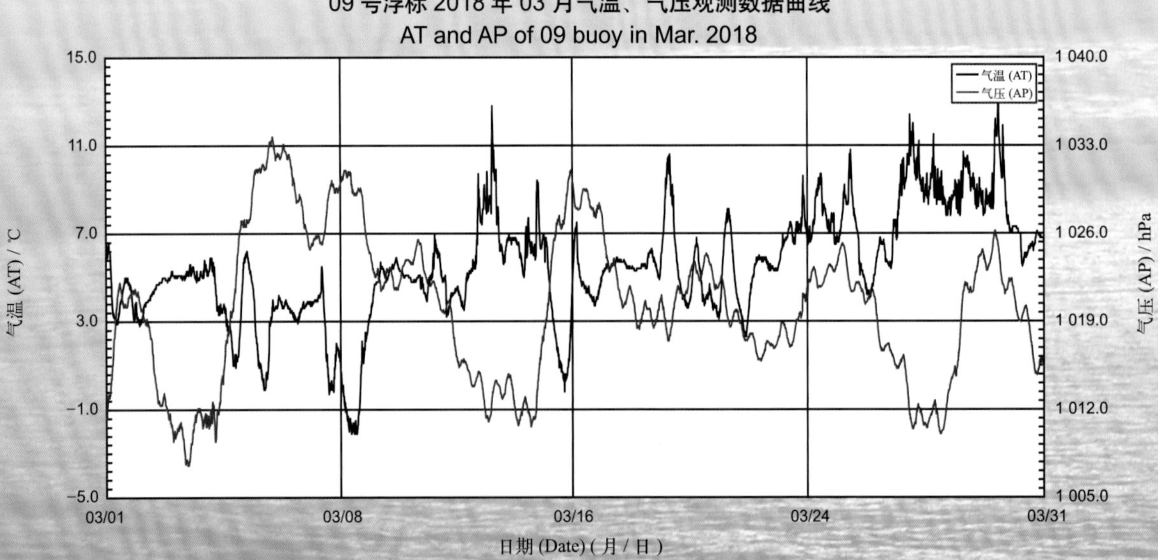

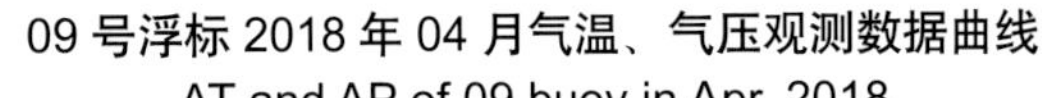

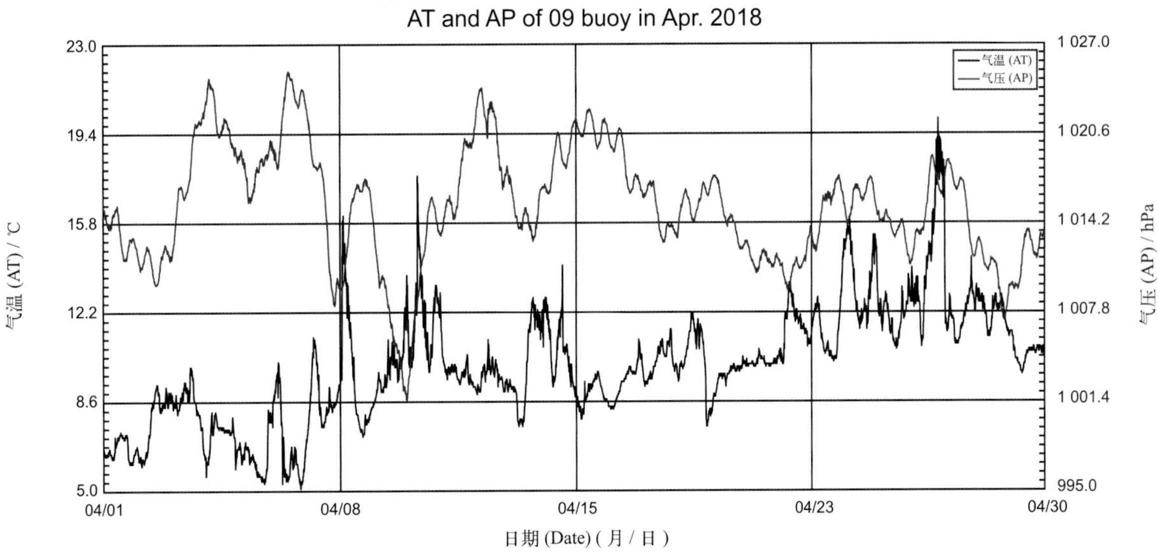

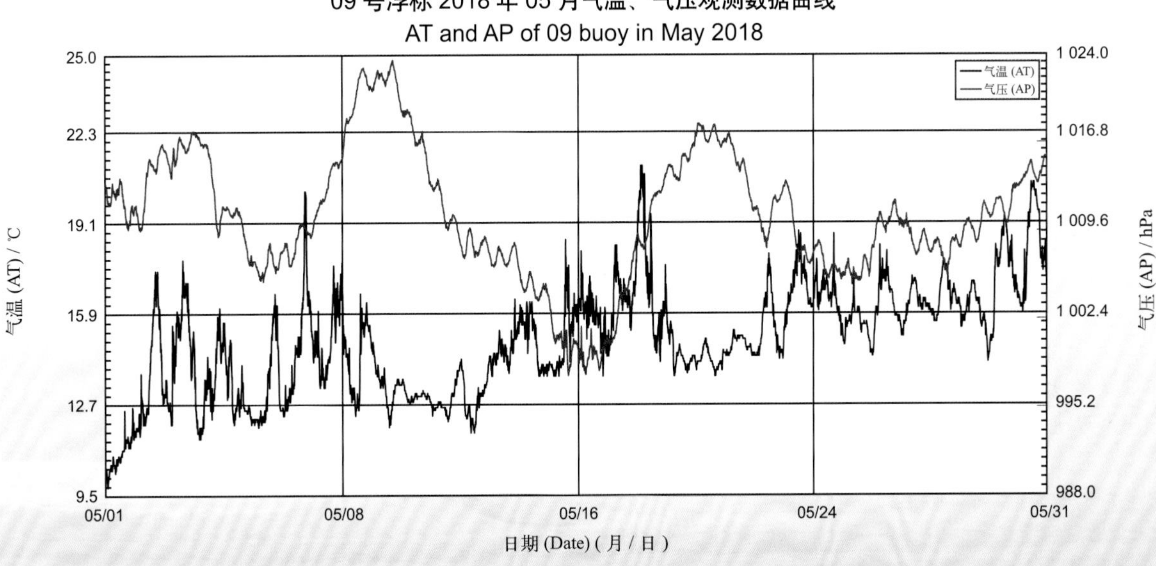

09 号浮标 2018 年 06 月气温、气压观测数据曲线
AT and AP of 09 buoy in Jun. 2018

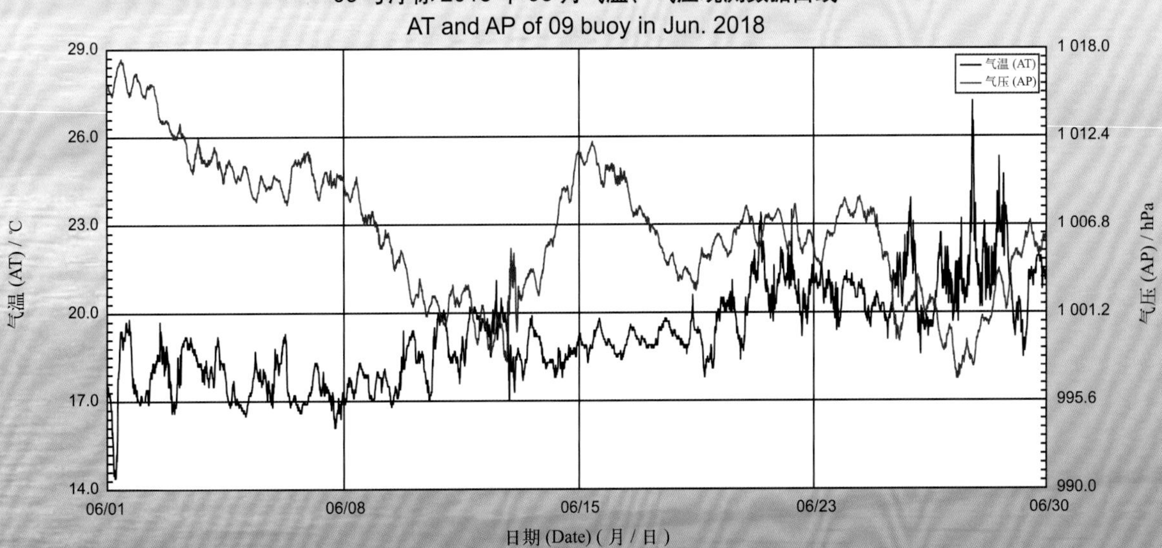

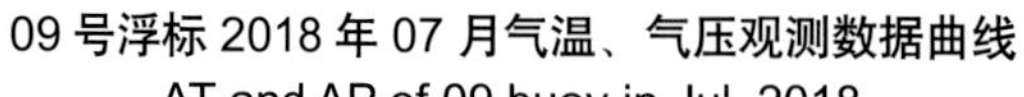

09 号浮标 2018 年 07 月气温、气压观测数据曲线
AT and AP of 09 buoy in Jul. 2018

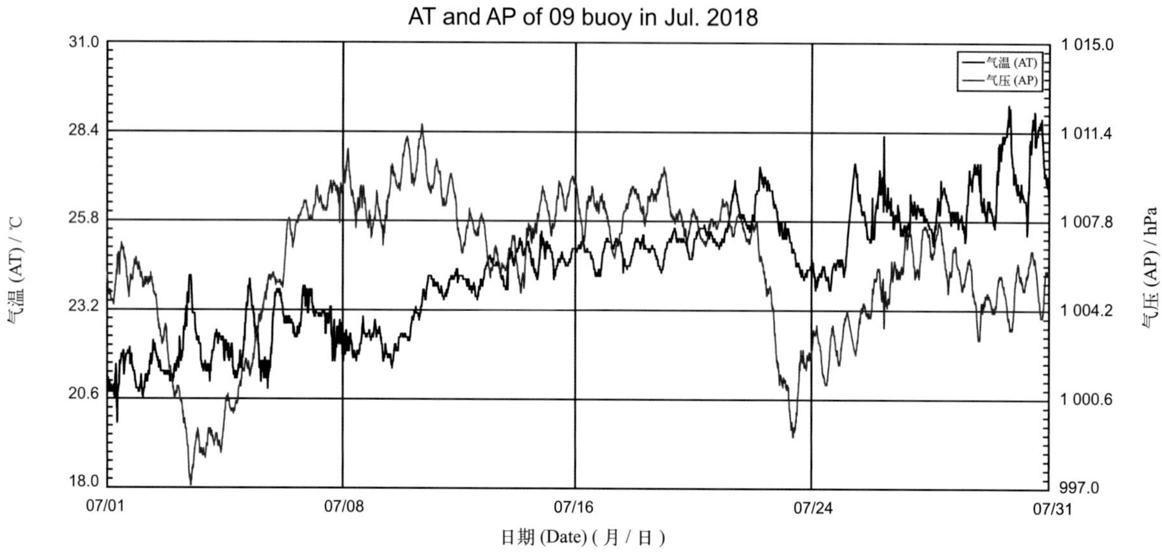

09 号浮标 2018 年 08 月气温、气压观测数据曲线
AT and AP of 09 buoy in Aug. 2018

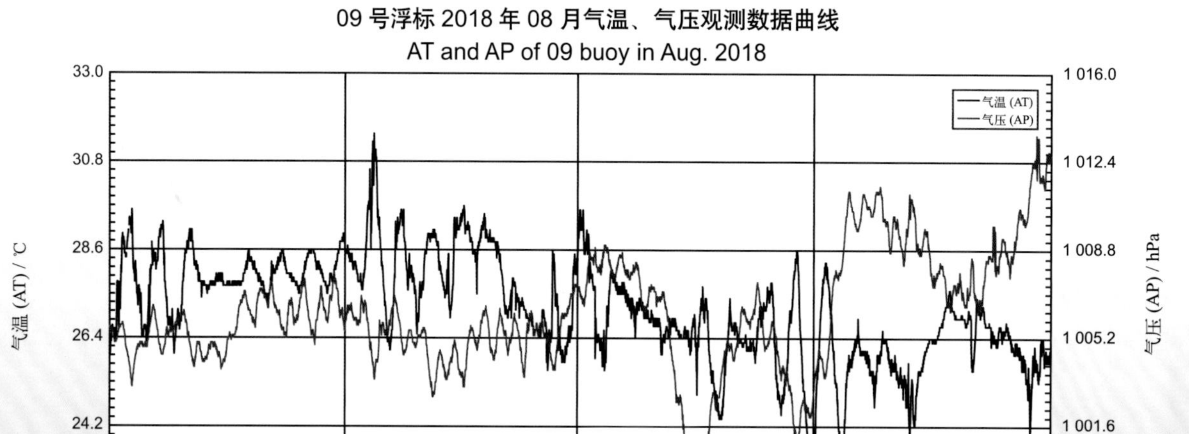

09 号浮标 2018 年 09 月气温、气压观测数据曲线
AT and AP of 09 buoy in Sep. 2018

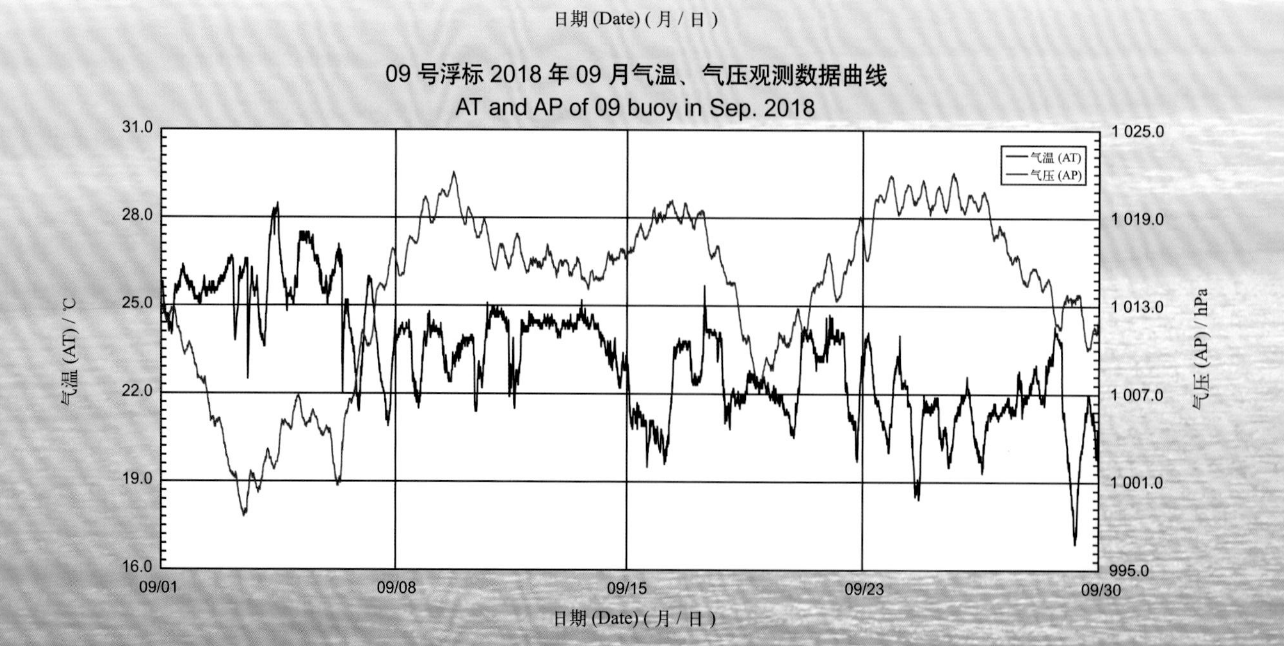

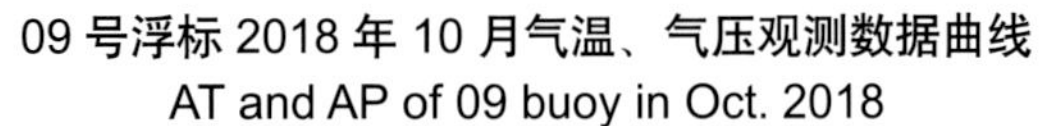

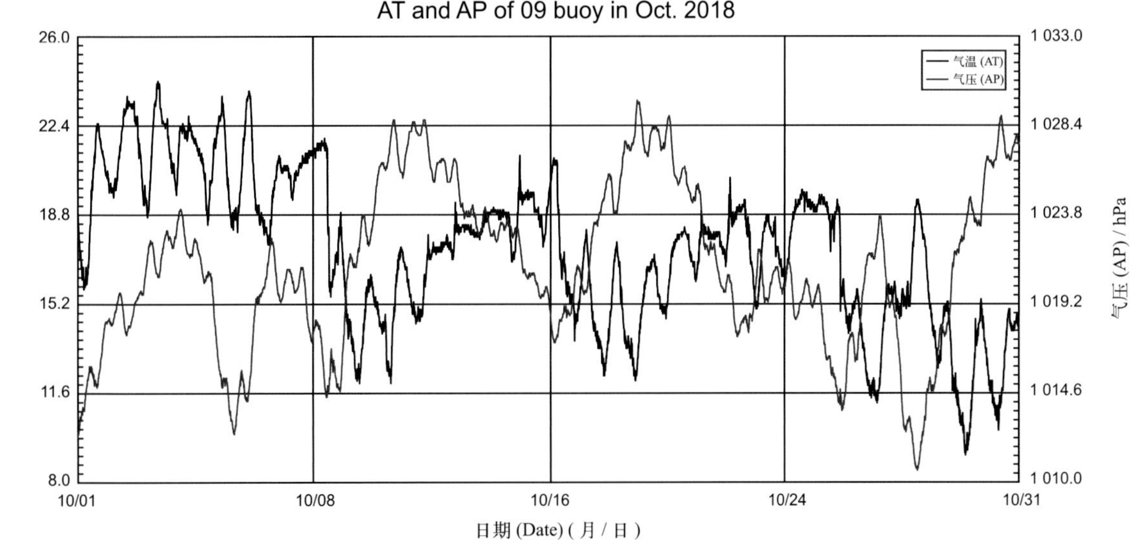

09 号浮标 2018 年 11 月气温、气压观测数据曲线
AT and AP of 09 buoy in Nov. 2018

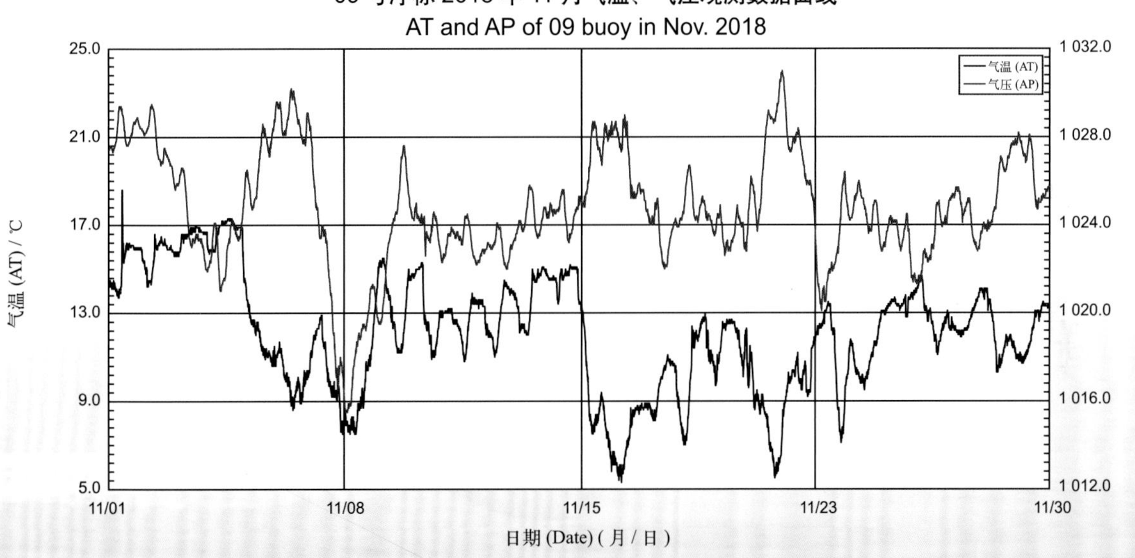

09 号浮标 2018 年 12 月气温、气压观测数据曲线
AT and AP of 09 buoy in Dec. 2018

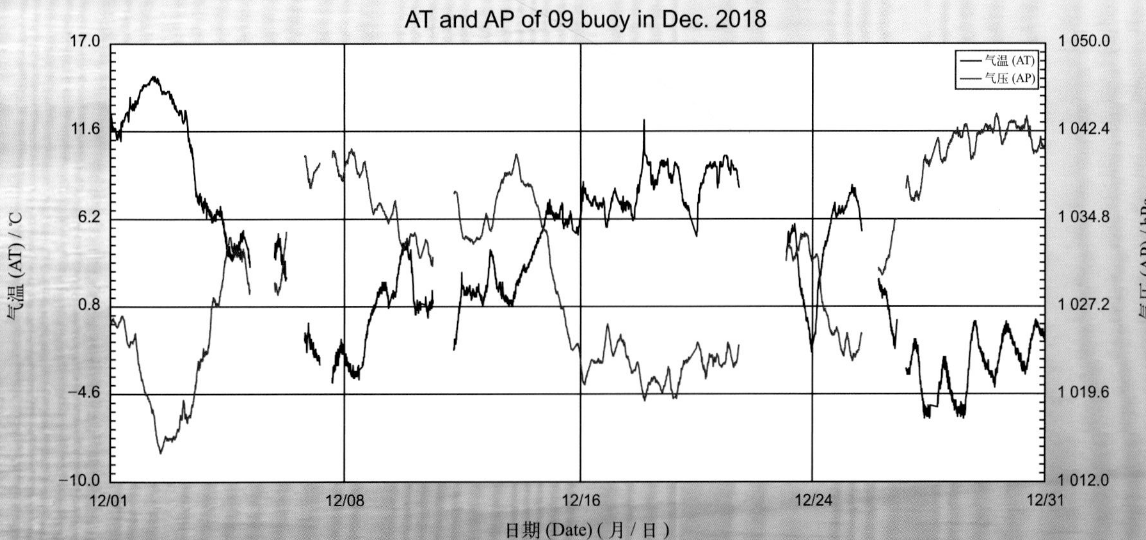

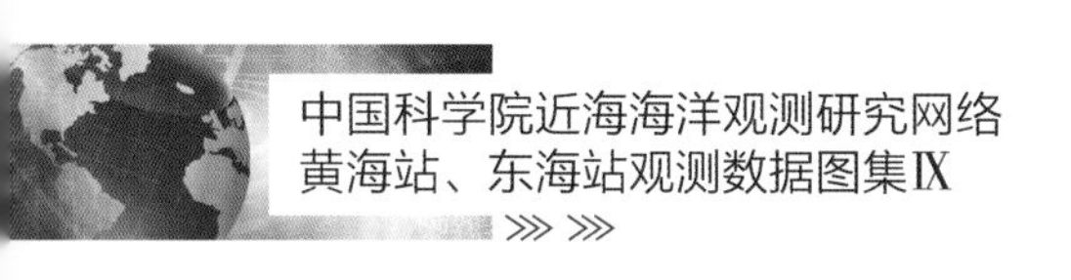

2018 年度 17 号浮标观测数据概述及曲线
（气温和气压）

2018 年，17 号浮标共获取 365 天的气温和气压长序列观测数据。通过对获取数据质量控制和分析，17 号浮标观测海域 2018 年度气温、气压数据和季节数据特征如下。

年度气温平均值为 13.39℃，年度气压平均值为 1 017.32 hPa；测得的年度最高气温和最低气温分别为 31.4℃和 −8.6℃；测得的年度最高气压和最低气压分别为 1 042.9 hPa 和 996.3 hPa。以 2 月为冬季代表月，观测海域冬季的平均气温是 1.36℃，平均气压是 1 025.30 hPa；以 5 月为春季代表月，观测海域春季的平均气温是 15.01℃，平均气压是 1 010.97 hPa；以 8 月为夏季代表月，观测海域夏季的平均气温是 27.55℃，平均气压是 1 006.40 hPa；以 11 月为秋季代表月，观测海域秋季的平均气温是 12.31℃，平均气压是 1 024.45 hPa。

2018 年，17 号浮标布放海域月度气温、气压变化特征与该海域常年季节气候变化特点基本吻合。浮标观测的月平均气温、气压和最高值、最低值数据参见表 5。

2018 年，17 号浮标记录到 1 次寒潮过程和 4 次台风过程。寒潮的具体过程中，1 月 22 日 06:00（5.1℃）至 1 月 23 日 06:00（−5.2℃），24 h 气温下降了 10.3℃，之后最低气温下降到 −8.6℃（1 月 26 日 04:40），寒潮期间气压最高值为 1 038.5 hPa（1 月 26 日 09:40）。第一次台风过程，7 月 22—25 日，17 号浮标获取到了第 10 号强热带风暴“安比”的相关数据，获取到的最低气压为 1 002.2 hPa（7 月 23 日 16:50）。第二次台风过程，8 月 19—21 日，17 号浮标获取到了第 18 号强热带风暴“温比亚”的相关数据，获取到的最低气压为 997.0 hPa（8 月 20 日 12:20）。第三次台风过程，8 月 22—25 日，17 号浮标获取到了第 19 号强台风“苏力”的相关数据，获取到的最低气压为 1 000.3 hPa（8 月 23 日 18:20）。第四次台风过程，10 月 4—7 日，17 号浮标获取到了第 25 号超强台风“康妮”的相关数据，获取到的最低气压为 1 010.8 hPa（10 月 6 日 03:50）。

表5 17号浮标各月份气温、气压观测数据

月份	气温 / ℃			气压 / hPa			备注
	平均	最高	最低	平均	最高	最低	
1	0.67	7.6	−8.6	1 027.04	1 038.6	1 014.1	记录1次寒潮
2	1.36	7.5	−6.7	1 025.30	1 037.1	1 007.5	
3	5.18	11.5	−1.5	1 020.42	1 033.9	1 007.3	
4	9.32	19.7	4.2	1 015.45	1 024.7	1 002.0	
5	15.01	21.4	10.2	1 010.97	1 024.1	998.5	
6	19.79	26.2	15.5	1 006.80	1 017.7	996.3	
7	24.71	31.4	20.9	1 006.64	1 012.9	997.4	记录1次台风
8	27.55	31.0	23.5	1 006.40	1 012.9	997.0	记录2次台风
9	23.19	28.2	18.3	1 013.85	1 022.2	998.5	
10	17.18	23.4	10.4	1 020.73	1 029.0	1 009.8	记录1次台风
11	12.31	17.2	5.7	1 024.45	1 030.1	1 013.2	
12	4.17	15.5	−5.3	1 029.77	1 042.9	1 014.1	

17 号浮标 2018 年气温、气压观测数据曲线
AT and AP of 17 buoy in 2018

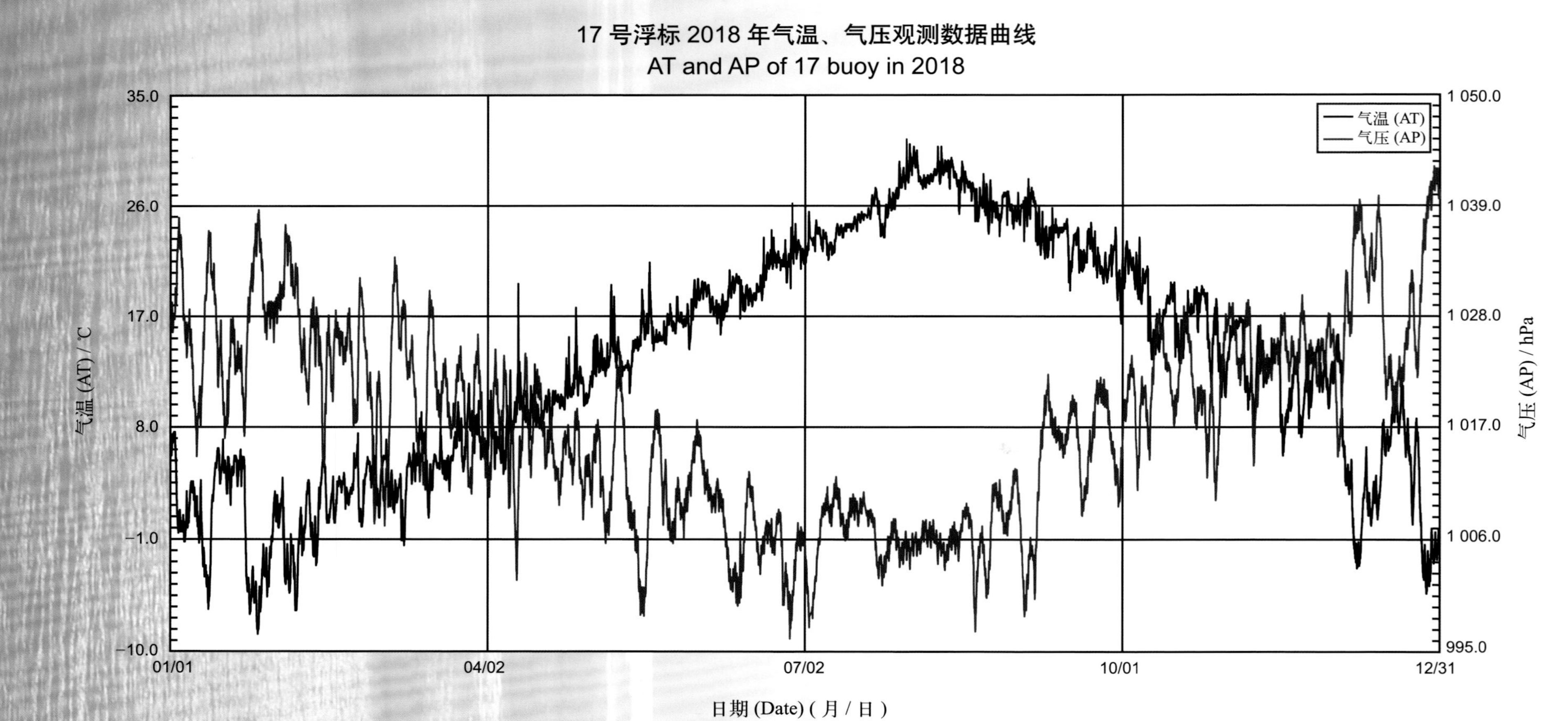

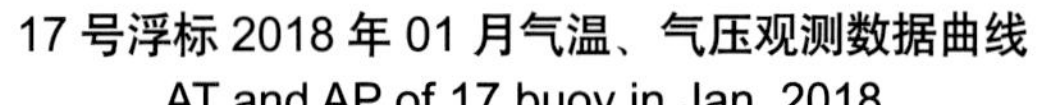

17 号浮标 2018 年 01 月气温、气压观测数据曲线
AT and AP of 17 buoy in Jan. 2018

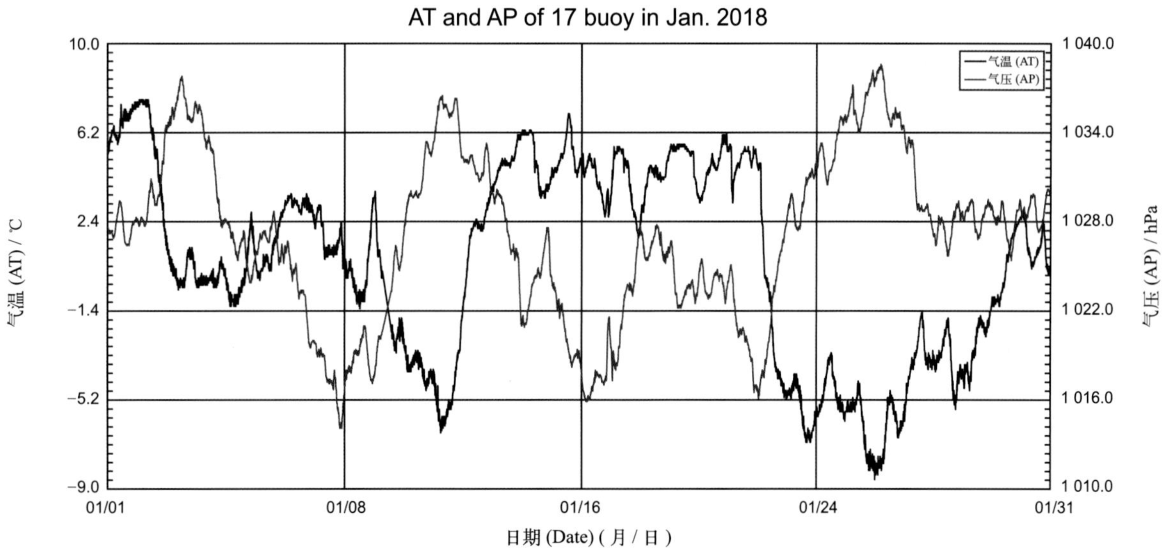

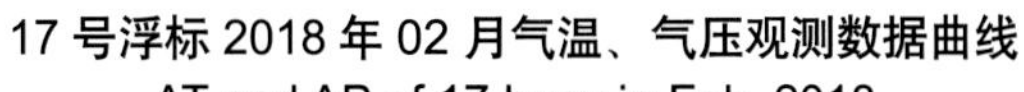

17 号浮标 2018 年 02 月气温、气压观测数据曲线
AT and AP of 17 buoy in Feb. 2018

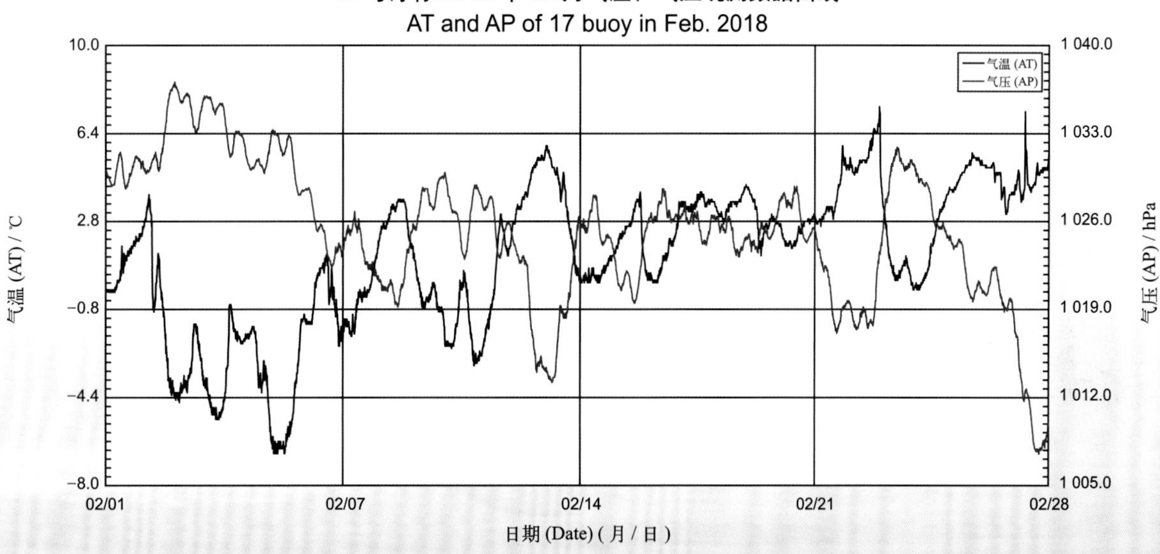

17 号浮标 2018 年 03 月气温、气压观测数据曲线
AT and AP of 17 buoy in Mar. 2018

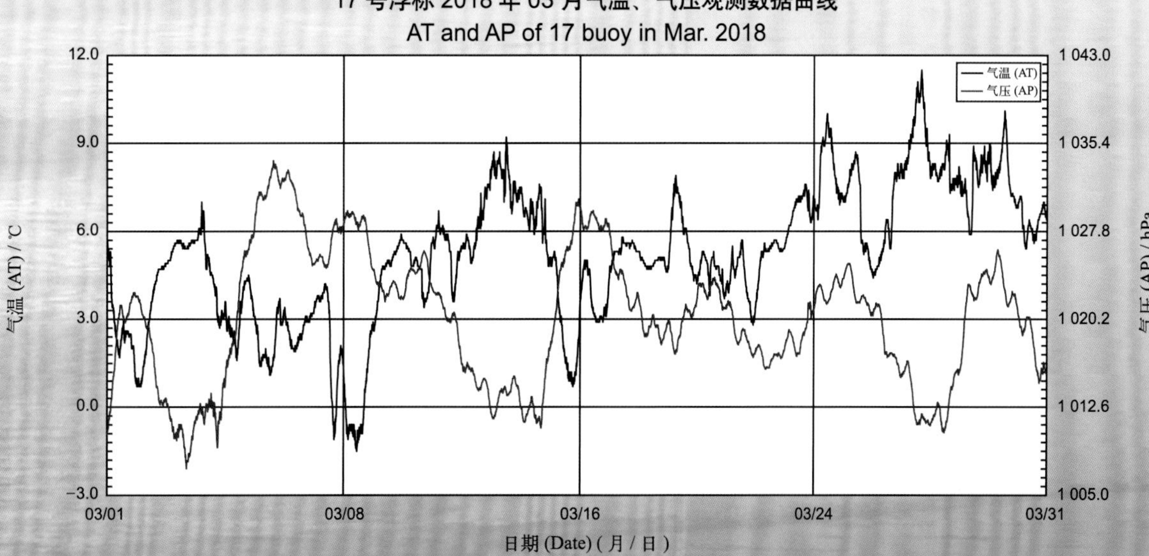

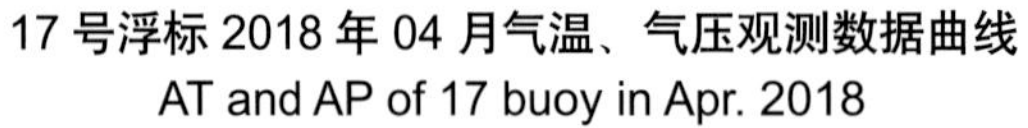

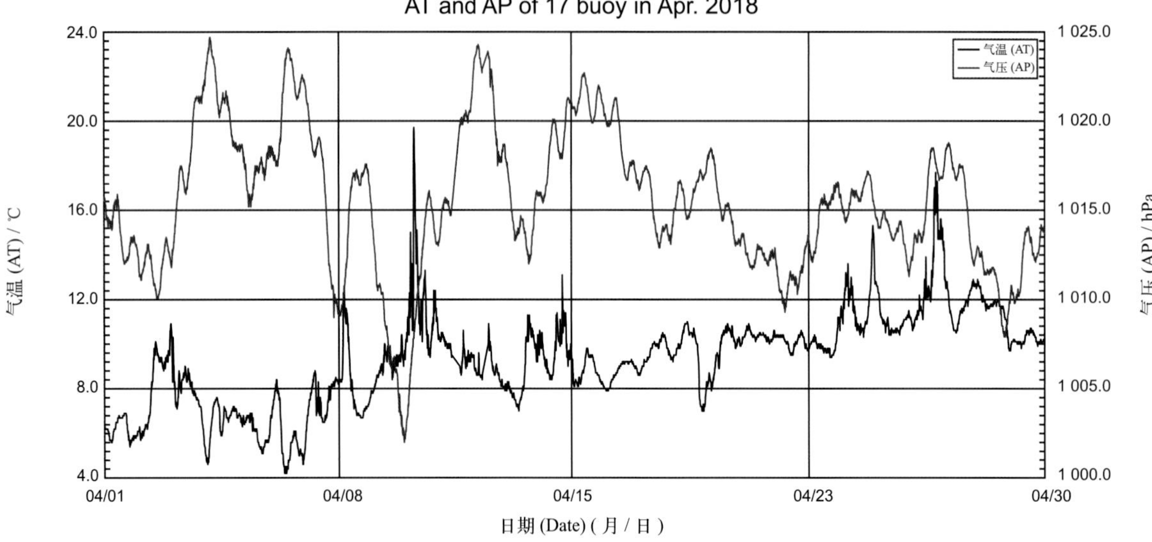

17 号浮标 2018 年 05 月气温、气压观测数据曲线

AT and AP of 17 buoy in May 2018

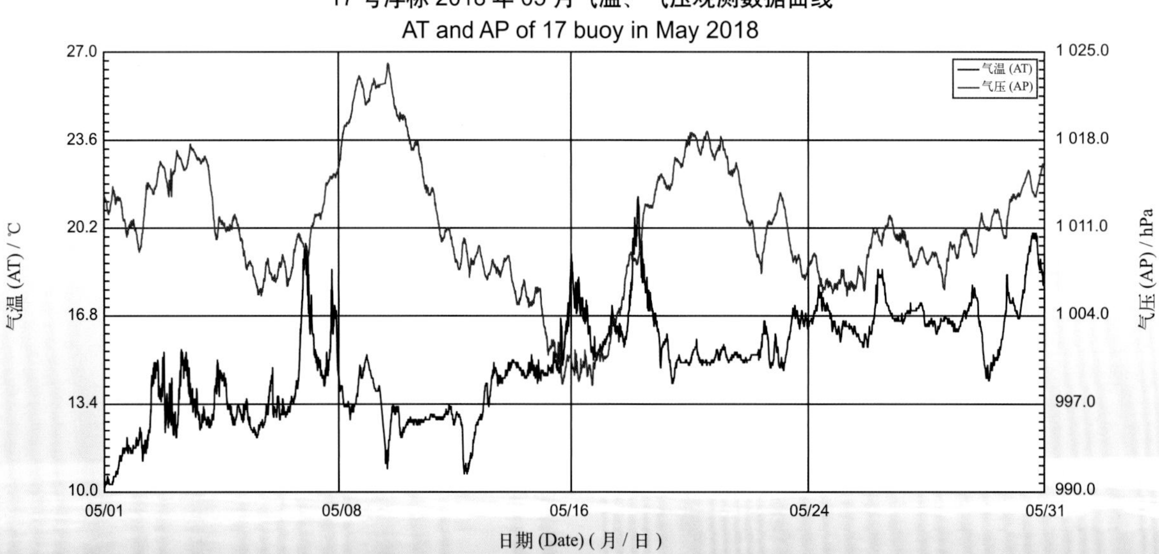

17 号浮标 2018 年 06 月气温、气压观测数据曲线

AT and AP of 17 buoy in Jun. 2018

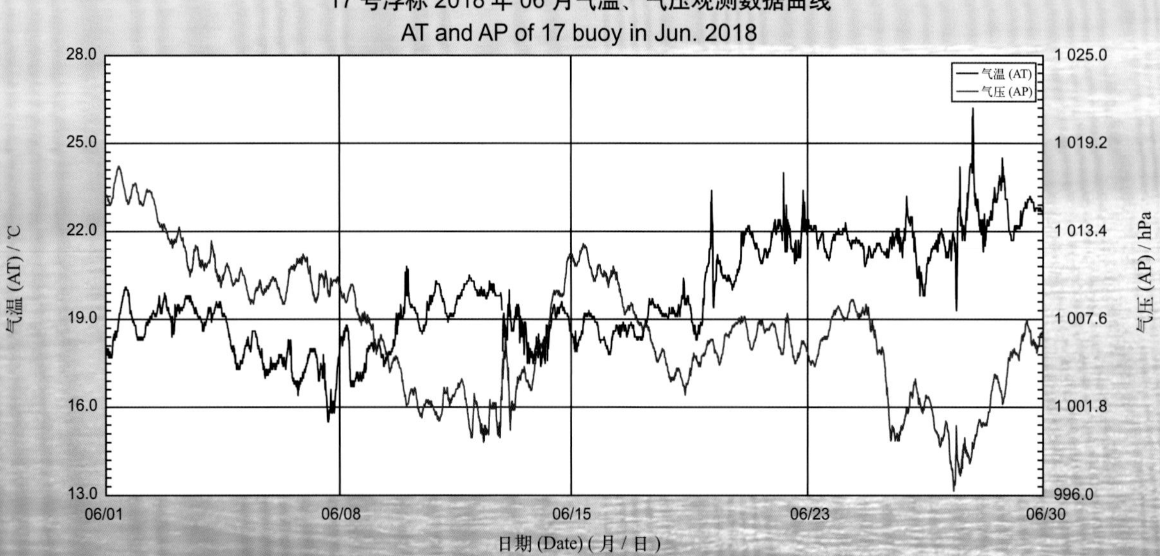

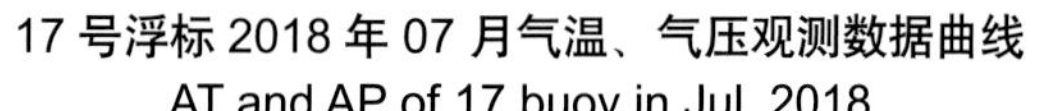

17 号浮标 2018 年 07 月气温、气压观测数据曲线

AT and AP of 17 buoy in Jul. 2018

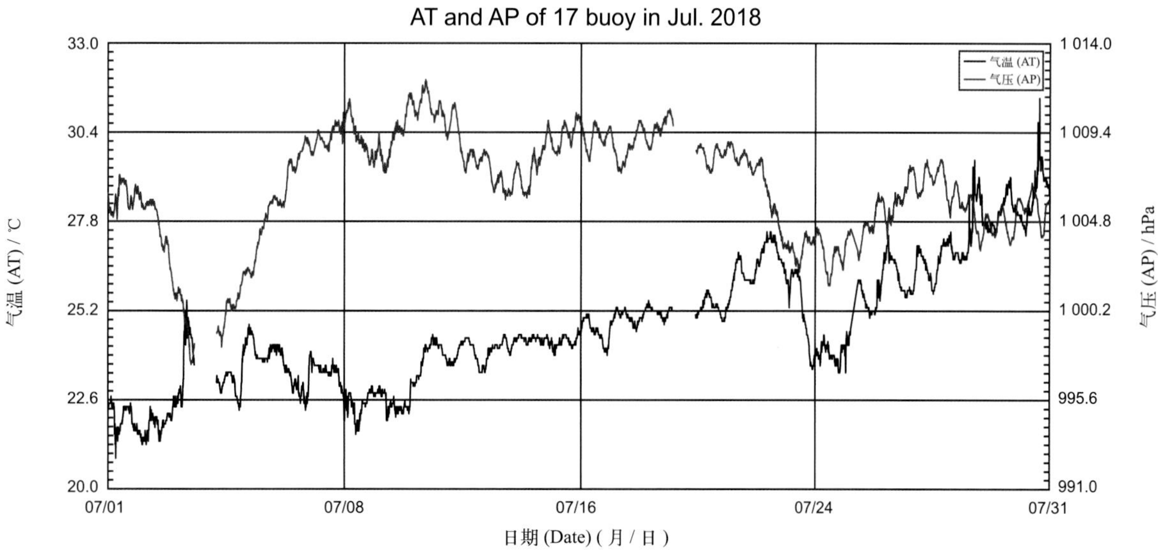

17 号浮标 2018 年 08 月气温、气压观测数据曲线

AT and AP of 17 buoy in Aug. 2018

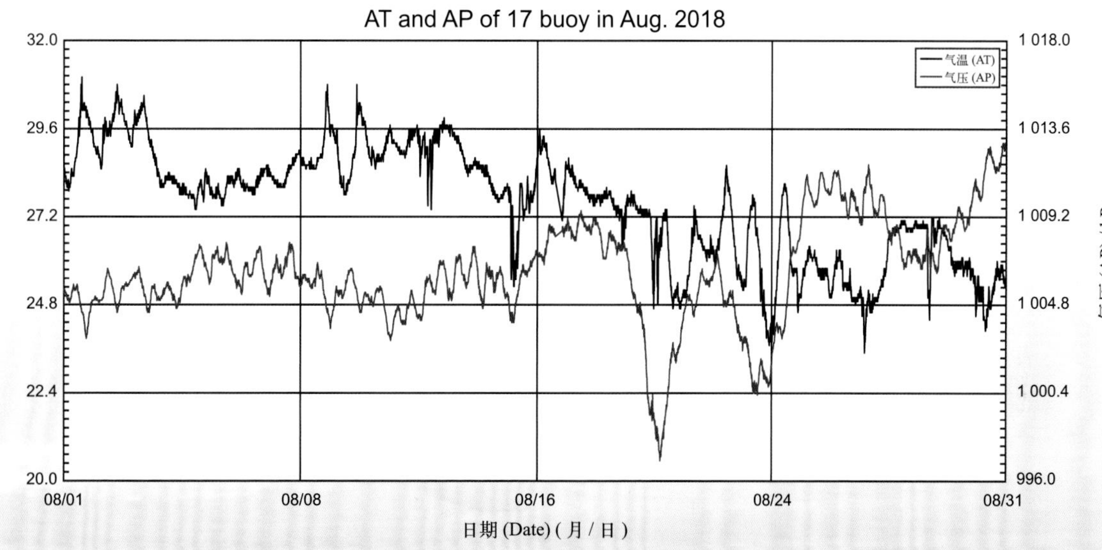

17 号浮标 2018 年 09 月气温、气压观测数据曲线

AT and AP of 17 buoy in Sep. 2018

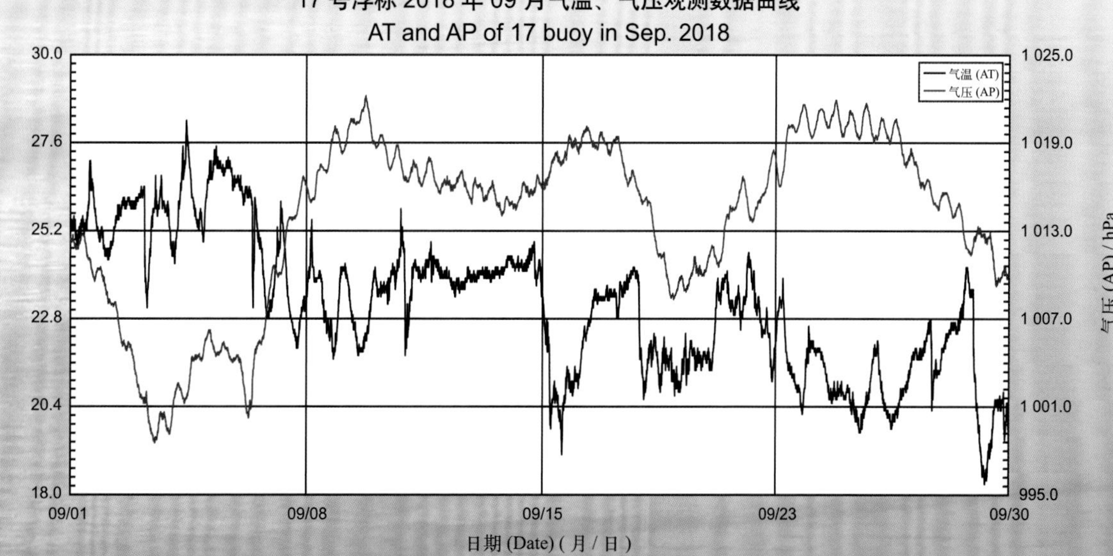

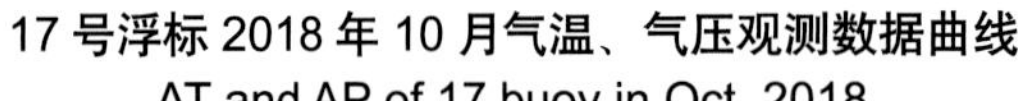

AT and AP of 17 buoy in Oct. 2018

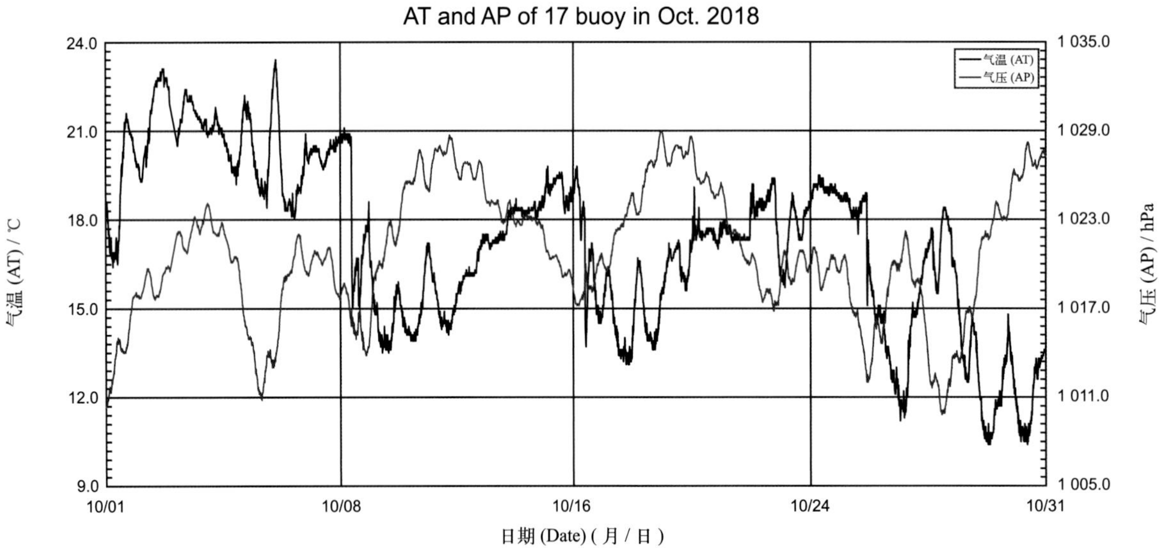

17 号浮标 2018 年 11 月气温、气压观测数据曲线

AT and AP of 17 buoy in Nov. 2018

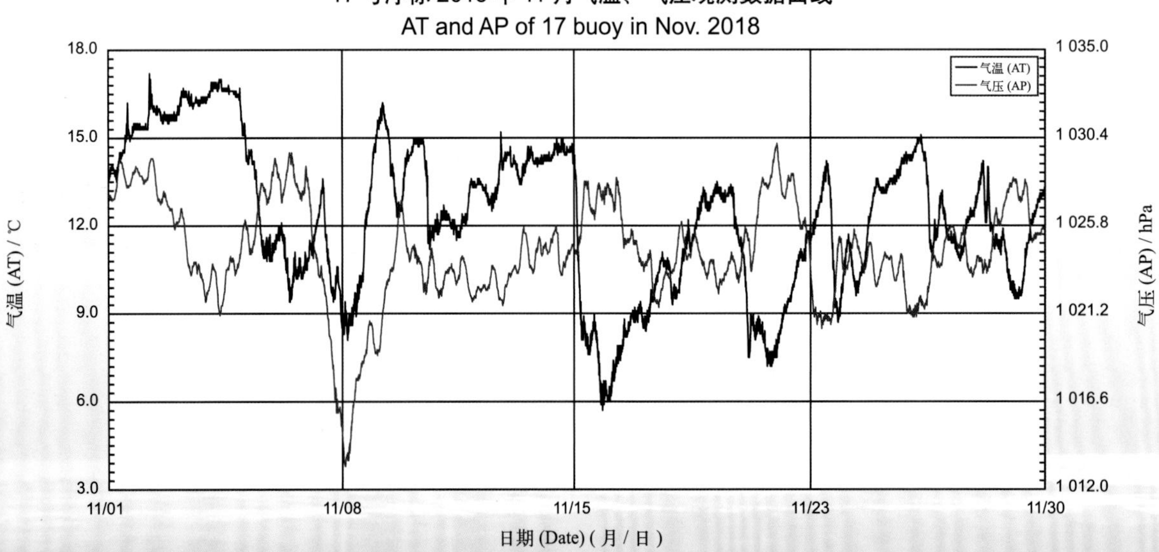

17 号浮标 2018 年 12 月气温、气压观测数据曲线

AT and AP of 17 buoy in Dec. 2018

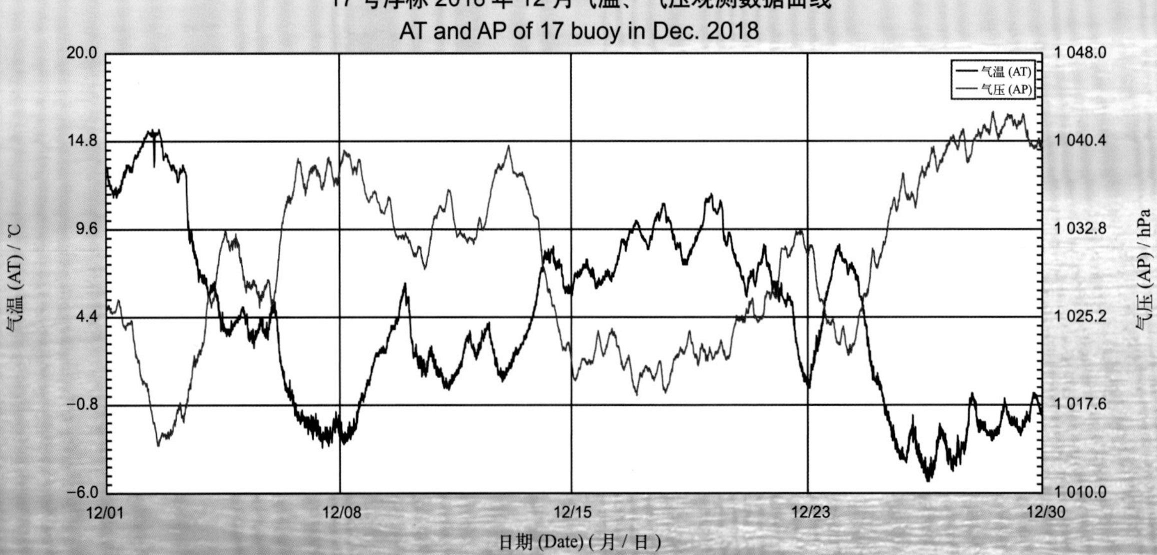

2018年度18号浮标观测数据概述及曲线
(气温和气压)

2018年，18号浮标共获取365天的气温和气压长序列观测数据，其中仅在8月12—25日期间数据不连贯。通过对获取数据质量控制和分析，18号浮标观测海域2018年度气温、气压数据和季节数据特征如下。

年度气温平均值为13.70℃，年度气压平均值为1 017.29 hPa；测得的年度最高气温和最低气温分别为31.3℃和−7.2℃；测得的年度最高气压和最低气压分别为1 043.1 hPa和995.8 hPa。以2月为冬季代表月，观测海域冬季的平均气温是2.34℃，平均气压是1 025.16 hPa；以5月为春季代表月，观测海域春季的平均气温是15.80℃，平均气压是1 010.57 hPa；以8月为夏季代表月，观测海域夏季的平均气温是28.20℃，平均气压是1 006.29 hPa；以11月为秋季代表月，观测海域秋季的平均气温是12.94℃，平均气压是1 023.98 hPa。

2018年，18号浮标布放海域月度气温、气压变化特征与该海域常年季节气候变化特点基本吻合。浮标观测的月平均气温、气压和最高值、最低值数据参见表6。

2018年，18号浮标记录到4次台风过程。第一次台风过程，7月22—25日，18号浮标获取到了第10号强热带风暴“安比”的相关数据，获取到的最低气压为996.2 hPa（7月23日12:20）。第二次台风过程，8月19—21日，18号浮标获取到了第18号强热带风暴“温比亚”的相关数据，获取到的最低气压为998.3 hPa（8月20日05:00）。第三次台风过程，8月22—25日，18号浮标获取到了第19号强台风“苏力”的相关数据，获取到的最低气压为1 001.0 hPa（8月23日15:00）。第四次台风过程，10月4—7日，18号浮标获取到了第25号超强台风“康妮”的相关数据，获取到的最低气压为1 011.9 hPa（10月6日03:10）。

表6　18号浮标各月份气温、气压观测数据

月份	气温 / ℃			气压 / hPa			备注
	平均	最高	最低	平均	最高	最低	
1	1.38	7.6	−7.2	1 027.19	1 039.0	1 014.8	
2	2.34	9.3	−6.3	1 025.16	1 038.2	1 007.3	
3	5.95	14.2	−1.5	1 019.98	1 033.5	1 006.7	
4	10.41	23.9	4.7	1 014.99	1 025.4	1 001.2	
5	15.80	21.6	10.2	1 010.57	1 023.3	997.9	
6	20.77	27.7	17.3	1 006.08	1 017.3	996.4	
7	24.96	30.3	21.9	1 005.43	1 011.2	995.8	记录 1 次台风
8	28.00	31.3	23.6	1 005.98	1 012.4	998.3	记录 2 次台风
9	13.83	28.8	18.1	1 013.41	1 021.5	998.0	
10	18.13	24.5	10.8	1 020.63	1 029.3	1 010.2	记录 1 次台风
11	12.94	18.4	6.6	1 023.98	1 030.7	1 015.0	
12	4.66	15.6	−6.6	1 029.85	1 043.1	1 013.3	

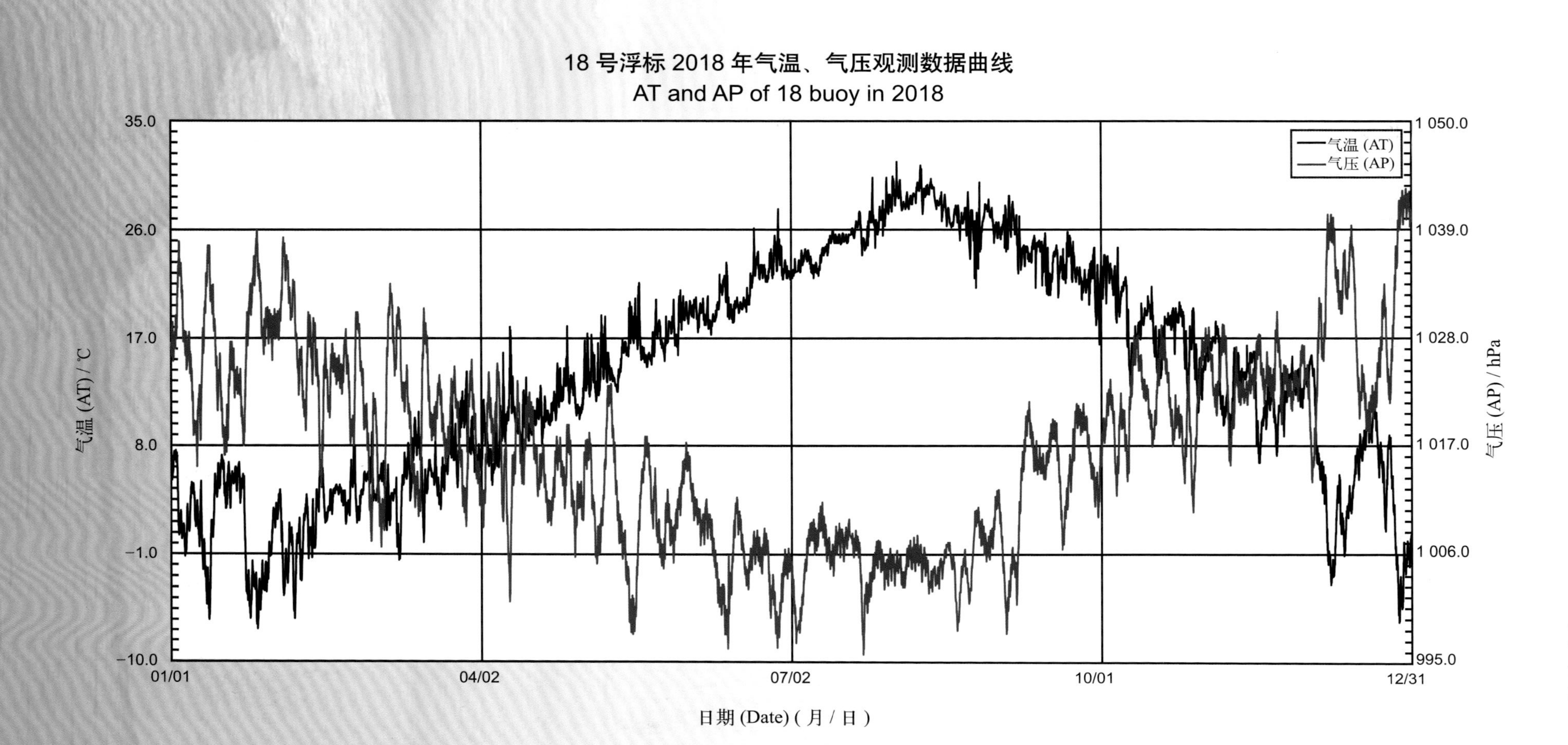

18 号浮标 2018 年气温、气压观测数据曲线
AT and AP of 18 buoy in 2018

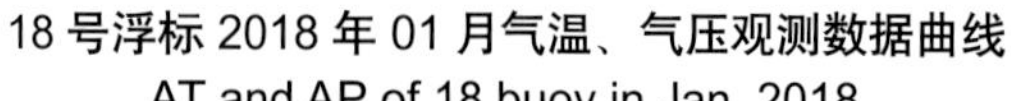

18 号浮标 2018 年 01 月气温、气压观测数据曲线
AT and AP of 18 buoy in Jan. 2018

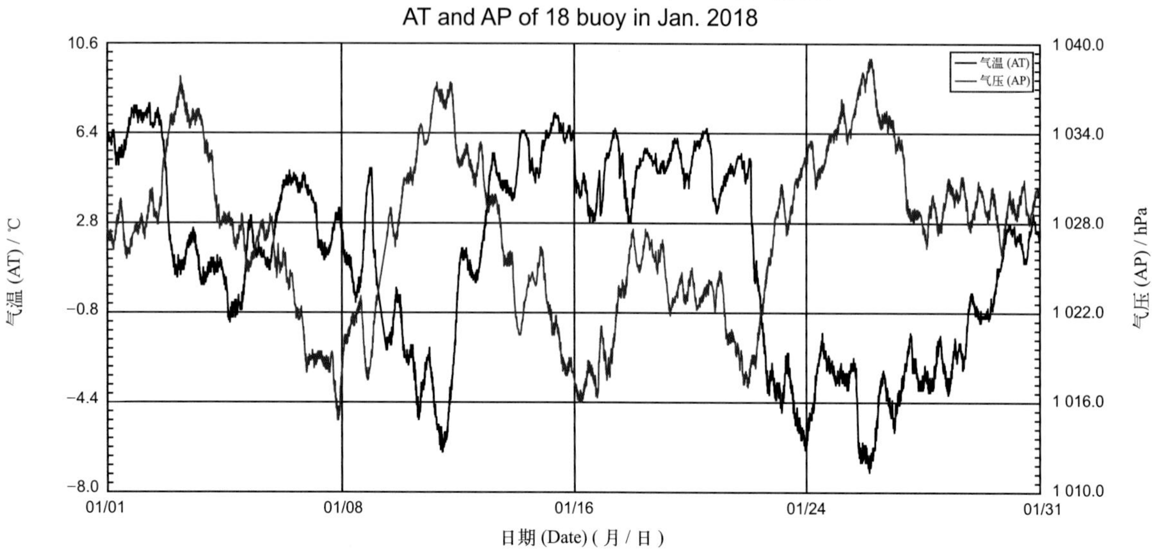

18 号浮标 2018 年 02 月气温、气压观测数据曲线
AT and AP of 18 buoy in Feb. 2018

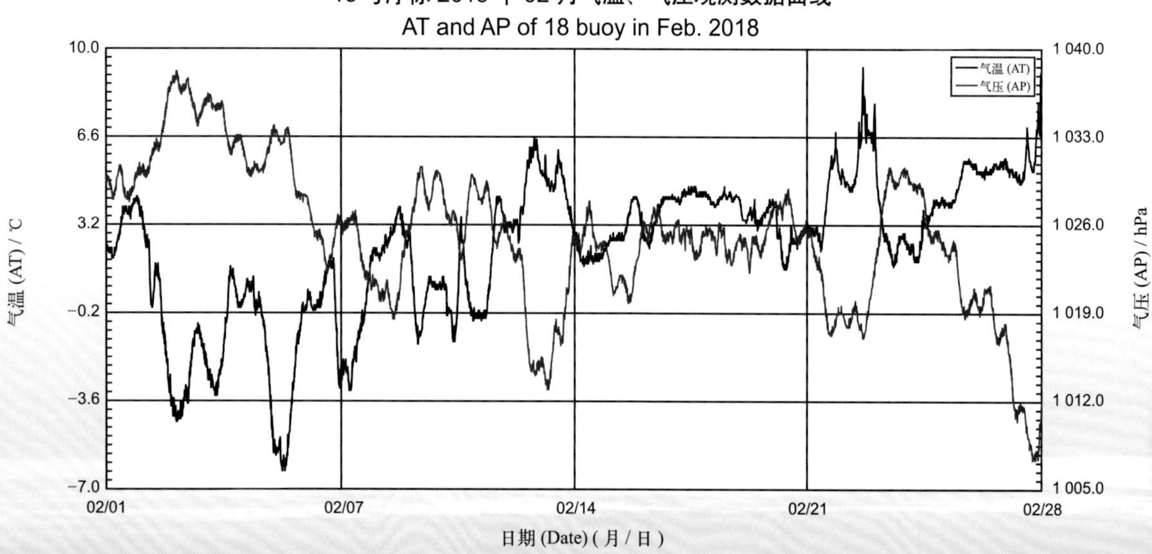

18 号浮标 2018 年 03 月气温、气压观测数据曲线
AT and AP of 18 buoy in Mar. 2018

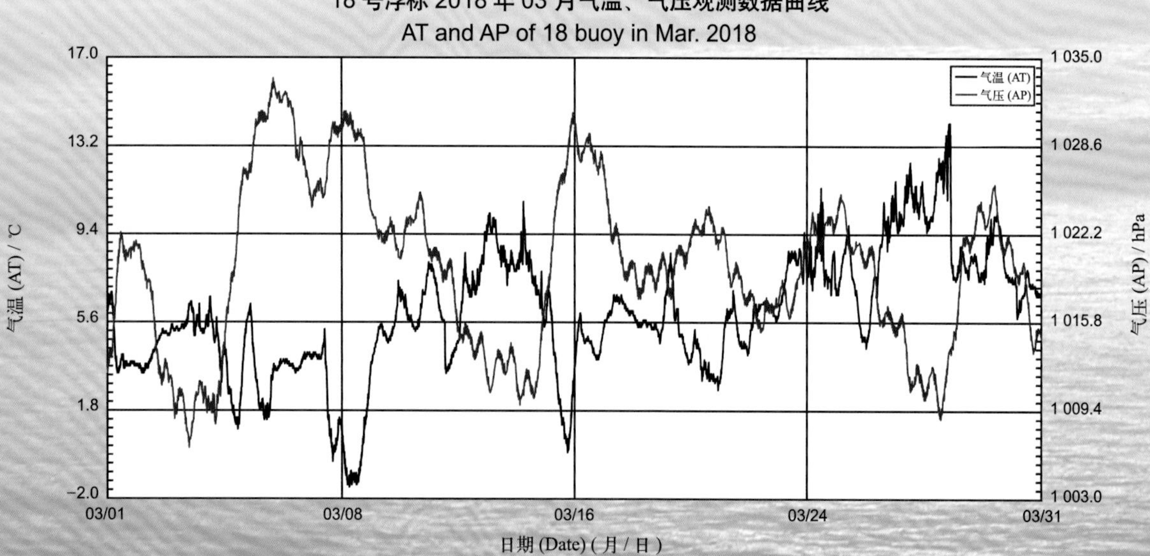

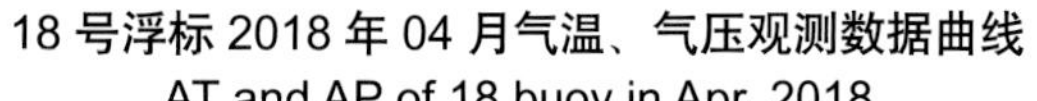

18 号浮标 2018 年 04 月气温、气压观测数据曲线
AT and AP of 18 buoy in Apr. 2018

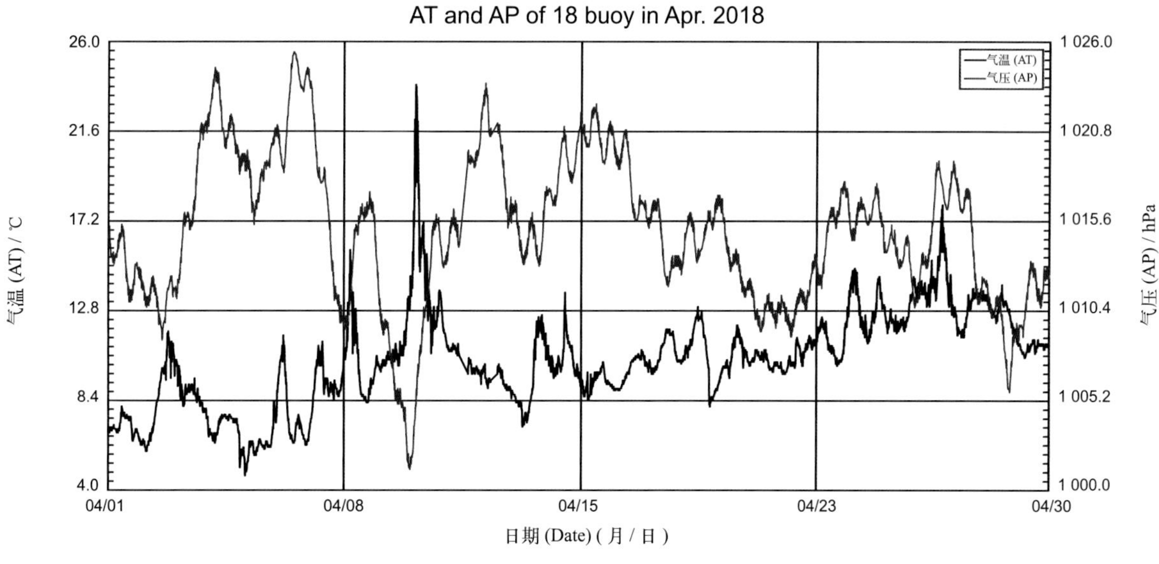

18 号浮标 2018 年 05 月气温、气压观测数据曲线
AT and AP of 18 buoy in May 2018

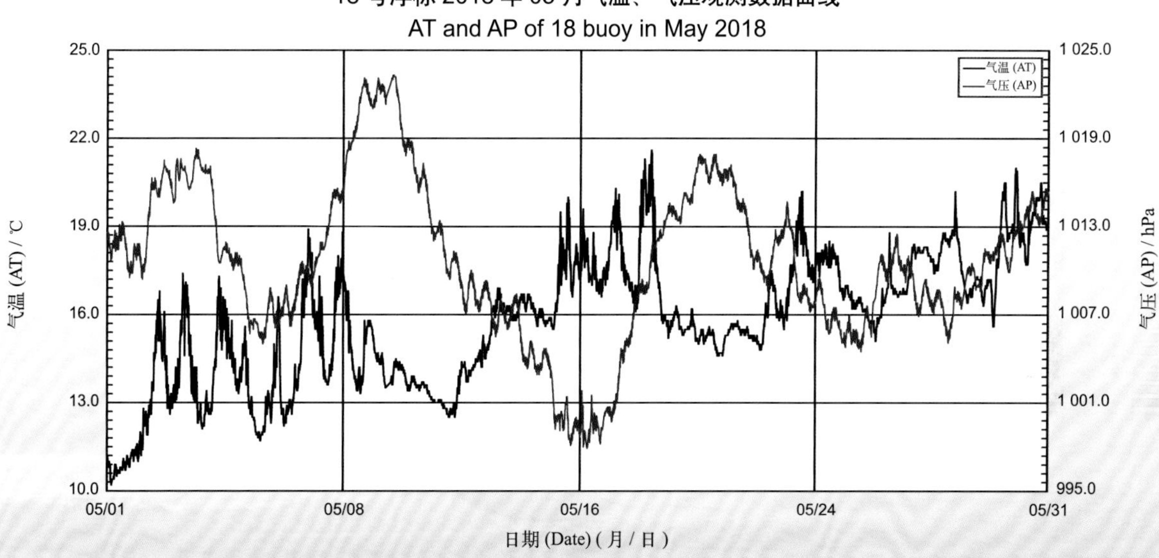

18 号浮标 2018 年 06 月气温、气压观测数据曲线
AT and AP of 18 buoy in Jun. 2018

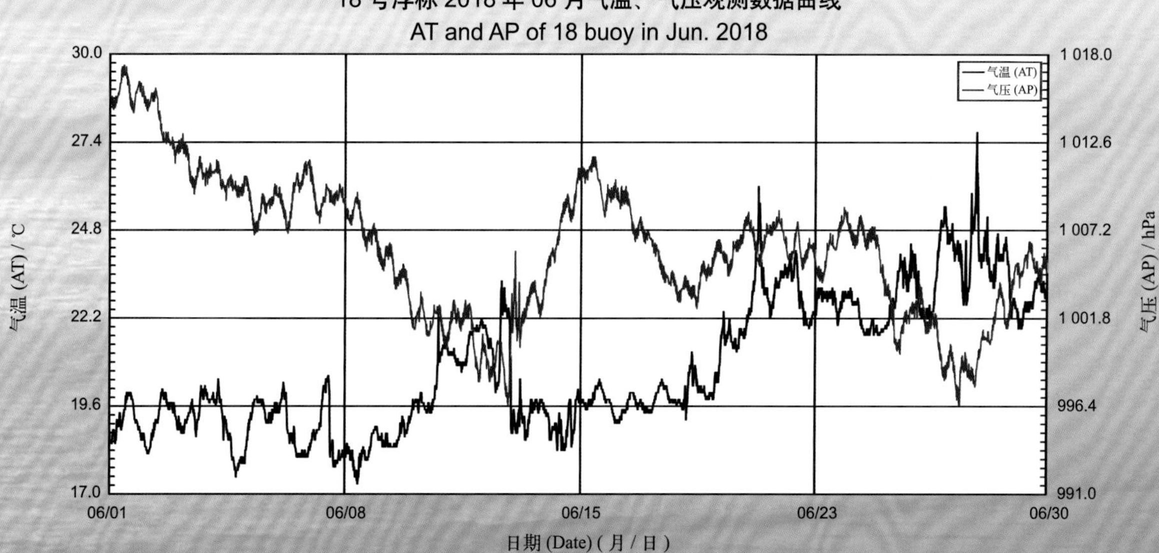

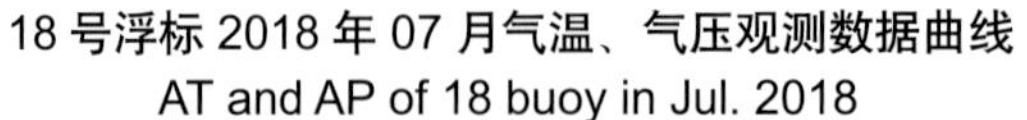

18 号浮标 2018 年 07 月气温、气压观测数据曲线
AT and AP of 18 buoy in Jul. 2018

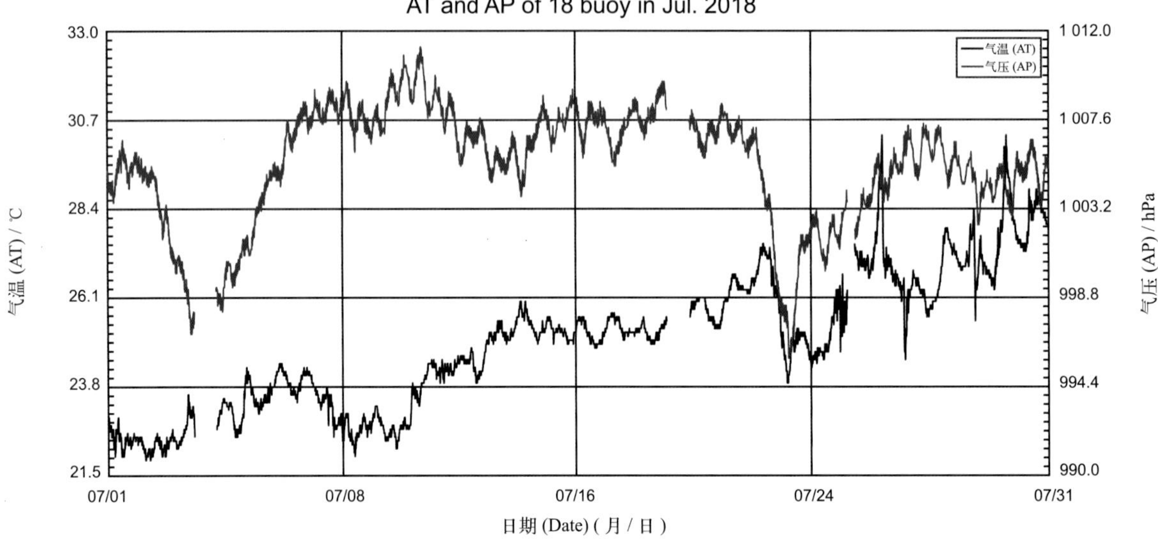

18 号浮标 2018 年 08 月气温、气压观测数据曲线
AT and AP of 18 buoy in Aug. 2018

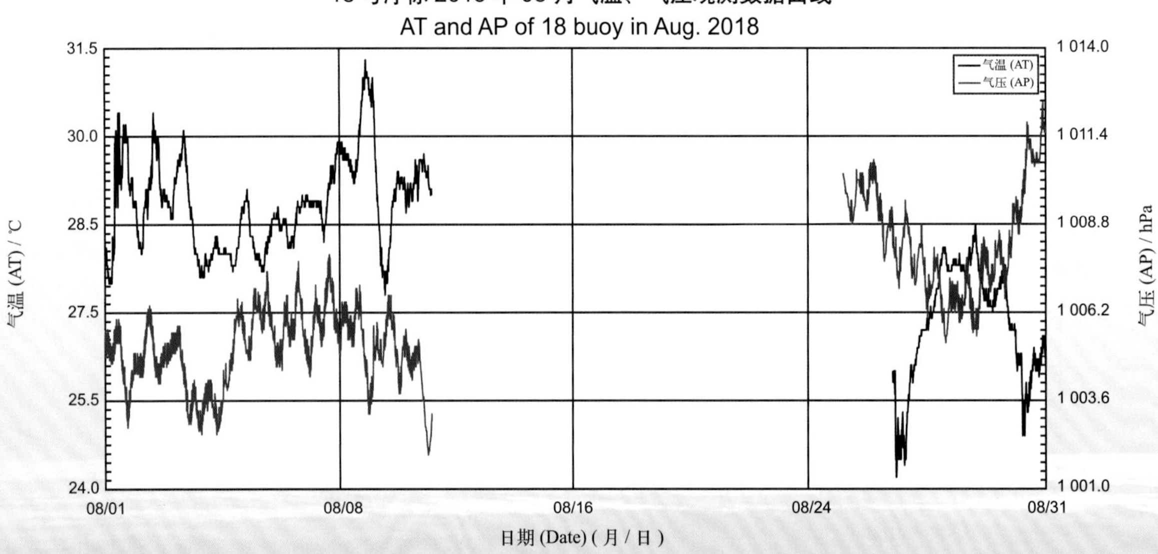

18 号浮标 2018 年 09 月气温、气压观测数据曲线
AT and AP of 18 buoy in Sep. 2018

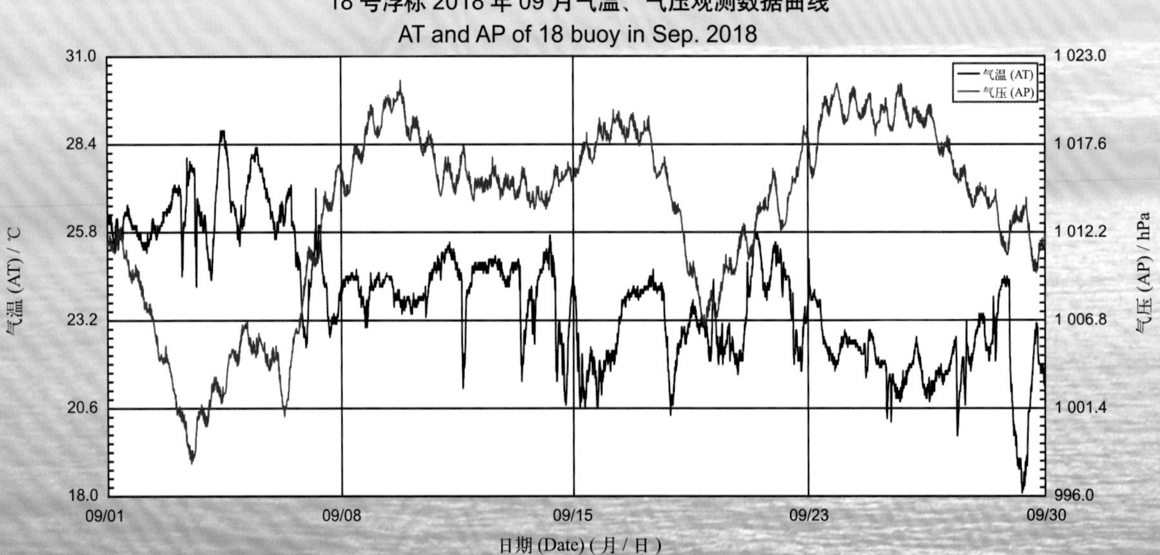

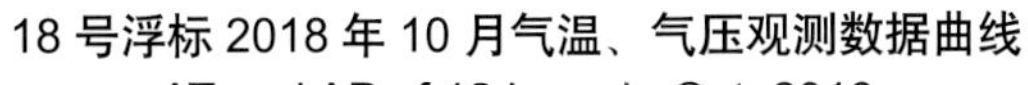

18 号浮标 2018 年 10 月气温、气压观测数据曲线
AT and AP of 18 buoy in Oct. 2018

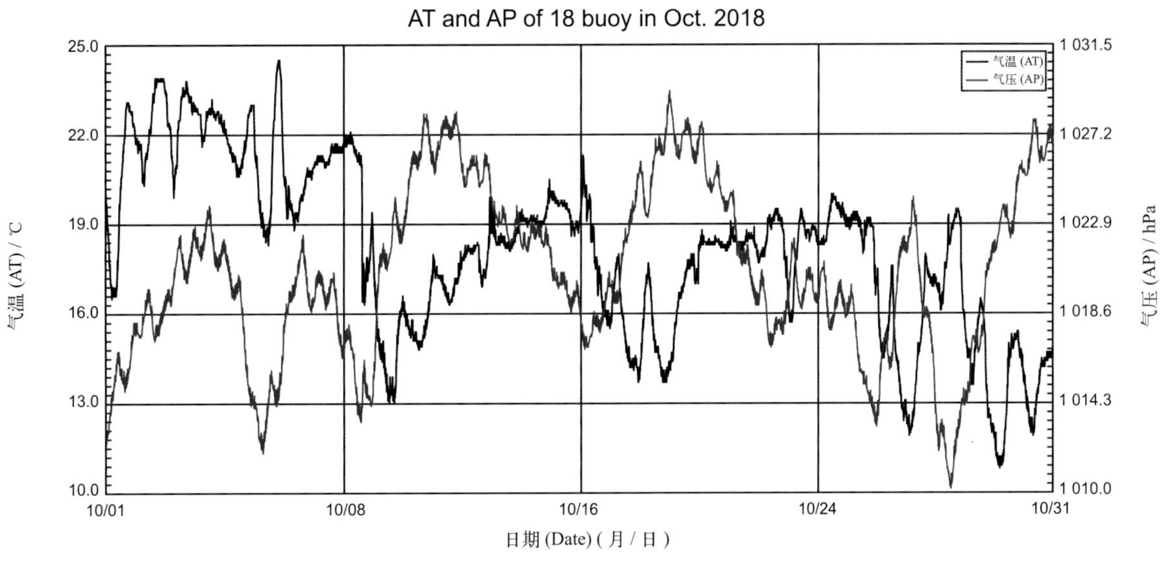

18 号浮标 2018 年 11 月气温、气压观测数据曲线
AT and AP of 18 buoy in Nov. 2018

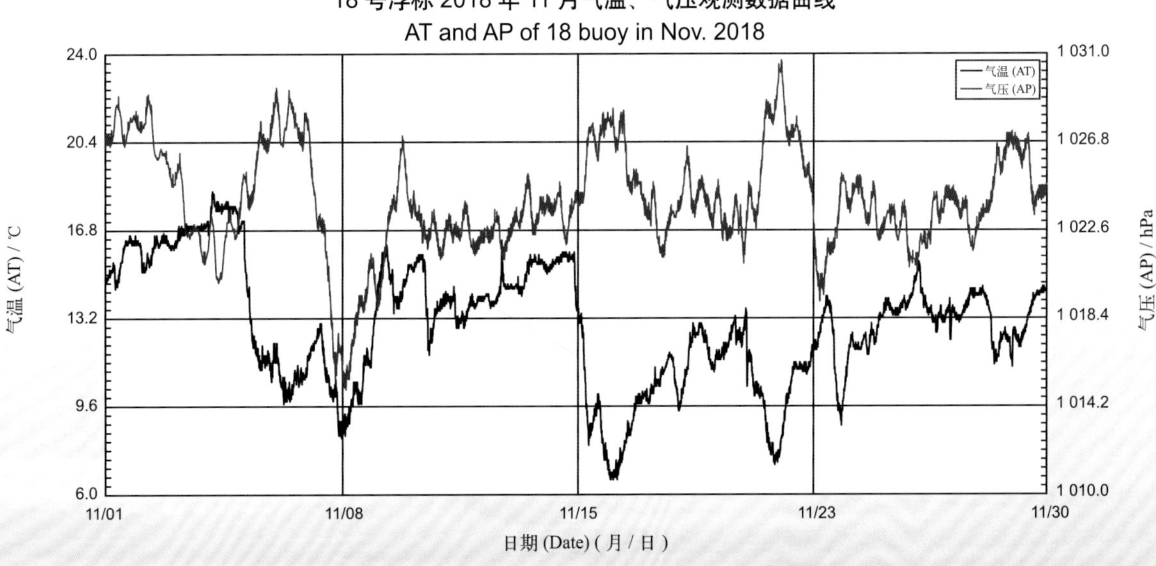

18 号浮标 2018 年 12 月气温、气压观测数据曲线
AT and AP of 18 buoy in Dec. 2018

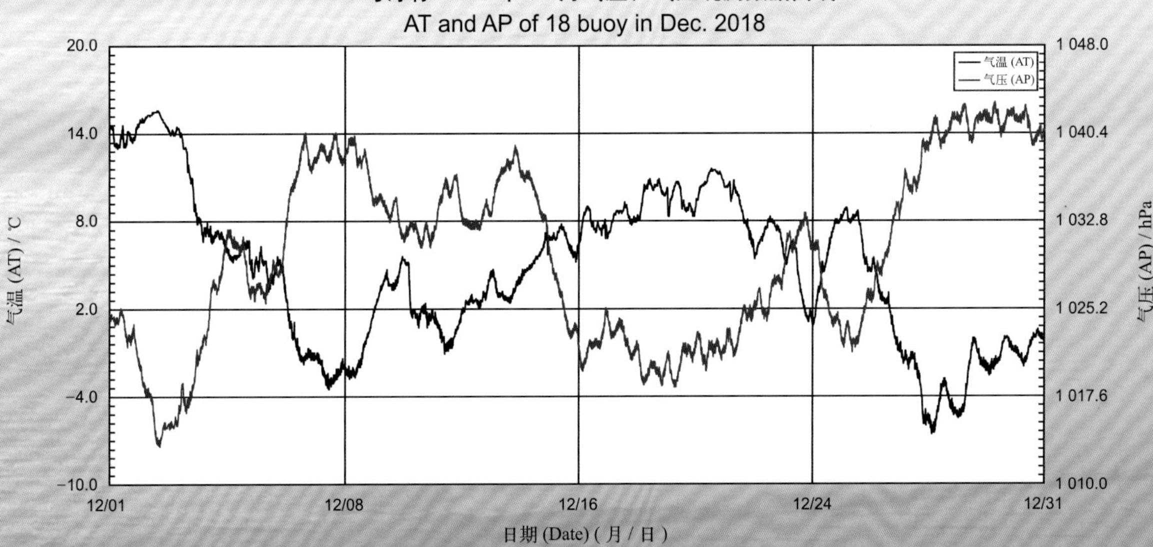

2018年度20号浮标观测数据概述及曲线
（气温和气压）

2018年，20号浮标共获取352天的气温和气压长序列观测数据。获取数据的主要区间为1月14日02:50至12月31日23:50。通过对获取数据质量控制和分析，20号浮标观测海域2018年度气温、气压数据和季节数据特征如下。

年度气温平均值为18.91℃，年度气压平均值为1 015.27 hPa，测得的年度最高气温和最低气温分别为31.8℃和1.7℃，测得的年度最高气压和最低气压分别为1 037.4 hPa和987.1 hPa。以2月为冬季代表月，观测海域冬季的平均气温是8.10℃，平均气压是1 024.02 hPa；以5月为春季代表月，观测海域春季的平均气温是20.36℃，平均气压是1 010.99 hPa；以8月为夏季代表月，观测海域夏季的平均气温是28.32℃，平均气压是1 003.82 hPa；以11月为秋季代表月，观测海域秋季的平均气温是18.08℃，平均气压是1 021.53 hPa。

2018年，20号浮标观测海域月度气温、气压变化特征与该海域常年季节气候变化特点基本吻合。浮标观测的气温、气压月平均值和最高值、最低值数据参见表7。

2018年，20号浮标记录到5次台风过程。第一次台风过程，7月20—23日，20号浮标获取到了第10号强热带风暴“安比”的相关数据，获取到的最低气压为987.1 hPa（7月22日03:20）。第二次台风过程，8月1—4日，20号浮标获取到了第12号台风“云雀”的相关数据，获取到的最低气压为995.1 hPa（8月3日03:20）。第三次台风过程，8月15—18日，20号浮标获取到了第18号强热带风暴“温比亚”的相关数据，获取到的最低气压为990.3 hPa（8月16日22:20）。第四次台风过程，8月21—24日，20号浮标获取到了第19号强台风“苏力”的相关数据，获取到的最低气压为997.4 hPa（8月22日19:00）。第五次台风过程，10月4—6日，20号浮标获取到了第25号超强台风“康妮”的相关数据，获取到的最低气压为999.0 hPa（10月5日12:10）。

表7 20号浮标各月份气温、气压观测数据

月份	气温 / ℃			气压 / hPa			备注
	平均	最高	最低	平均	最高	最低	
1	8.90	16.3	1.7	1 023.27	1 030.7	1 012.6	缺测13天数据
2	8.10	15.4	1.7	1 024.02	1 033.2	1 006.6	
3	11.69	16.3	5.3	1 019.35	1 028.4	1 004.4	
4	15.60	21.4	9.6	1 015.82	1 026.9	1 005.8	
5	20.36	23.9	15.0	1 010.99	1 023.5	1 000.8	
6	23.47	26.6	19.7	1 006.86	1 016.2	999.5	
7	27.78	31.8	25.3	1 005.53	1 011.8	987.1	记录1次台风
8	28.32	30.5	25.1	1 003.82	1 011.5	990.3	记录3次台风
9	26.26	29.9	22.4	1 011.53	1 017.9	999.0	
10	20.78	24.4	17.3	1 018.73	1 025.5	999.0	记录1次台风
11	18.08	22.5	13.8	1 021.53	1 027.9	1 014.9	
12	13.06	21.0	4.0	1 025.21	1 037.4	1 014.1	

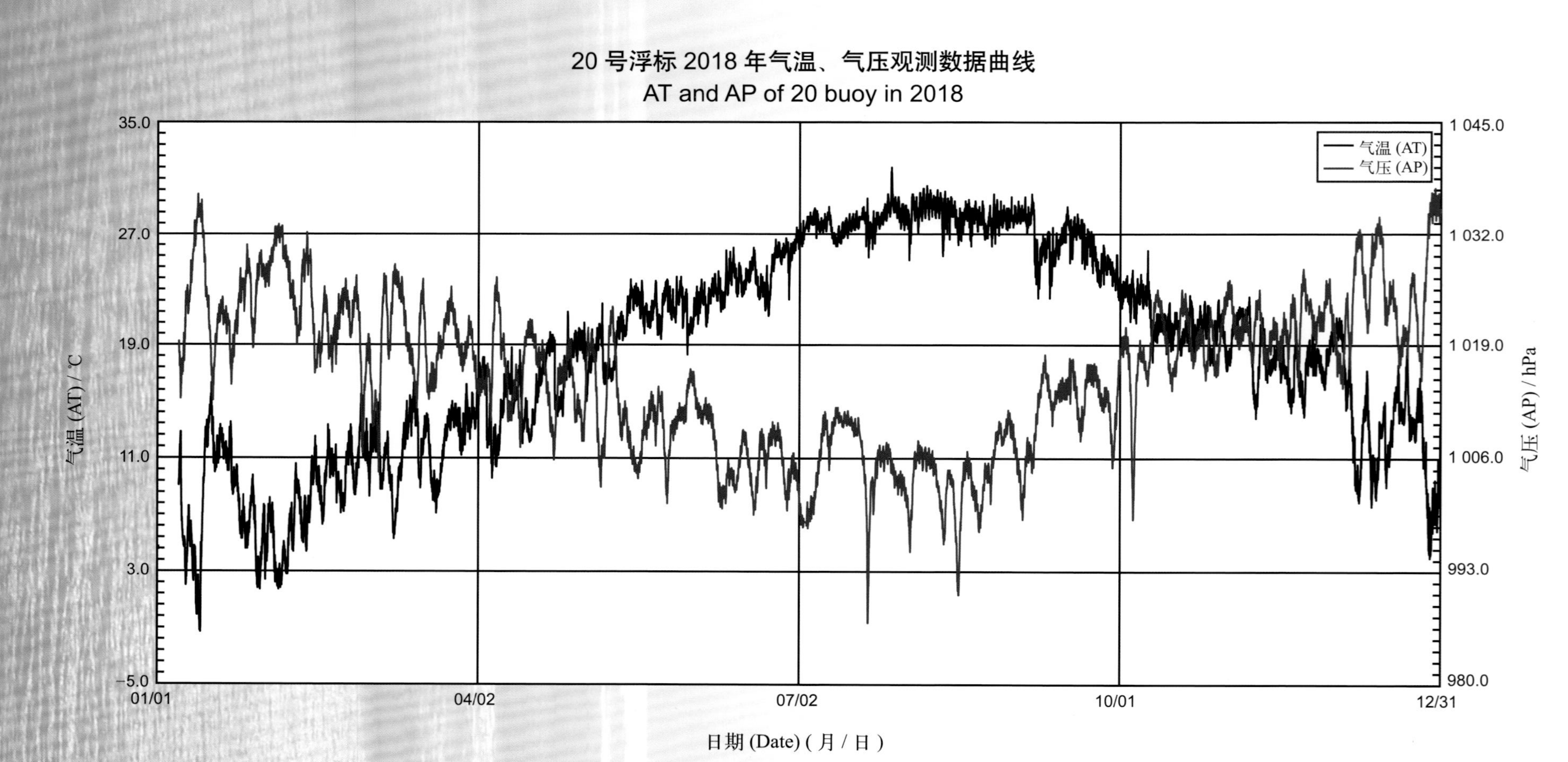
20 号浮标 2018 年气温、气压观测数据曲线
AT and AP of 20 buoy in 2018
气温 (AT)
气压 (AP)
气温 (AT) / ℃
气压 (AP) / hPa
日期 (Date) (月 / 日)
35.0
27.0
19.0
11.0
3.0
−5.0
1 045.0
1 032.0
1 019.0
1 006.0
993.0
980.0
01/01
04/02
07/02
10/01
12/31

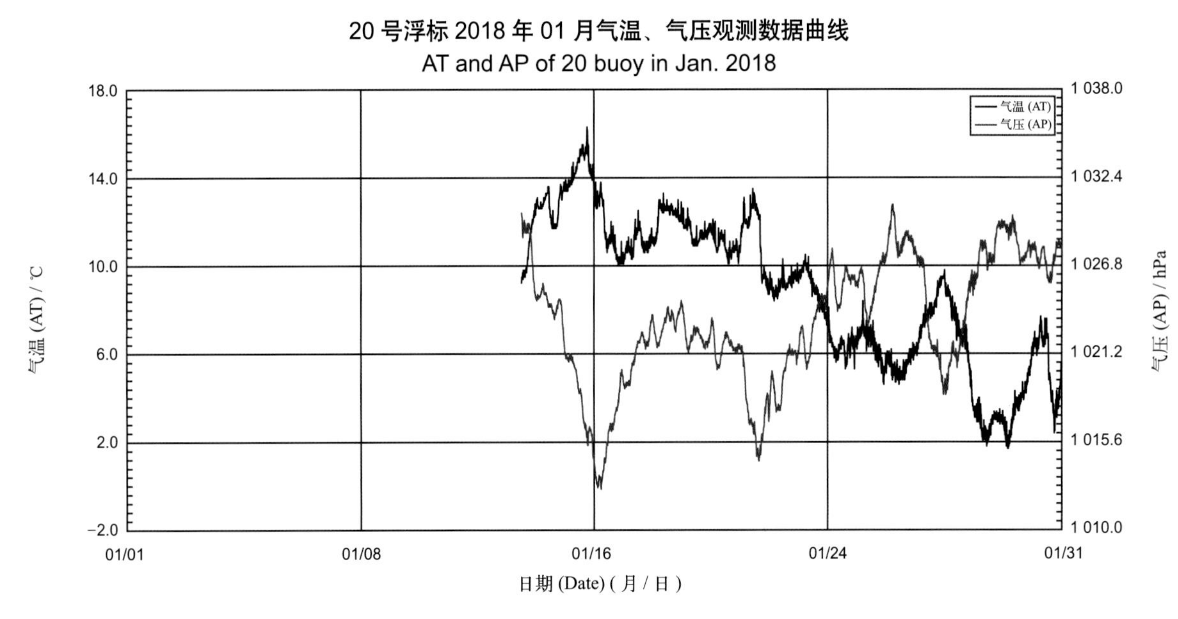
20 号浮标 2018 年 01 月气温、气压观测数据曲线
AT and AP of 20 buoy in Jan. 2018
气温 (AT)
气压 (AP)
气温 (AT) / ℃
气压 (AP) / hPa
日期 (Date) (月 / 日)

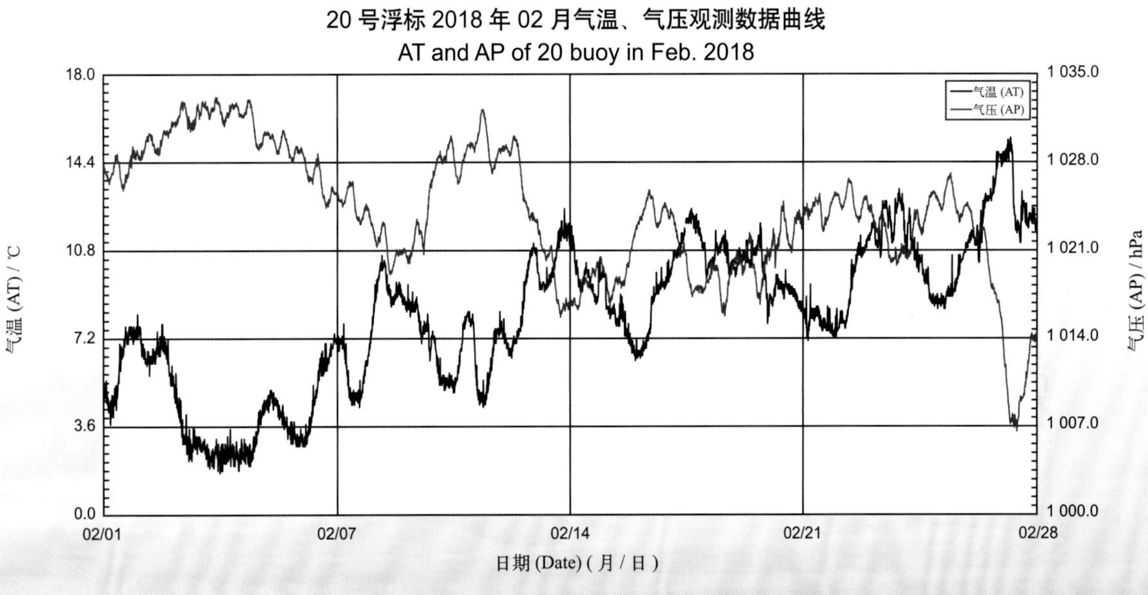
20 号浮标 2018 年 02 月气温、气压观测数据曲线
AT and AP of 20 buoy in Feb. 2018
气温 (AT)
气压 (AP)
气温 (AT) / ℃
气压 (AP) / hPa
日期 (Date) (月 / 日)

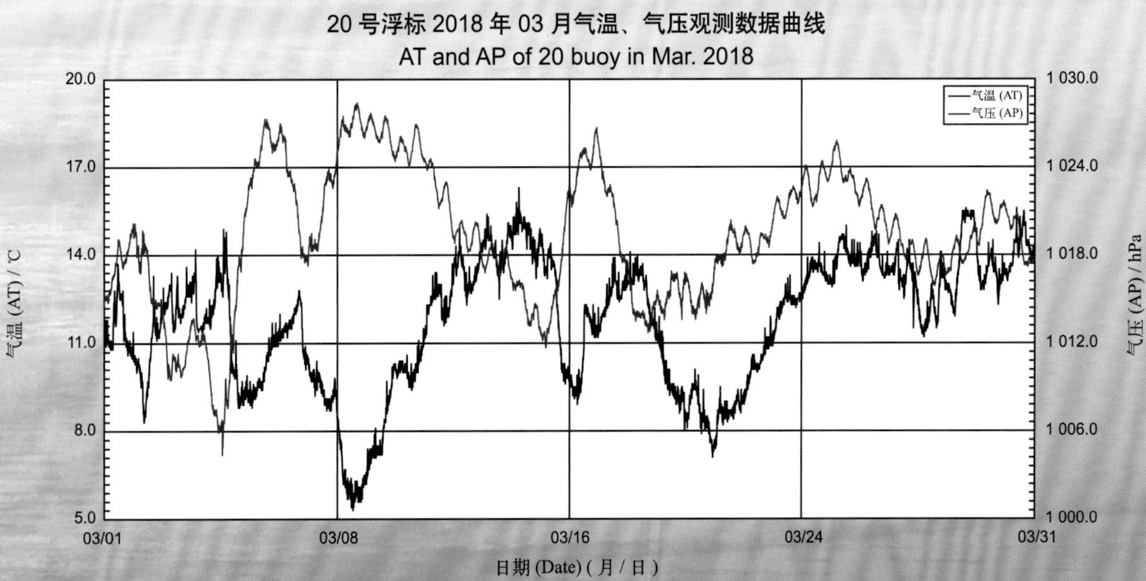
20 号浮标 2018 年 03 月气温、气压观测数据曲线
AT and AP of 20 buoy in Mar. 2018
气温 (AT)
气压 (AP)
气温 (AT) / ℃
气压 (AP) / hPa
日期 (Date) (月 / 日)

20 号浮标 2018 年 04 月气温、气压观测数据曲线
AT and AP of 20 buoy in Apr. 2018

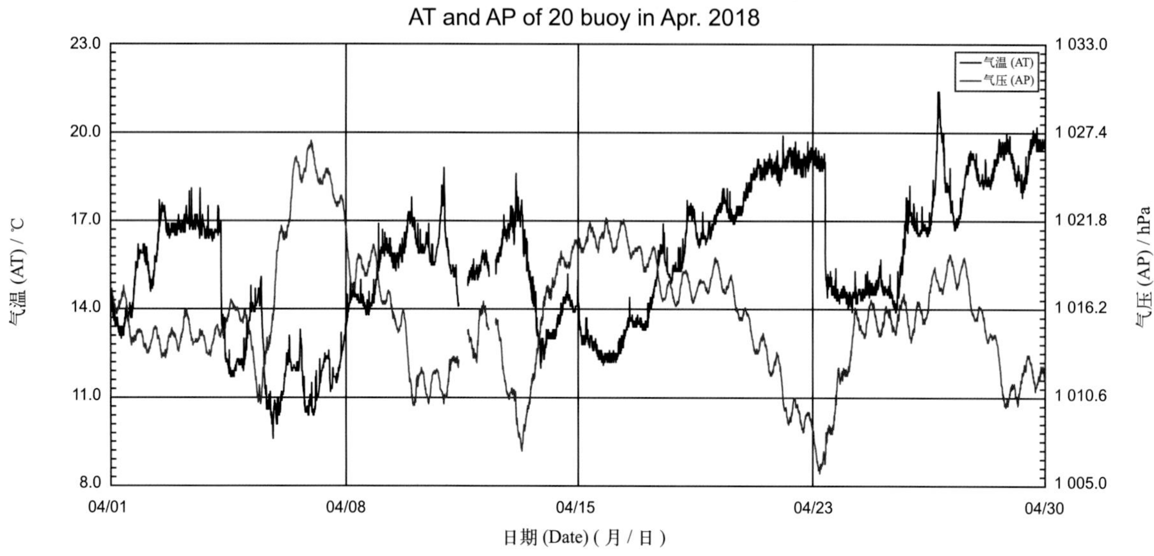

20 号浮标 2018 年 05 月气温、气压观测数据曲线
AT and AP of 20 buoy in May 2018

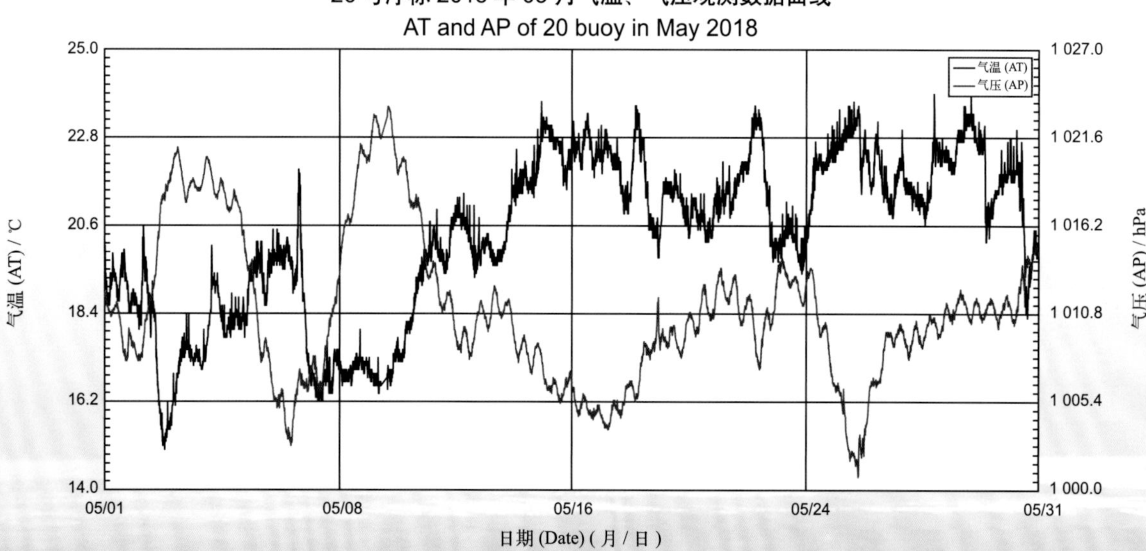

20 号浮标 2018 年 06 月气温、气压观测数据曲线
AT and AP of 20 buoy in Jun. 2018

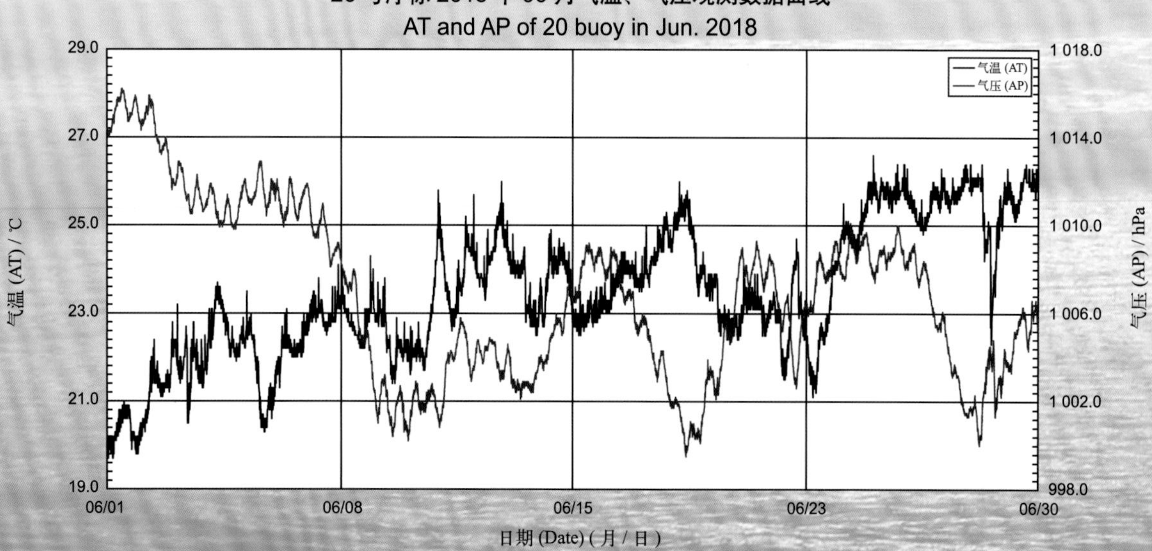

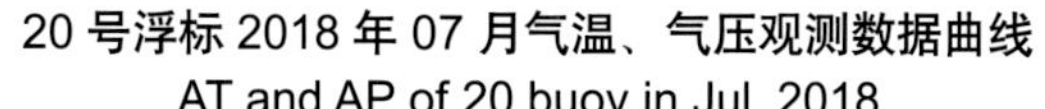

20 号浮标 2018 年 07 月气温、气压观测数据曲线
AT and AP of 20 buoy in Jul. 2018

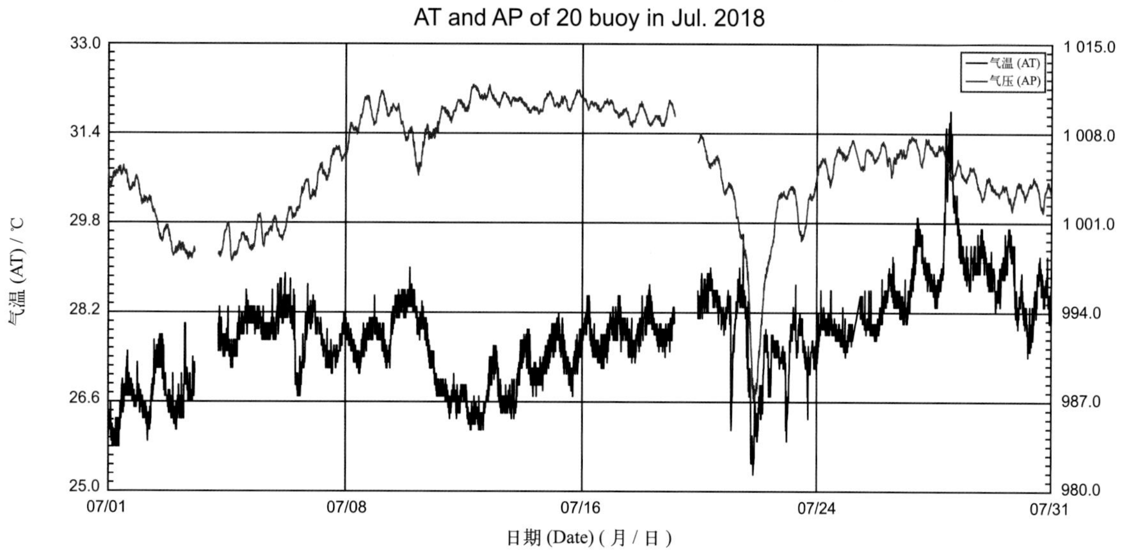

20 号浮标 2018 年 08 月气温、气压观测数据曲线
AT and AP of 20 buoy in Aug. 2018

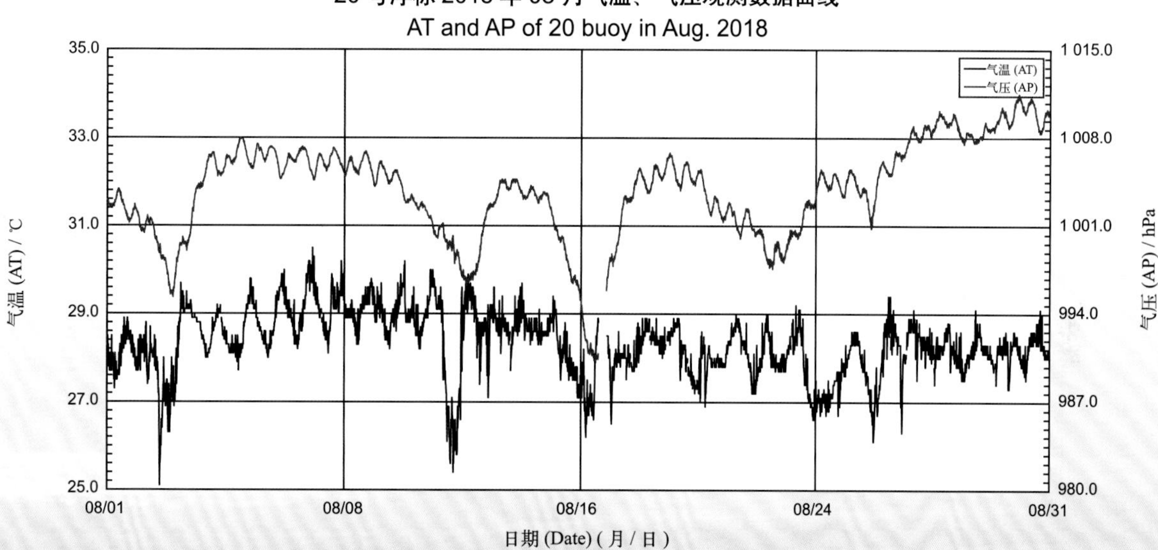

20 号浮标 2018 年 09 月气温、气压观测数据曲线
AT and AP of 20 buoy in Sep. 2018

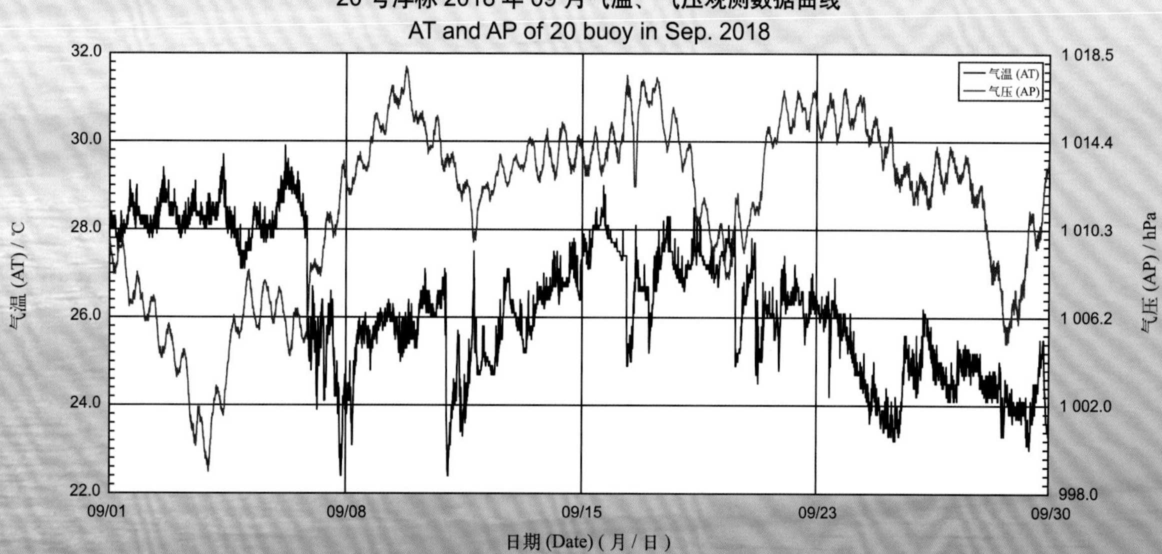

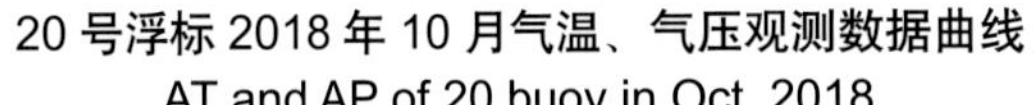

20 号浮标 2018 年 10 月气温、气压观测数据曲线
AT and AP of 20 buoy in Oct. 2018

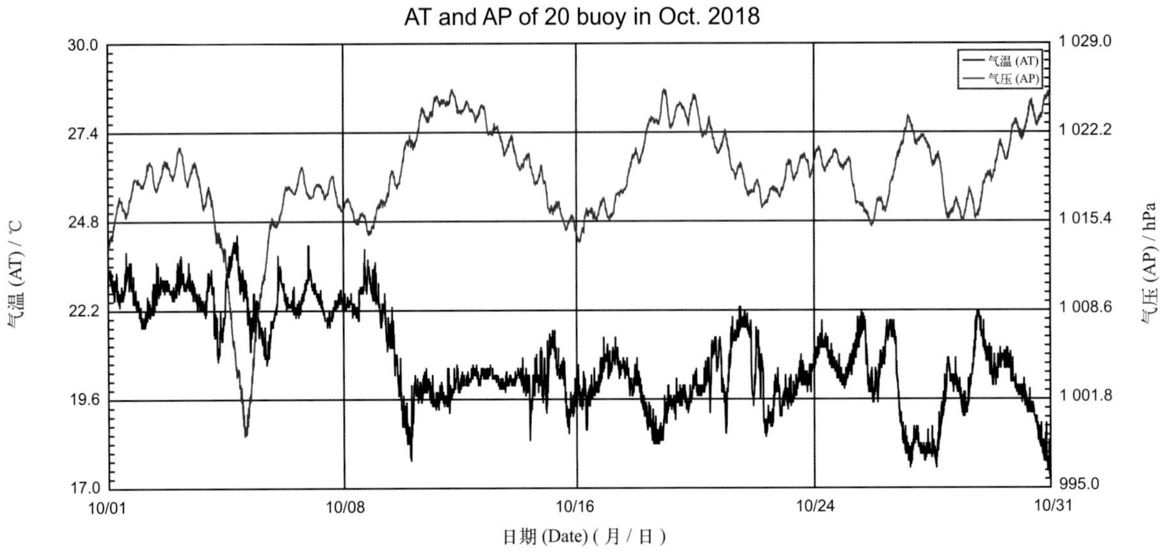

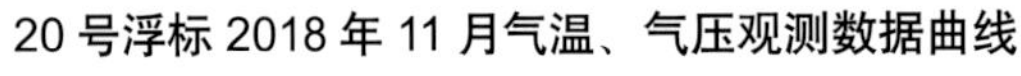

20 号浮标 2018 年 11 月气温、气压观测数据曲线
AT and AP of 20 buoy in Nov. 2018

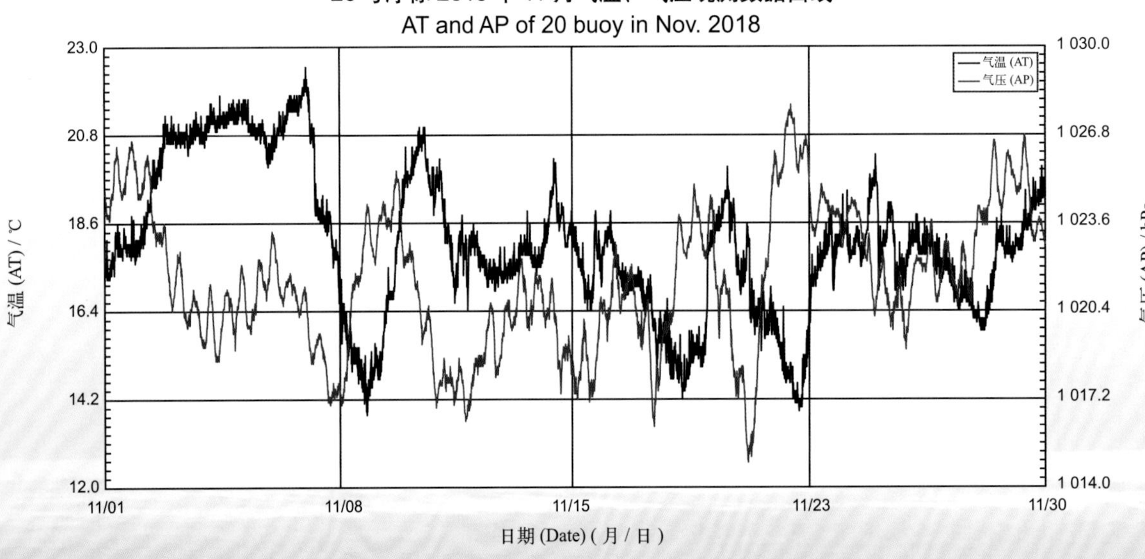

20 号浮标 2018 年 12 月气温、气压观测数据曲线
AT and AP of 20 buoy in Dec. 2018

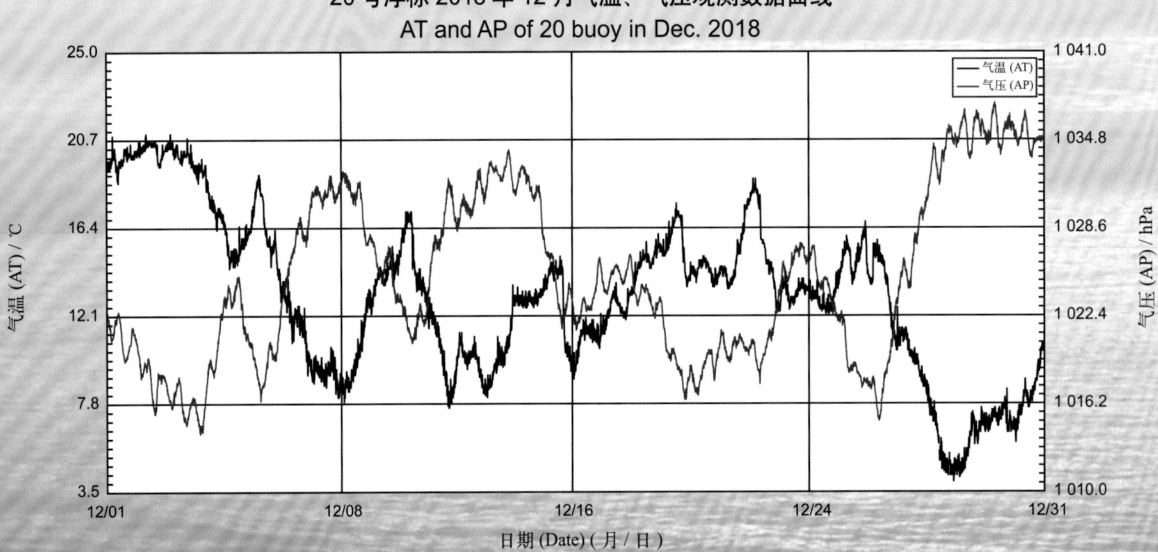

2018 年度 01 号浮标观测数据概述及玫瑰图（风速和风向）

2018 年，01 号浮标共获取 365 天的风速和风向长序列观测数据。通过对获取数据质量控制和分析，01 号浮标观测海域 2018 年度风速、风向数据和季节数据特征如下。

年度最大风速为 16.1 m/s（3 月 1 日），对应风向为 336°。2018 年，01 号浮标记录到的 6 级以上大风日数总计 56 天，其中 6 级以上大风日数最多的月份为 12 月（13 天）。观测海域冬季代表月（2 月）的 6 级以上大风日数为 4 天，大风主要风向为 NNW；观测海域春季代表月（5 月）的 6 级以上大风日数为 1 天，大风主要风向为 W；观测海域夏季代表月（8 月）的 6 级以上大风日数为 3 天，大风主要风向为 SSE；观测海域秋季代表月（11 月）的 6 级以上大风日数为 5 天，大风主要风向为 NW。

表 8　01 号浮标各月份 6 级以上大风日数及主要风向观测数据

月份	6 级以上大风日数	6 级以上大风主要风向	备注
1	10 天	NNW	
2	4 天	NNW	
3	5 天	NNW	
4	3 天	NNW	
5	1 天	W	
6	2 天	ENE	
7	1 天	ENE	
8	3 天	SSE	记录 2 次台风
9	1 天	NW	
10	8 天	NNW	
11	5 天	NW	
12	13 天	N	记录 1 次寒潮

2018 年，01 号浮标记录到 1 次寒潮过程和 2 次台风过程。寒潮的具体过程中，最大风速为 12.5 m/s（6 级，12 月 26 日 17:00），对应风向为 350°，寒潮影响期间的主要风向为 N。第一次台风过程，受第 18 号强热带风暴“温比亚”的影响，获取到的最大风速达 16.0 m/s（8 月 20 日 12:30），对应的风向为 149°，台风影响期间的主要风向为 E 和 NW。第二次台风过程，受第 19 号强台风“苏力”的影响，获取到的最大风速达 12.0 m/s（8 月 23 日 21:00），对应的风向为 35°，台风影响期间的主要风向为 NE 和 N。

01 号浮标 2018 年风速、风向观测数据玫瑰图
WS and WD of 01 buoy in 2018

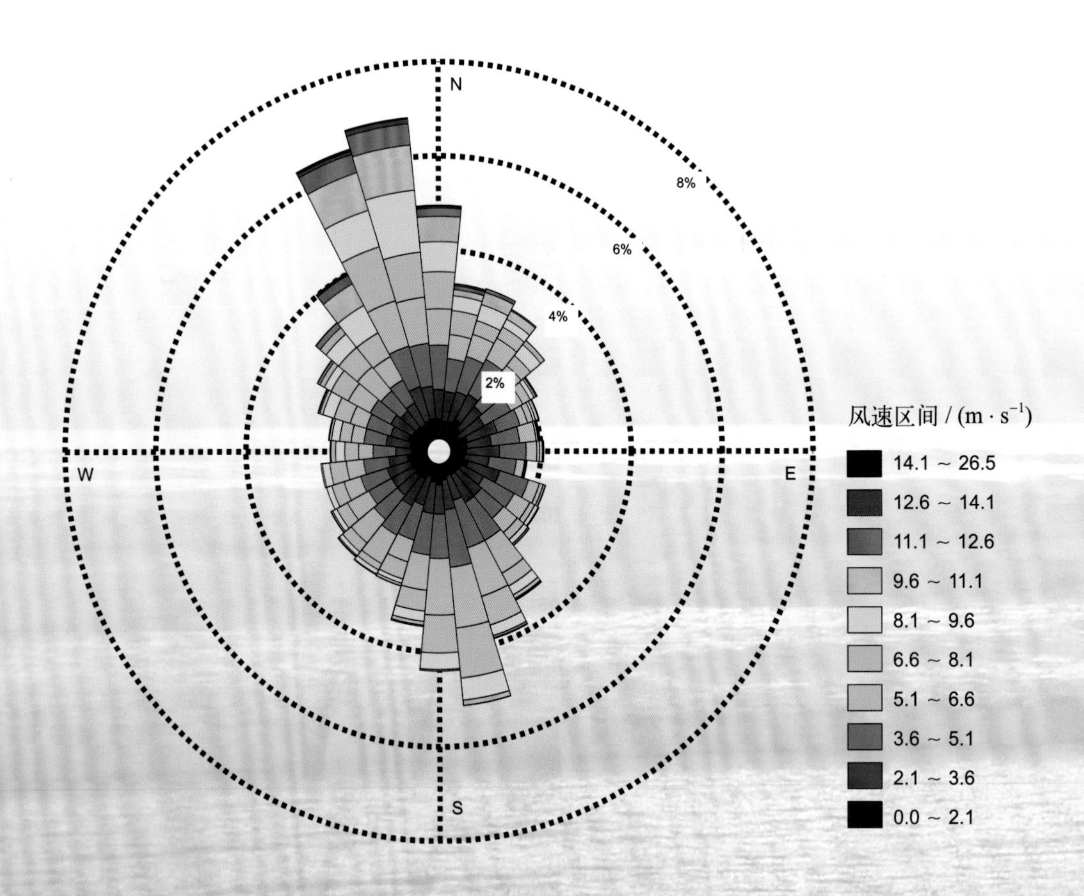

01 号浮标 2018 年 01 月风速、风向观测数据玫瑰图
WS and WD of 01 buoy in Jan. 2018

01 号浮标 2018 年 02 月风速、风向观测数据玫瑰图
WS and WD of 01 buoy in Feb. 2018

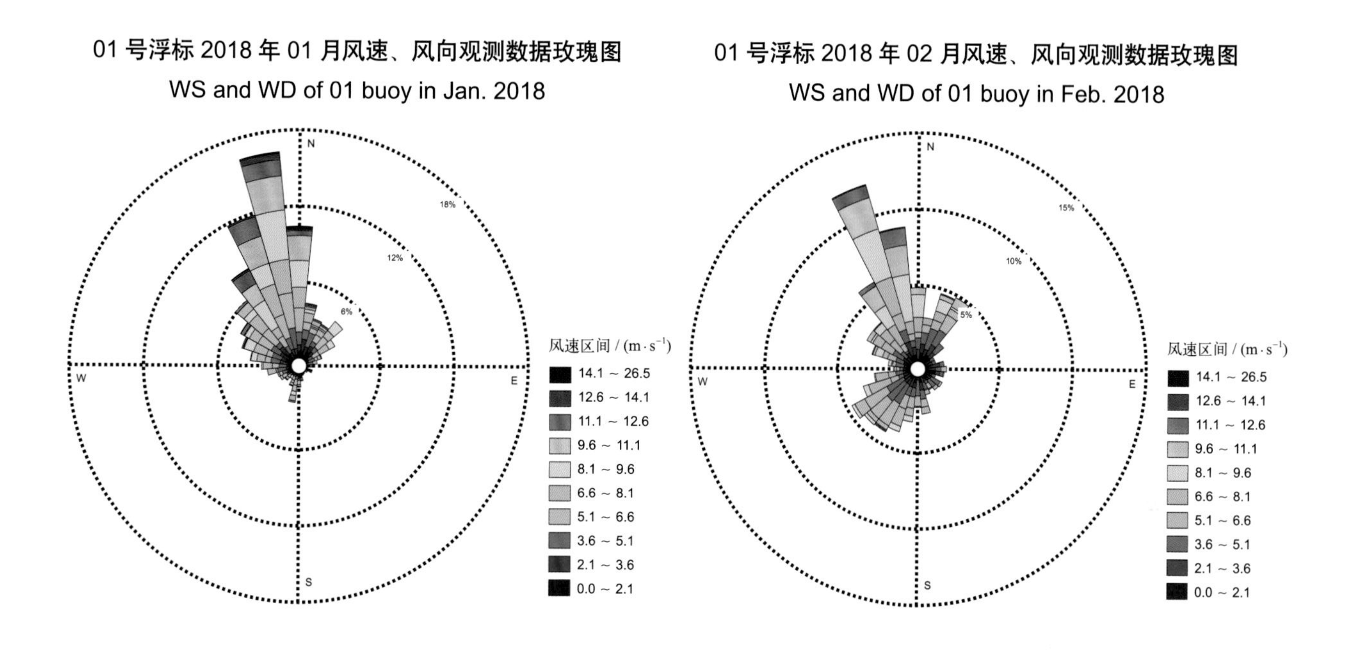

01 号浮标 2018 年 03 月风速、风向观测数据玫瑰图
WS and WD of 01 buoy in Mar. 2018

01 号浮标 2018 年 04 月风速、风向观测数据玫瑰图
WS and WD of 01 buoy in Apr. 2018

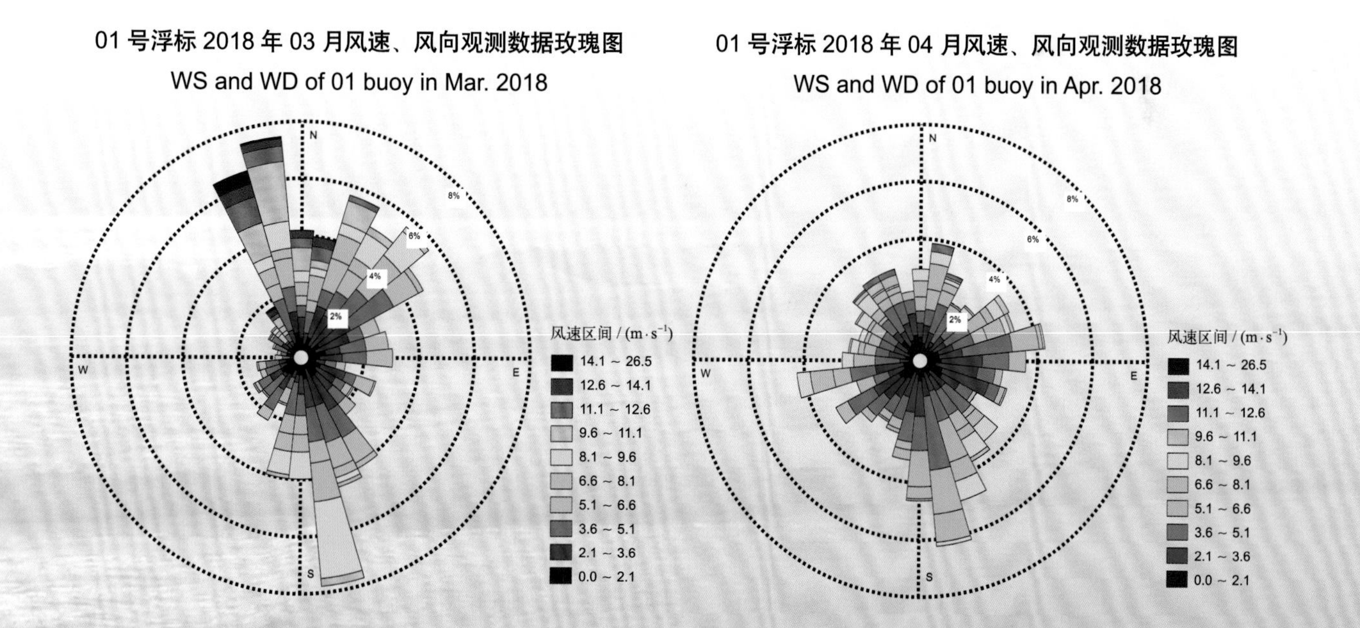

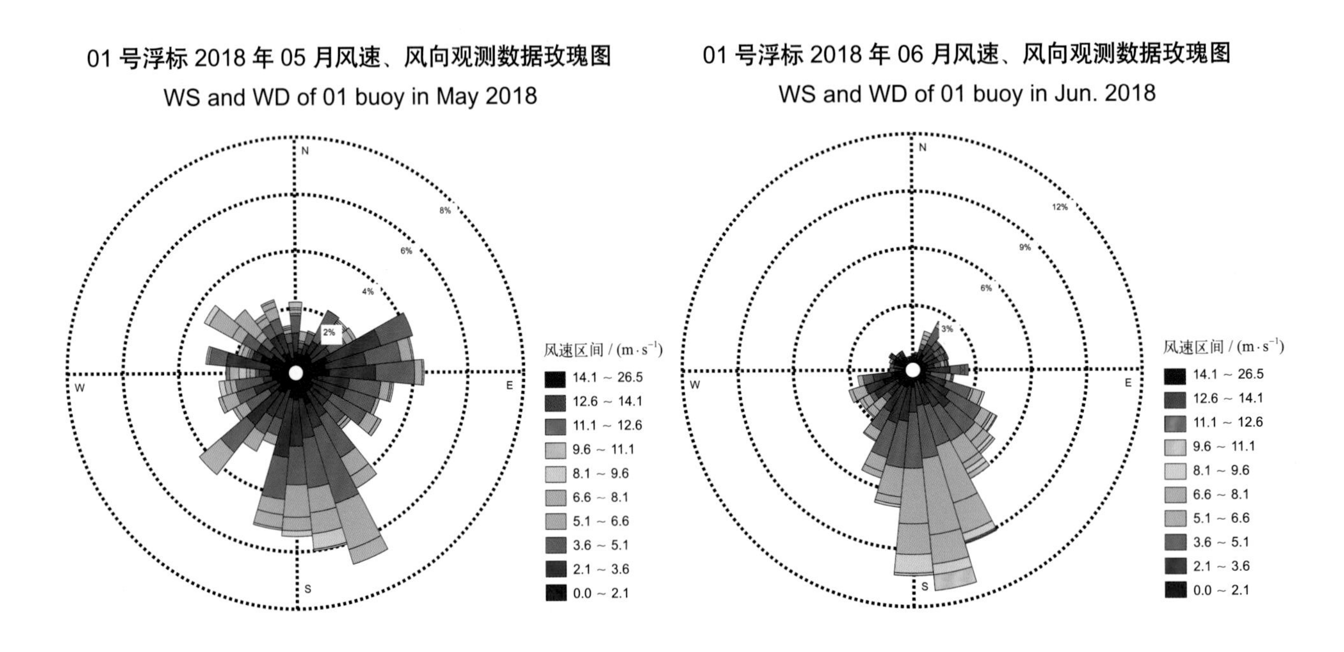

01 号浮标 2018 年 05 月风速、风向观测数据玫瑰图
WS and WD of 01 buoy in May 2018

01 号浮标 2018 年 06 月风速、风向观测数据玫瑰图
WS and WD of 01 buoy in Jun. 2018

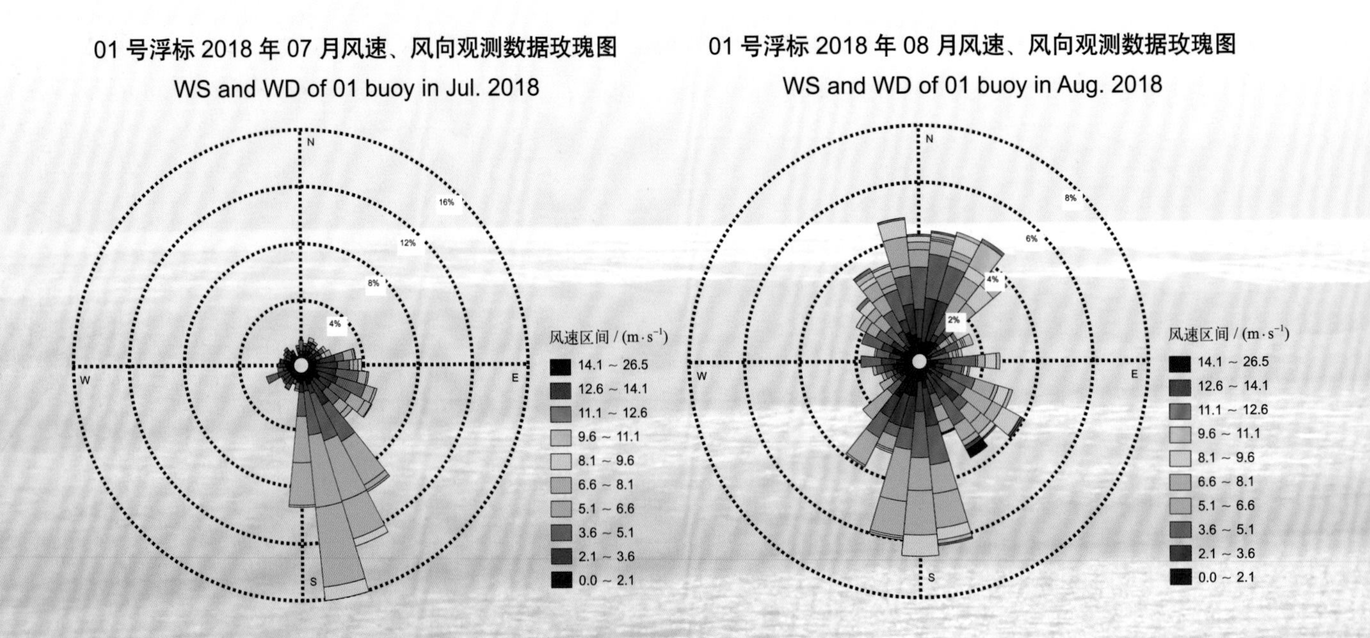

01 号浮标 2018 年 07 月风速、风向观测数据玫瑰图
WS and WD of 01 buoy in Jul. 2018

01 号浮标 2018 年 08 月风速、风向观测数据玫瑰图
WS and WD of 01 buoy in Aug. 2018

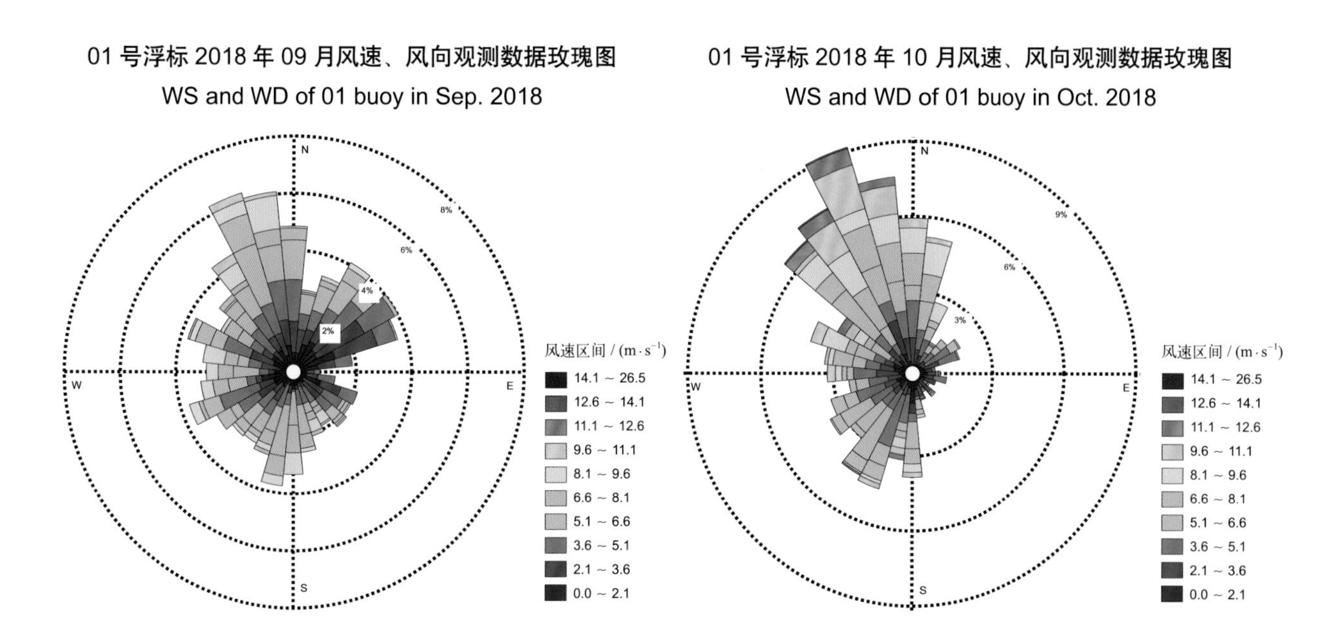

01 号浮标 2018 年 09 月风速、风向观测数据玫瑰图

WS and WD of 01 buoy in Sep. 2018

01 号浮标 2018 年 10 月风速、风向观测数据玫瑰图

WS and WD of 01 buoy in Oct. 2018

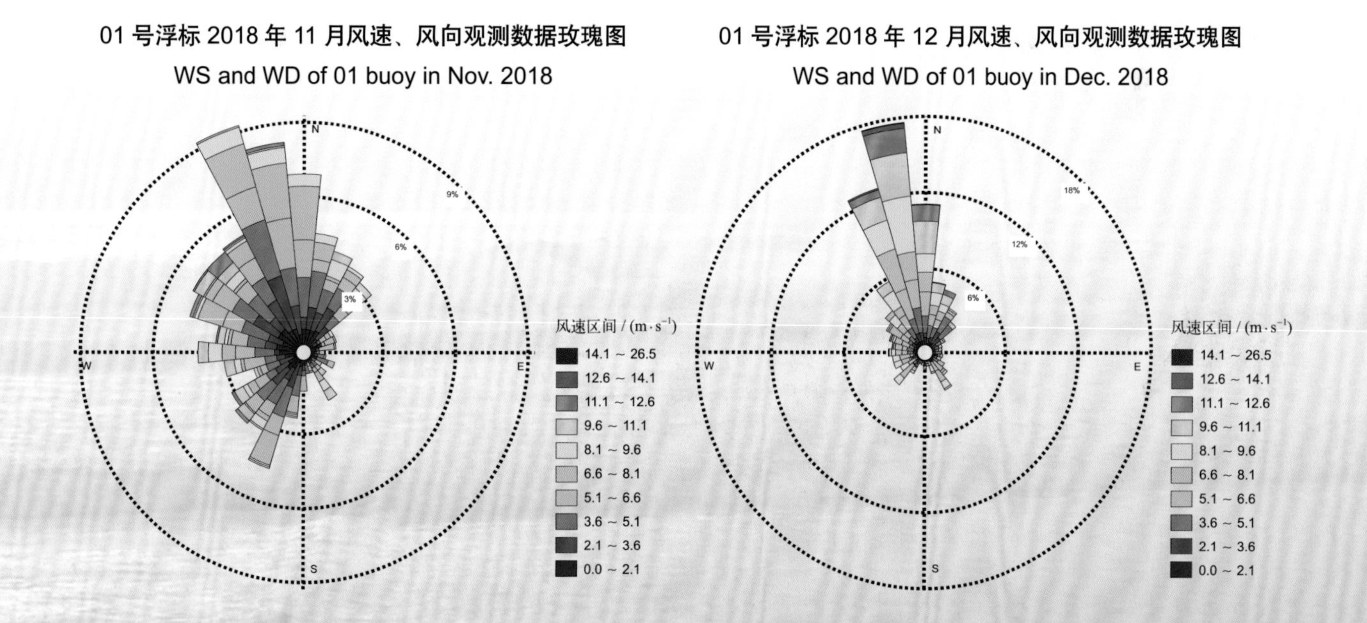

01 号浮标 2018 年 11 月风速、风向观测数据玫瑰图

WS and WD of 01 buoy in Nov. 2018

01 号浮标 2018 年 12 月风速、风向观测数据玫瑰图

WS and WD of 01 buoy in Dec. 2018

2018 年度 06 号浮标观测数据概述及玫瑰图（风速和风向）

2018 年，06 号浮标共获取 365 天的风速和风向长序列观测数据。通过对获取数据质量控制和分析，06 号浮标观测海域 2018 年度风速、风向数据和季节数据特征如下。

年度最大风速为 22.7 m/s（10 月 5 日），对应风向为 331°。2018 年，06 号浮标记录到的 6 级以上大风日数总计 122 天，其中 6 级以上大风日数最多的月份为 12 月（19 天）。观测海域冬季代表月（2 月）的 6 级以上大风日数为 13 天，大风主要风向为 NW；观测海域春季代表月（5 月）的 6 级以上大风日数为 9 天，大风主要风向为 SSW；观测海域夏季代表月（8 月）的 6 级以上大风日数为 12 天，大风主要风向为 SE；观测海域秋季代表月（11 月）的 6 级以上大风日数为 8 天，大风主要风向为 N。

表 9　06 号浮标各月份 6 级以上大风日数及主要风向观测数据

月份	6 级以上大风日数	6 级以上大风主要风向	备注
1	13 天	NNW	
2	13 天	NW	
3	10 天	NW	
4	9 天	WNW	
5	9 天	SSW	
6	5 天	SSW	
7	7 天	SSW	记录 1 次台风
8	12 天	SE	记录 3 次台风
9	8 天	NNE	
10	9 天	NNW	记录 1 次台风
11	8 天	N	
12	19 天	NNW	

2018年，06号浮标记录到5次台风过程。第一次台风过程，受第10号强热带风暴“安比”的影响，获取到的最大风速达 20.4 m/s（7月22日 02:00），对应的风向为 24°，台风影响期间的主要风向为 NE。第二次台风过程，受第12号台风“云雀”的影响，获取到的最大风速达 14.4 m/s（8月3日 00:00），对应的风向为 320°，台风影响期间的主要风向为 N。第三次台风过程，受第18号强热带风暴“温比亚”的影响，获取到的最大风速达 19.3 m/s（8月16日 19:30），对应的风向为 41°，台风影响期间的主要风向为 ESE 和 SE。第四次台风过程，受第19号强台风“苏力”的影响，获取到的最大风速达 14.2 m/s（8月23日 01:00），对应的风向为 269°，台风影响期间的主要风向为 NW。第五次台风过程，受第25号超强台风“康妮”的影响，获取到的最大风速达 22.7 m/s（10月5日 14:00），对应的风向为 331°，台风影响期间的主要风向为 W。

06号浮标2018年风速、风向观测数据玫瑰图

WS and WD of 06 buoy in 2018

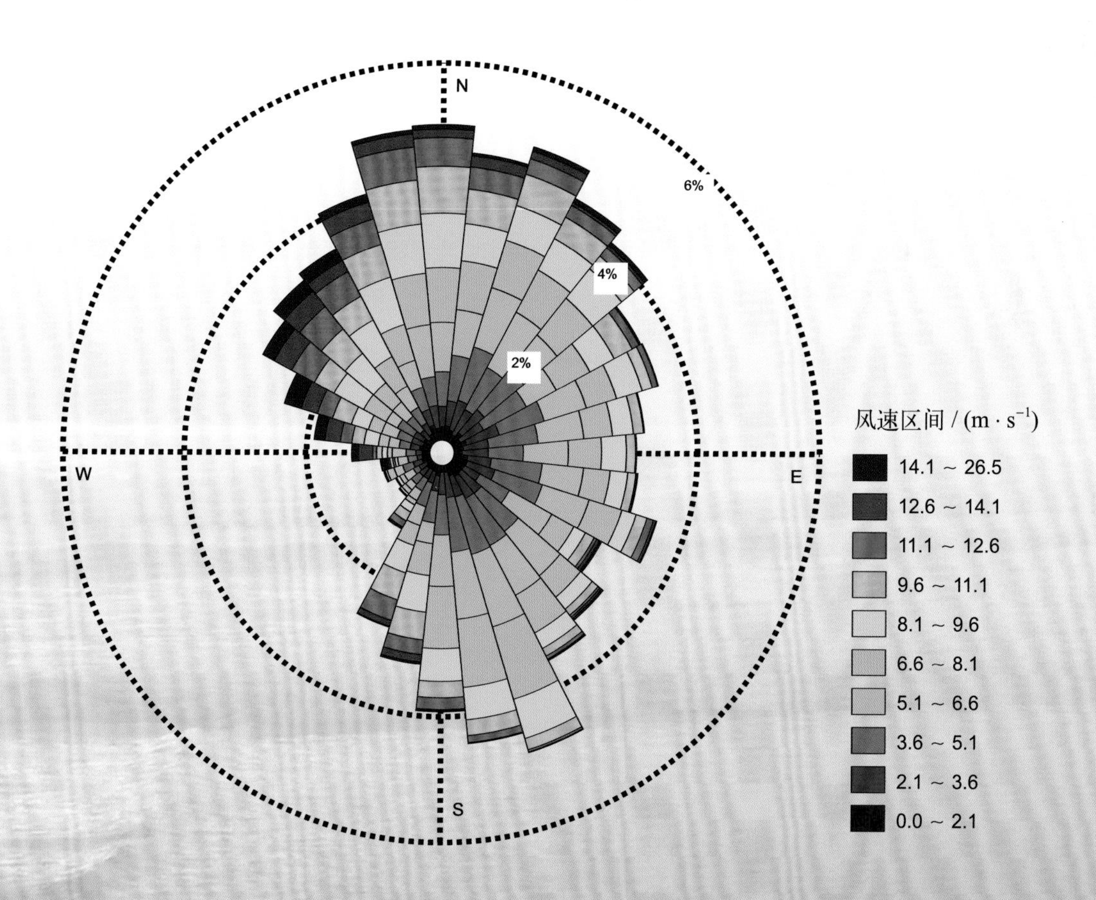

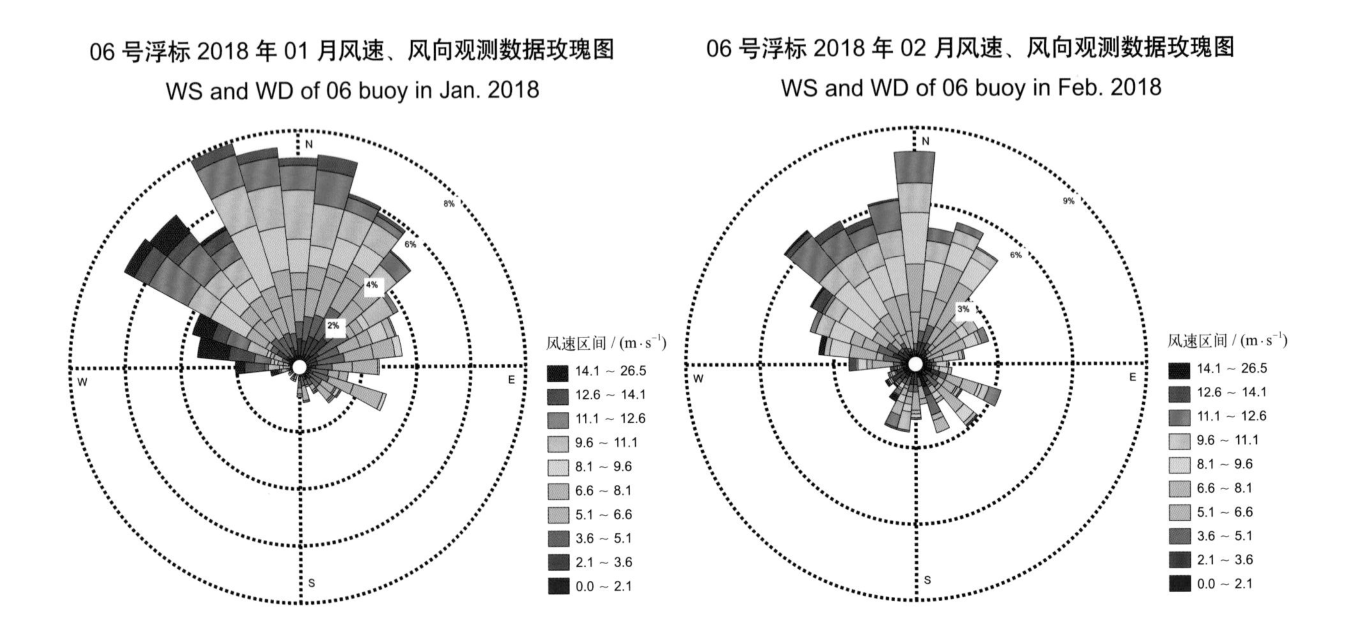

06 号浮标 2018 年 01 月风速、风向观测数据玫瑰图
WS and WD of 06 buoy in Jan. 2018

06 号浮标 2018 年 02 月风速、风向观测数据玫瑰图
WS and WD of 06 buoy in Feb. 2018

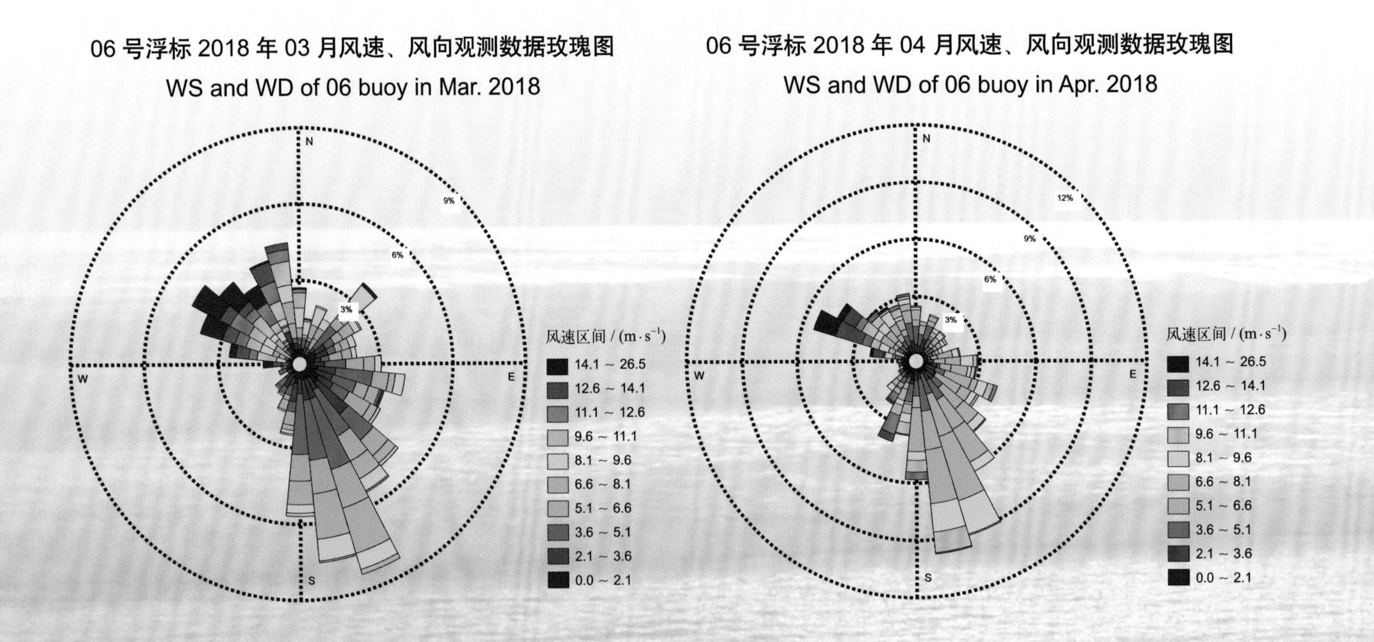

06 号浮标 2018 年 03 月风速、风向观测数据玫瑰图
WS and WD of 06 buoy in Mar. 2018

06 号浮标 2018 年 04 月风速、风向观测数据玫瑰图
WS and WD of 06 buoy in Apr. 2018

06 号浮标 2018 年 05 月风速、风向观测数据玫瑰图

WS and WD of 06 buoy in May 2018

06 号浮标 2018 年 06 月风速、风向观测数据玫瑰图

WS and WD of 06 buoy in Jun. 2018

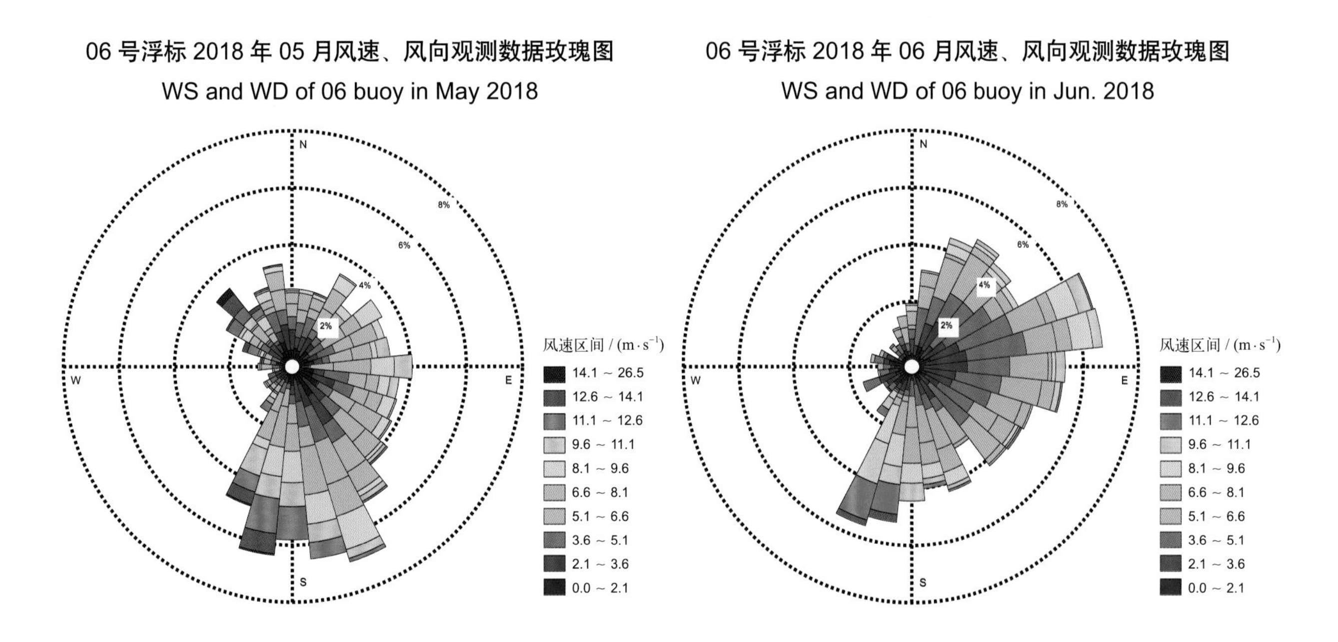

06 号浮标 2018 年 07 月风速、风向观测数据玫瑰图

WS and WD of 06 buoy in Jul. 2018

06 号浮标 2018 年 08 月风速、风向观测数据玫瑰图

WS and WD of 06 buoy in Aug. 2018

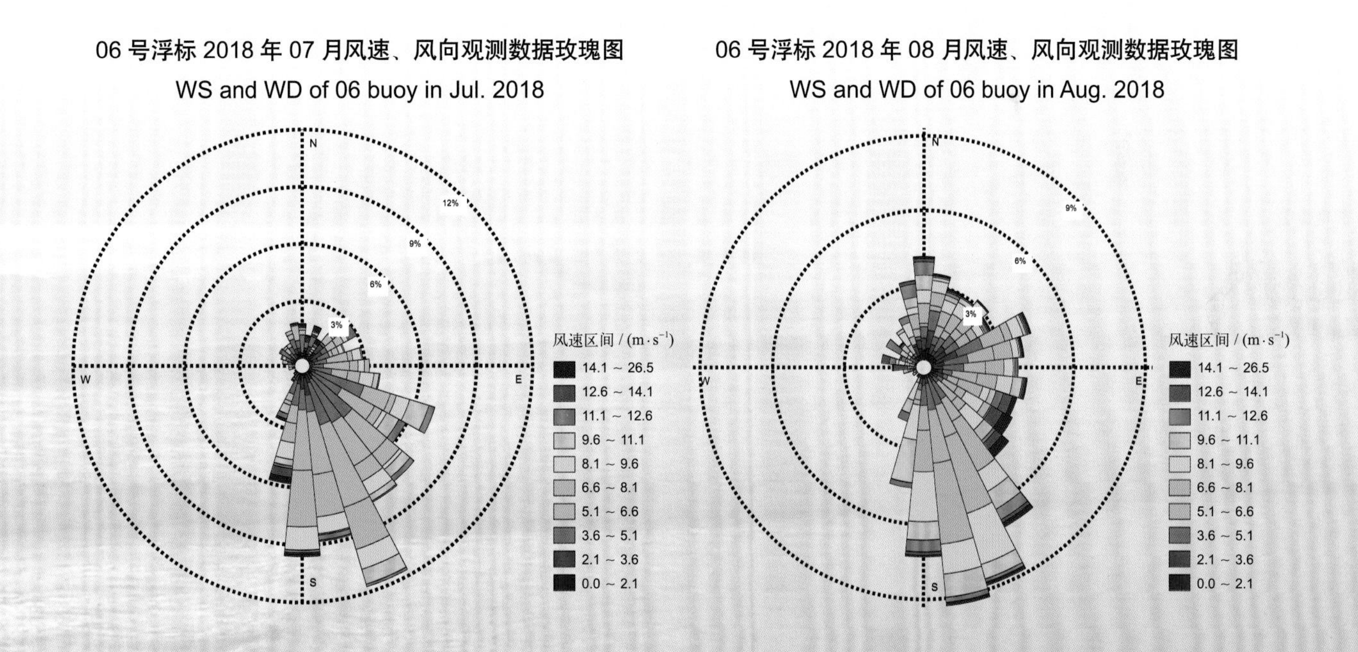

06 号浮标 2018 年 09 月风速、风向观测数据玫瑰图
WS and WD of 06 buoy in Sep. 2018

06 号浮标 2018 年 10 月风速、风向观测数据玫瑰图
WS and WD of 06 buoy in Oct. 2018

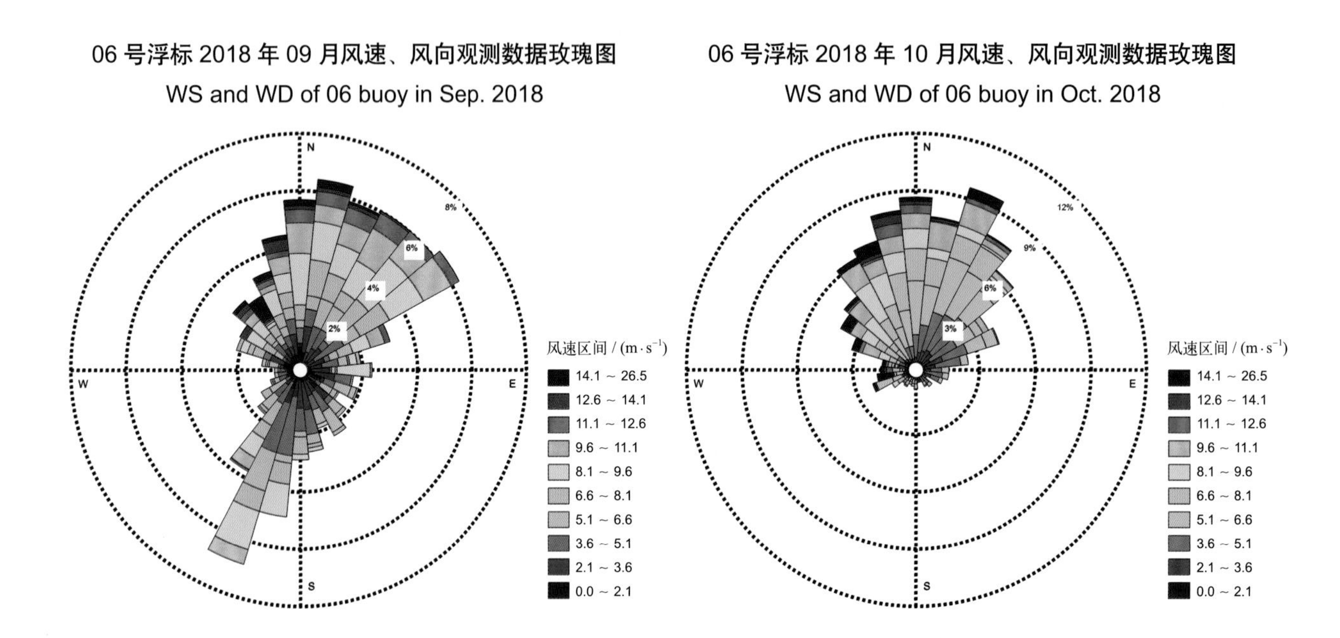

06 号浮标 2018 年 11 月风速、风向观测数据玫瑰图
WS and WD of 06 buoy in Nov. 2018

06 号浮标 2018 年 12 月风速、风向观测数据玫瑰图
WS and WD of 06 buoy in Dec. 2018

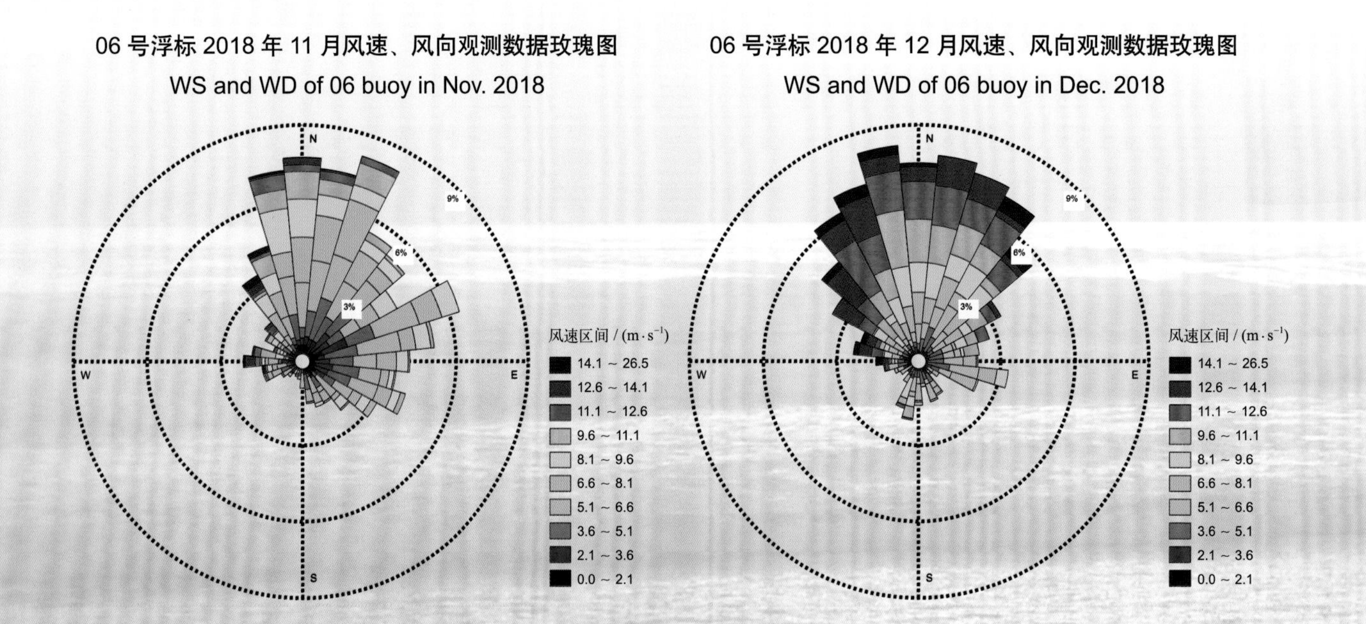

2018 年度 07 号浮标观测数据概述及玫瑰图（风速和风向）

2018 年，07 号浮标共获取 360 天的风速和风向长序列观测数据。获取数据的主要区间为 1 月 1 日 00:00 至 12 月 26 日 11:30。通过对获取数据质量控制和分析，07 号浮标观测海域 2018 年度风速、风向数据和季节数据特征如下。

年度最大风速为 14.3 m/s（3 月 15 日），对应风向为 107°。2018 年，07 号浮标记录到的 6 级以上大风日数总计 27 天，其中 6 级以上大风日数最多的月份为 3 月（6 天）。观测海域冬季代表月（2 月）的 6 级以上大风日数为 1 天，大风主要风向为 SE；观测海域春季代表月（5 月）的 6 级以上大风日数为 2 天，大风主要风向为 E；观测海域夏季代表月（8 月）的 6 级以上大风日数为 1 天，大风主要风向为 WSW；观测海域秋季代表月（11 月）的 6 级以上大风日数为 2 天，大风主要风向为 NNW。

表 10　07 号浮标各月份 6 级以上大风日数及主要风向观测数据

月份	6 级以上大风日数	6 级以上大风主要风向	备注
1	4 天	N	记录 1 次寒潮
2	1 天	SE	
3	6 天	E	
4	4 天	ESE	
5	2 天	E	
6	0 天	—	
7	0 天	—	
8	1 天	WSW	记录 2 次台风
9	1 天	N	
10	2 天	NE	记录 1 次台风
11	2 天	NNW	
12	4 天	NE	缺测 5 天数据

2018 年，07 号浮标记录到 1 次寒潮过程和 3 次台风过程。寒潮的具体过程中，最大风速为 12.2 m/s（6 级，1 月 22 日 14:00），对应风向为 106°，寒潮影响期间的主要风向为 E。第一次台风过程，受第 18 号强热带风暴“温比亚”的影响，获取到的最大风速达 14.2 m/s（8 月 20 日 11:00），对应的风向为 233°，台风影响期间的主要风向为 WSW。第二次台风过程，受第 19 号强台风“苏力”的影响，获取到的最大风速达 10.4 m/s（8 月 23 日 18:30），对应的风向为 56°，台风影响期间的主要风向为 ENE。第三次台风过程，受第 25 号超强台风“康妮”的影响，获取到的最大风速达 12.3 m/s（10 月 6 日 05:00 和 09:30），对应的风向为 62° 和 53°，台风影响期间的主要风向为 ENE。

07 号浮标 2018 年风速、风向观测数据玫瑰图
WS and WD of 07 buoy in 2018

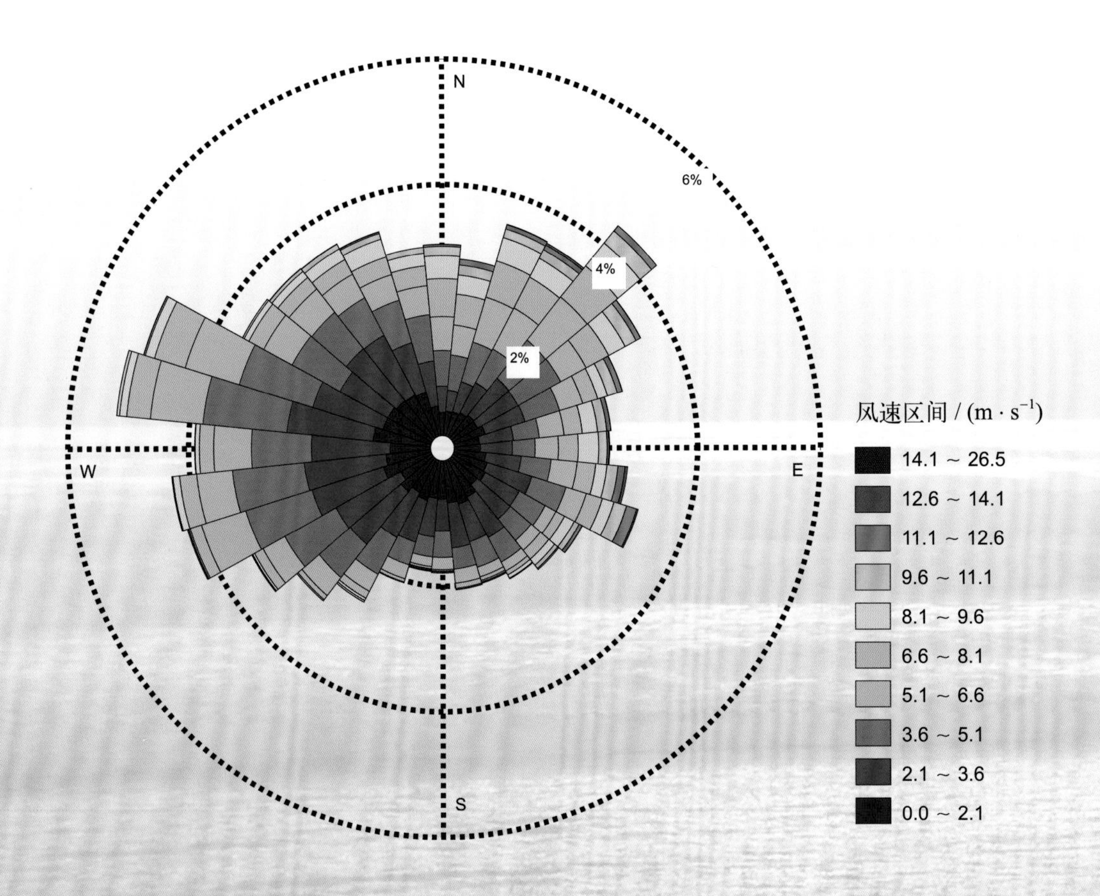

07 号浮标 2018 年 01 月风速、风向观测数据玫瑰图

WS and WD of 07 buoy in Jan. 2018

07 号浮标 2018 年 02 月风速、风向观测数据玫瑰图

WS and WD of 07 buoy in Feb. 2018

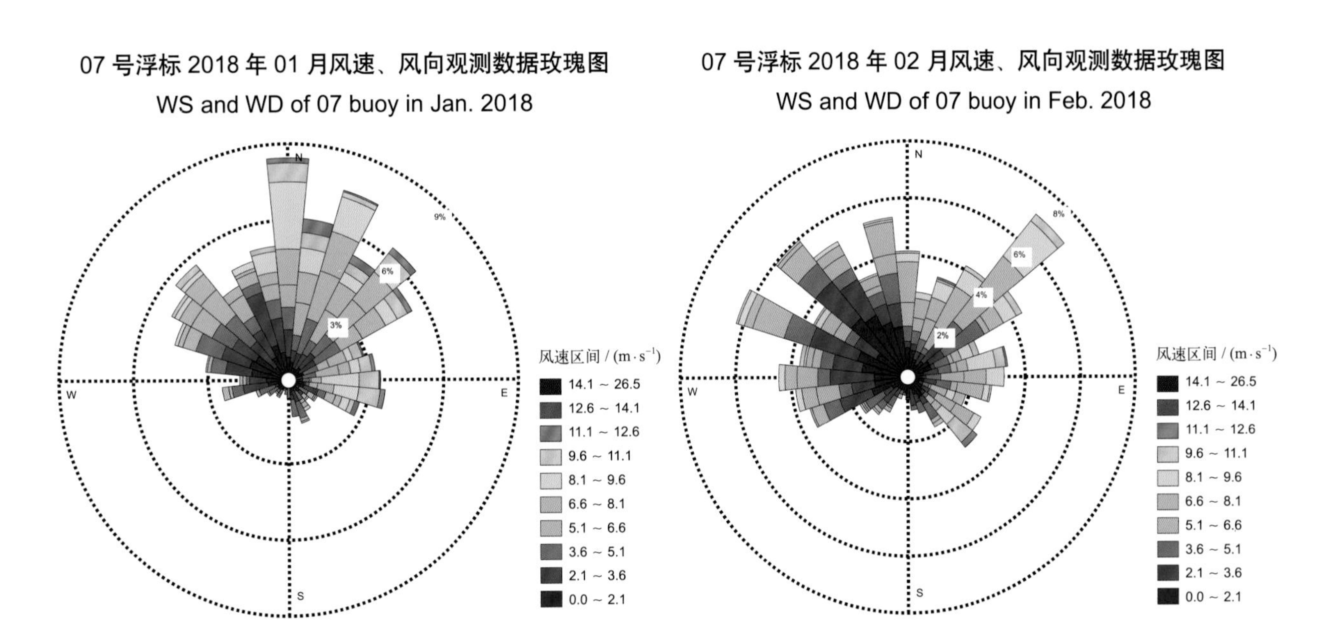

07 号浮标 2018 年 03 月风速、风向观测数据玫瑰图

WS and WD of 07 buoy in Mar. 2018

07 号浮标 2018 年 04 月风速、风向观测数据玫瑰图

WS and WD of 07 buoy in Apr. 2018

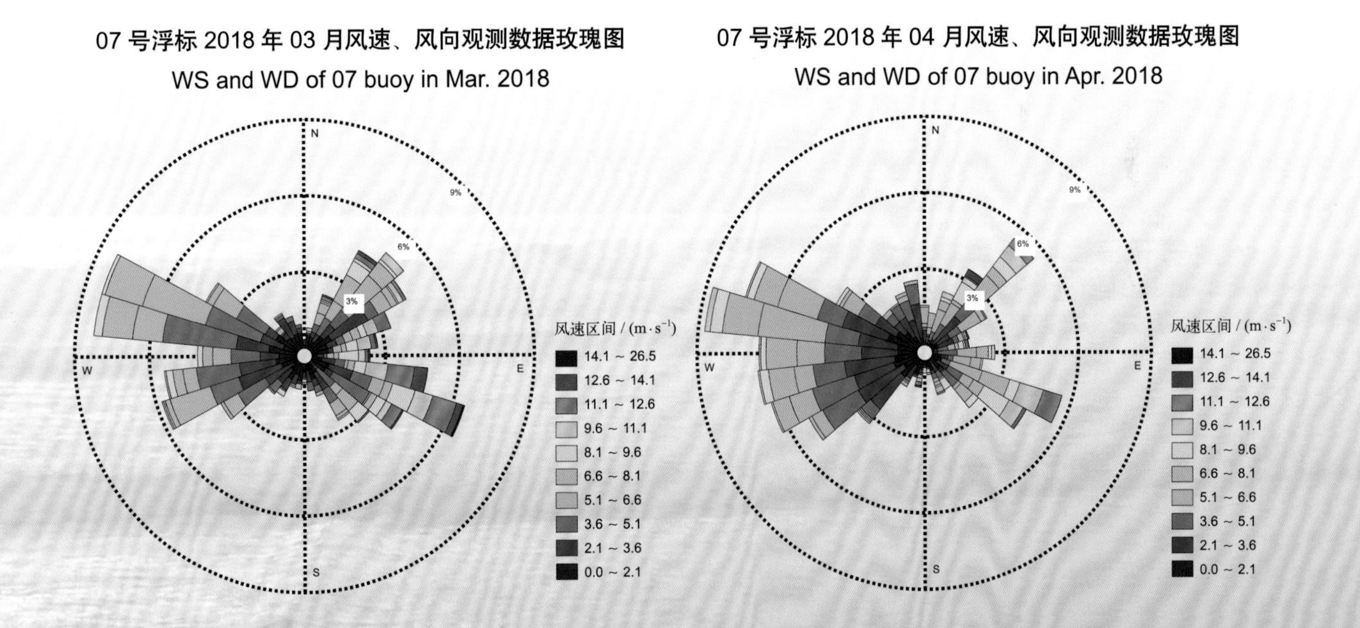

07 号浮标 2018 年 05 月风速、风向观测数据玫瑰图
WS and WD of 07 buoy in May 2018

07 号浮标 2018 年 06 月风速、风向观测数据玫瑰图
WS and WD of 07 buoy in Jun. 2018

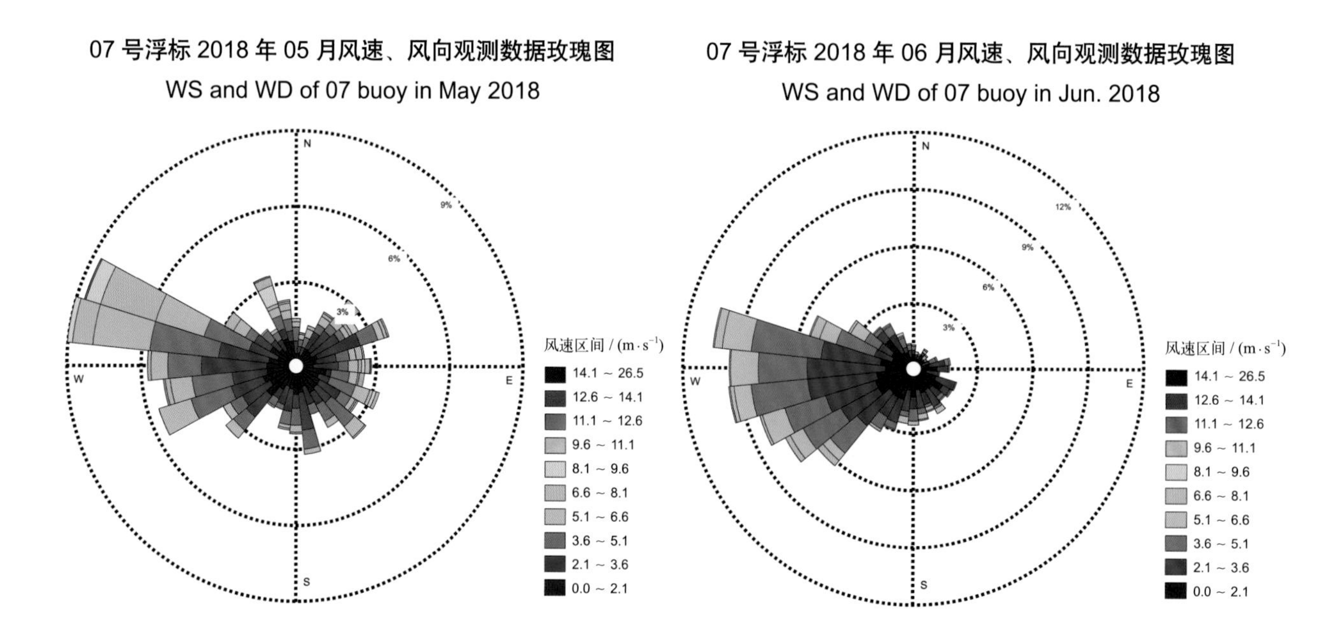

07 号浮标 2018 年 07 月风速、风向观测数据玫瑰图
WS and WD of 07 buoy in Jul. 2018

07 号浮标 2018 年 08 月风速、风向观测数据玫瑰图
WS and WD of 07 buoy in Aug. 2018

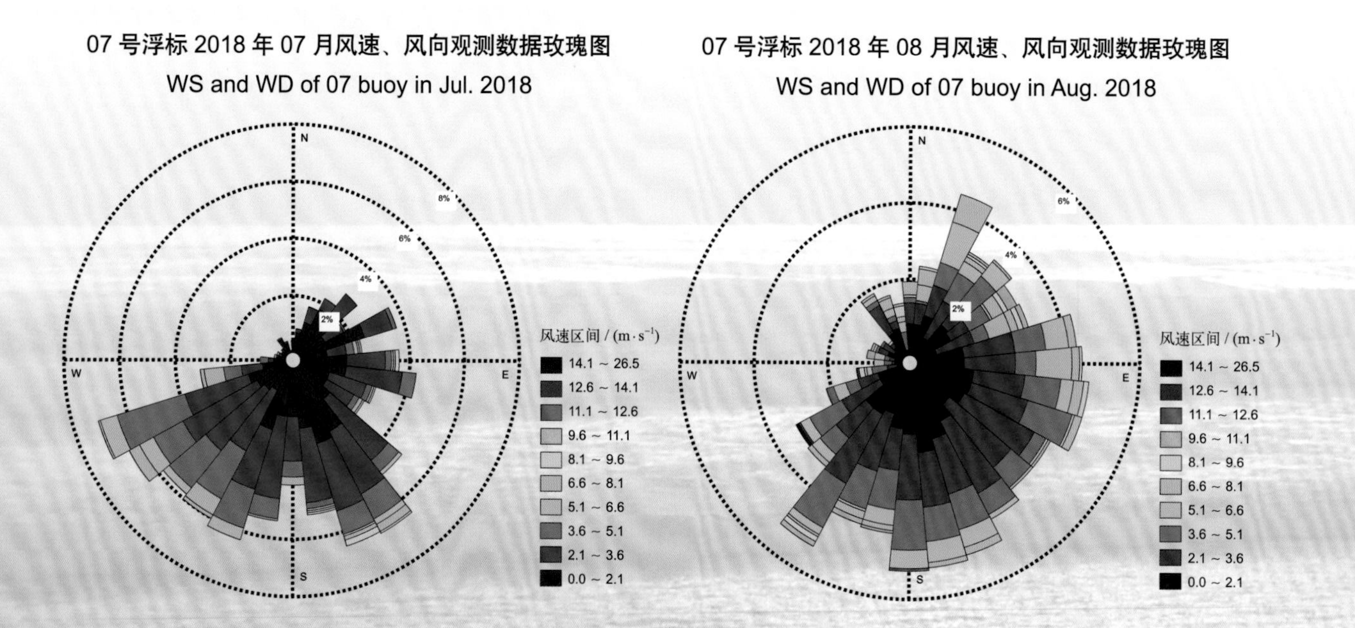

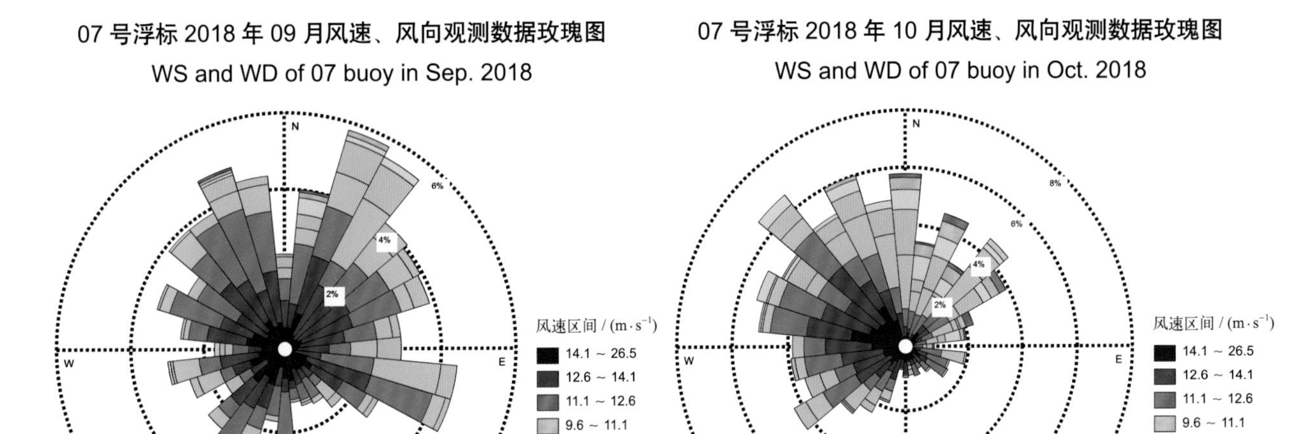

07 号浮标 2018 年 09 月风速、风向观测数据玫瑰图
WS and WD of 07 buoy in Sep. 2018

07 号浮标 2018 年 10 月风速、风向观测数据玫瑰图
WS and WD of 07 buoy in Oct. 2018

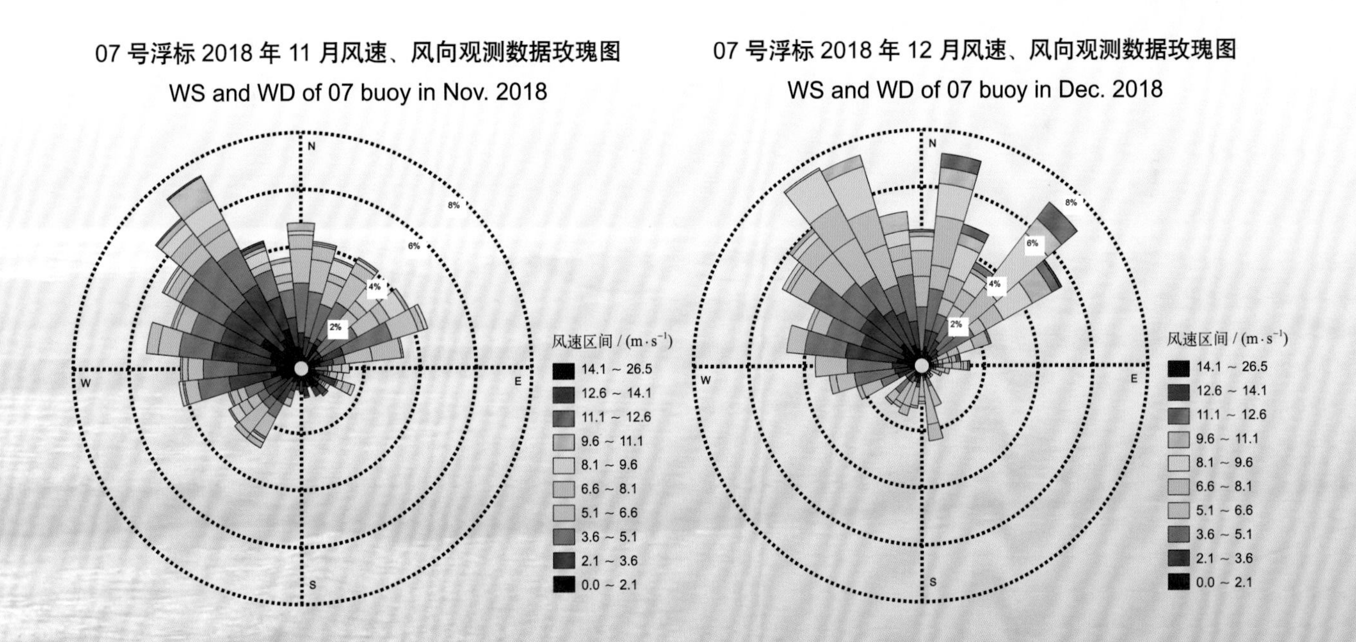

07 号浮标 2018 年 11 月风速、风向观测数据玫瑰图
WS and WD of 07 buoy in Nov. 2018

07 号浮标 2018 年 12 月风速、风向观测数据玫瑰图
WS and WD of 07 buoy in Dec. 2018

2018 年度 09 号浮标观测数据概述及玫瑰图
（风速和风向）

2018年，09号浮标共获取365天的风速和风向长序列观测数据。通过对获取数据质量控制和分析，09号浮标观测海域2018年度风速、风向数据和季节数据特征如下。

年度最大风速为14.6 m/s（4月6日），对应风向为309°。2018年，09号浮标记录到的6级以上大风日数总计31天，其中6级以上大风日数最多的月份为3月（8天）。观测海域冬季代表月（2月）的6级以上大风日数为2天，大风主要风向为E；观测海域春季代表月（5月）的6级以上大风日数为1天，大风主要风向为NNW；观测海域夏季代表月（8月）的6级以上大风日数为3天，大风主要风向为SSE；观测海域秋季代表月（11月）的6级以上大风日数为1天，大风主要风向为N。

表11　09号浮标各月份6级以上大风日数及主要风向观测数据

月份	6级以上大风日数	6级以上大风主要风向	备注
1	3天	NW	
2	2天	E	
3	8天	N	
4	2天	NW	
5	1天	NNW	
6	2天	N	
7	3天	SE	记录1次台风
8	3天	SSE	记录2次台风
9	0天	—	
10	2天	N	记录1次台风
11	1天	N	
12	4天	N	

2018 年，09 号浮标记录到 4 次台风过程。第一次台风过程，受第 10 号强热带风暴“安比”的影响，获取到的最大风速达 13.9 m/s（7 月 23 日 15:30），对应的风向为 137°，台风影响期间的主要风向为 SE。第二次台风过程，受第 18 号强热带风暴“温比亚”的影响，获取到的最大风速达 12.7 m/s（8 月 20 日 00:00），对应的风向为 156°，台风影响期间的主要风向为 SSE。第三次台风过程，受第 19 号强台风“苏力”的影响，获取到的最大风速达 10.6 m/s（8 月 23 日 14:40），对应的风向为 9°，台风影响期间的主要风向为 N。第四次台风过程，受第 25 号超强台风“康妮”的影响，获取到的最大风速达 10.5 m/s（10 月 6 日 23:00），对应的风向为 2°，台风影响期间的主要风向为 N。

09 号浮标 2018 年风速、风向观测数据玫瑰图

WS and WD of 09 buoy in 2018

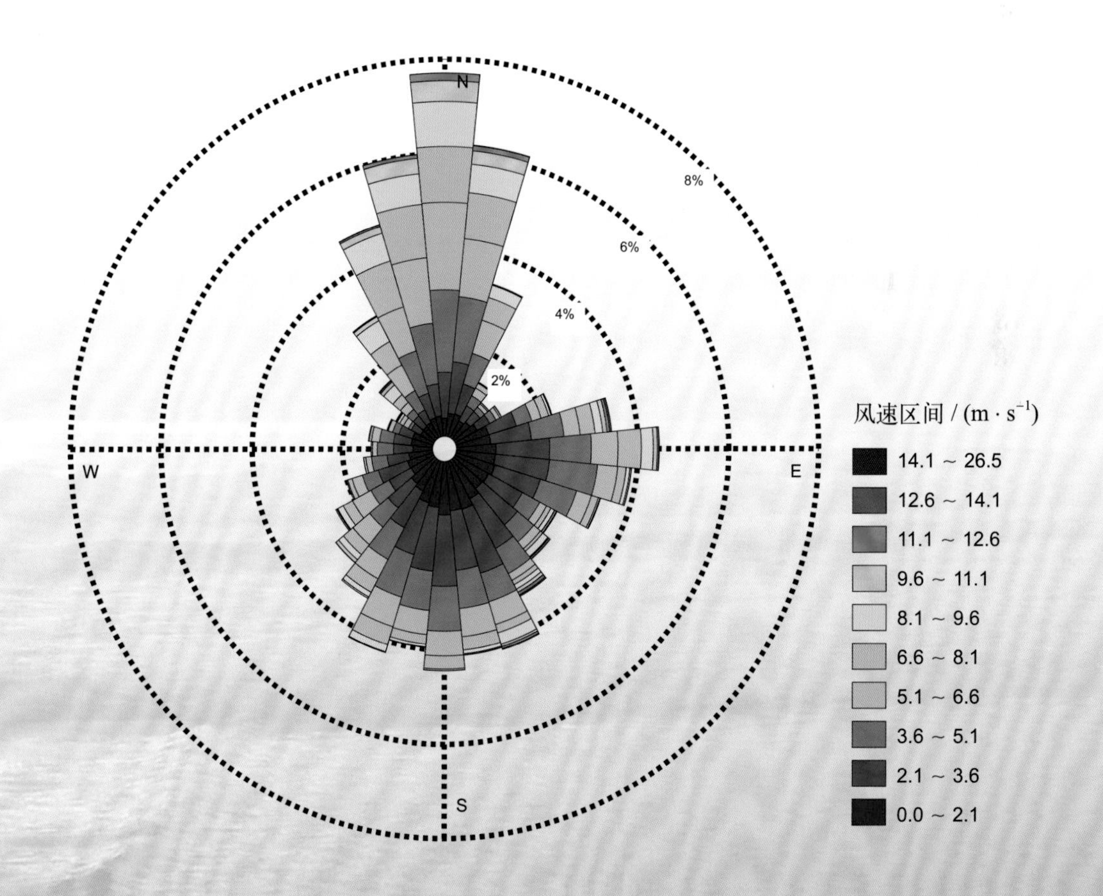

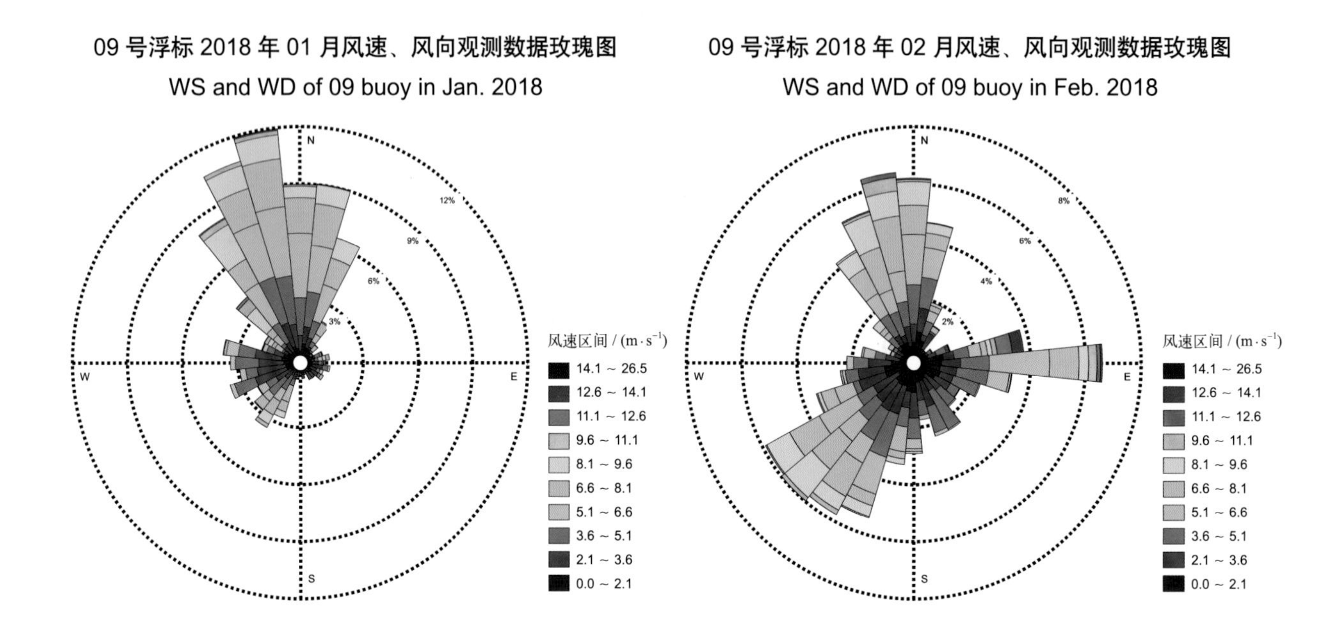
09 号浮标 2018 年 01 月风速、风向观测数据玫瑰图
WS and WD of 09 buoy in Jan. 2018
N
E
S
W
3%
6%
9%
12%
风速区间 / (m·s^{-1})
14.1 ~ 26.5
12.6 ~ 14.1
11.1 ~ 12.6
9.6 ~ 11.1
8.1 ~ 9.6
6.6 ~ 8.1
5.1 ~ 6.6
3.6 ~ 5.1
2.1 ~ 3.6
0.0 ~ 2.1
09 号浮标 2018 年 02 月风速、风向观测数据玫瑰图
WS and WD of 09 buoy in Feb. 2018
N
E
S
W
2%
4%
6%
8%
风速区间 / (m·s^{-1})
14.1 ~ 26.5
12.6 ~ 14.1
11.1 ~ 12.6
9.6 ~ 11.1
8.1 ~ 9.6
6.6 ~ 8.1
5.1 ~ 6.6
3.6 ~ 5.1
2.1 ~ 3.6
0.0 ~ 2.1

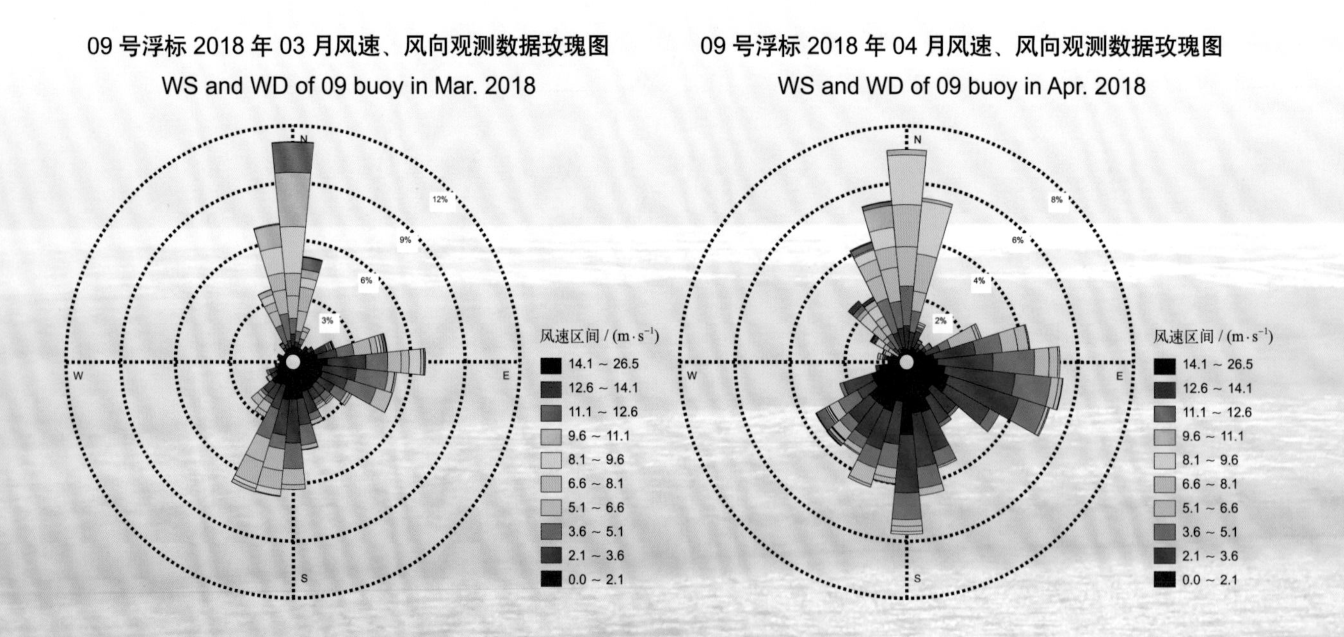
09 号浮标 2018 年 03 月风速、风向观测数据玫瑰图
WS and WD of 09 buoy in Mar. 2018
N
E
S
W
3%
6%
9%
12%
风速区间 / (m·s^{-1})
14.1 ~ 26.5
12.6 ~ 14.1
11.1 ~ 12.6
9.6 ~ 11.1
8.1 ~ 9.6
6.6 ~ 8.1
5.1 ~ 6.6
3.6 ~ 5.1
2.1 ~ 3.6
0.0 ~ 2.1
09 号浮标 2018 年 04 月风速、风向观测数据玫瑰图
WS and WD of 09 buoy in Apr. 2018
N
E
S
W
2%
4%
6%
8%
风速区间 / (m·s^{-1})
14.1 ~ 26.5
12.6 ~ 14.1
11.1 ~ 12.6
9.6 ~ 11.1
8.1 ~ 9.6
6.6 ~ 8.1
5.1 ~ 6.6
3.6 ~ 5.1
2.1 ~ 3.6
0.0 ~ 2.1

09 号浮标 2018 年 05 月风速、风向观测数据玫瑰图

WS and WD of 09 buoy in May 2018

09 号浮标 2018 年 06 月风速、风向观测数据玫瑰图

WS and WD of 09 buoy in Jun. 2018

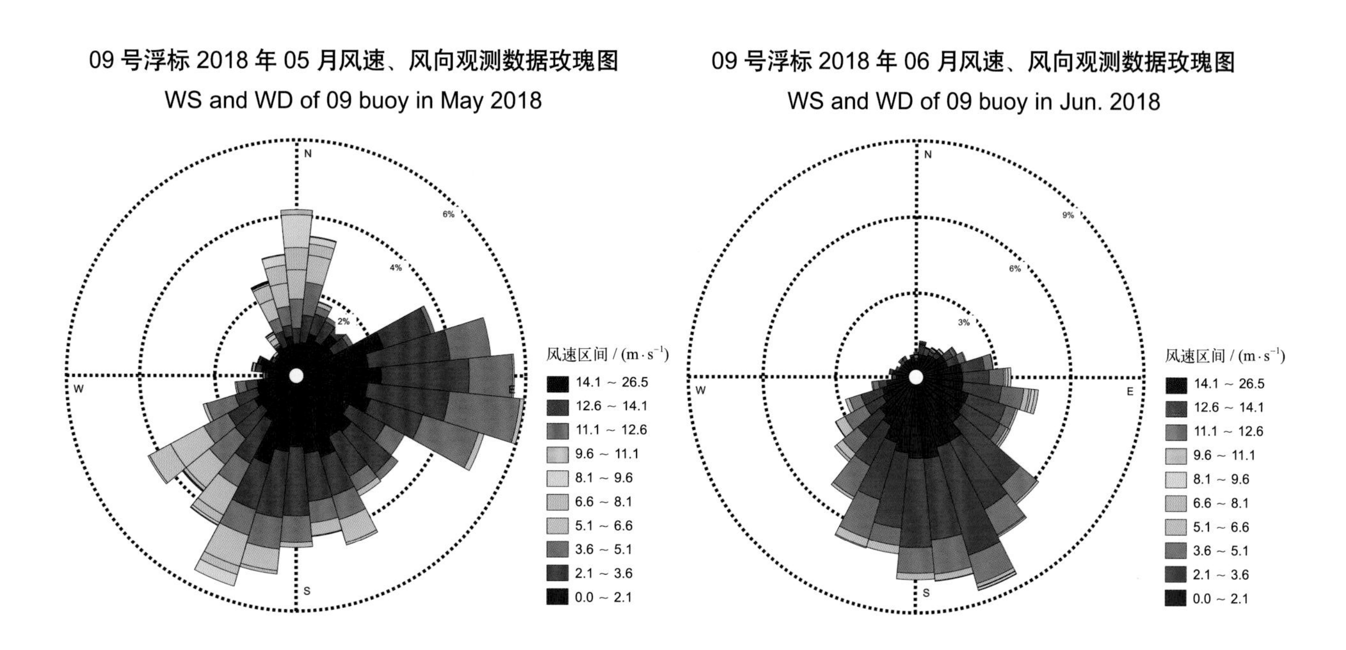

09 号浮标 2018 年 07 月风速、风向观测数据玫瑰图

WS and WD of 09 buoy in Jul. 2018

09 号浮标 2018 年 08 月风速、风向观测数据玫瑰图

WS and WD of 09 buoy in Aug. 2018

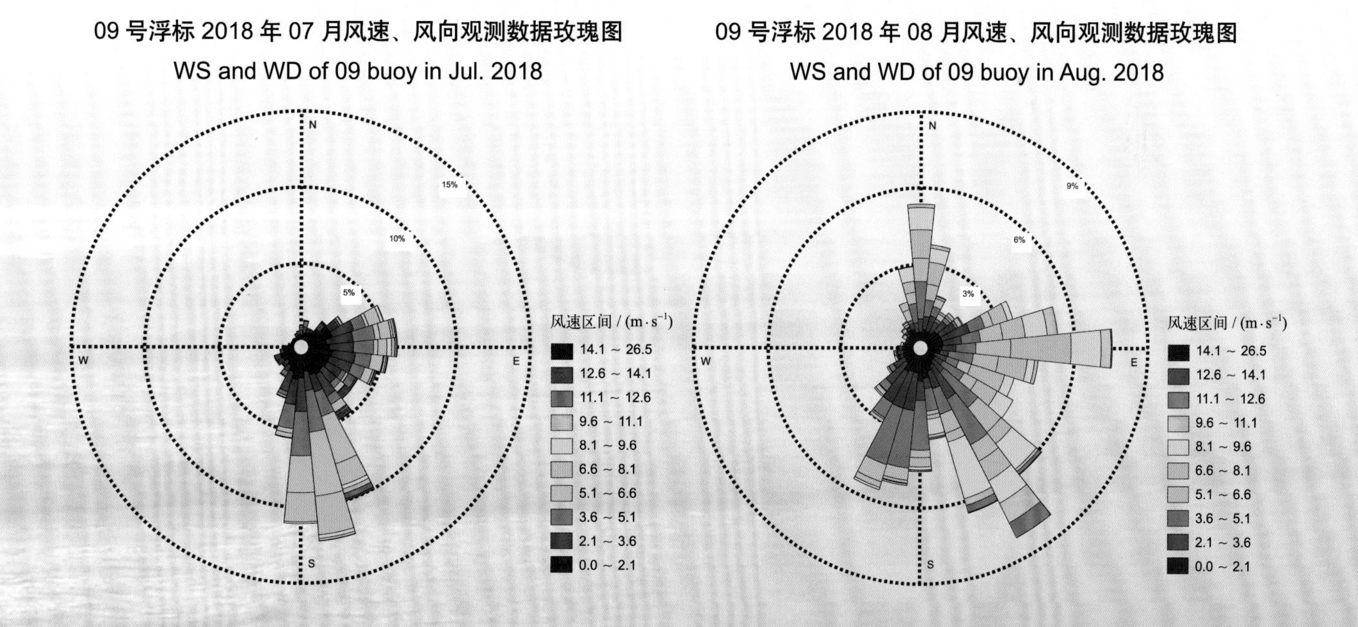

09 号浮标 2018 年 09 月风速、风向观测数据玫瑰图
WS and WD of 09 buoy in Sep. 2018

09 号浮标 2018 年 10 月风速、风向观测数据玫瑰图
WS and WD of 09 buoy in Oct. 2018

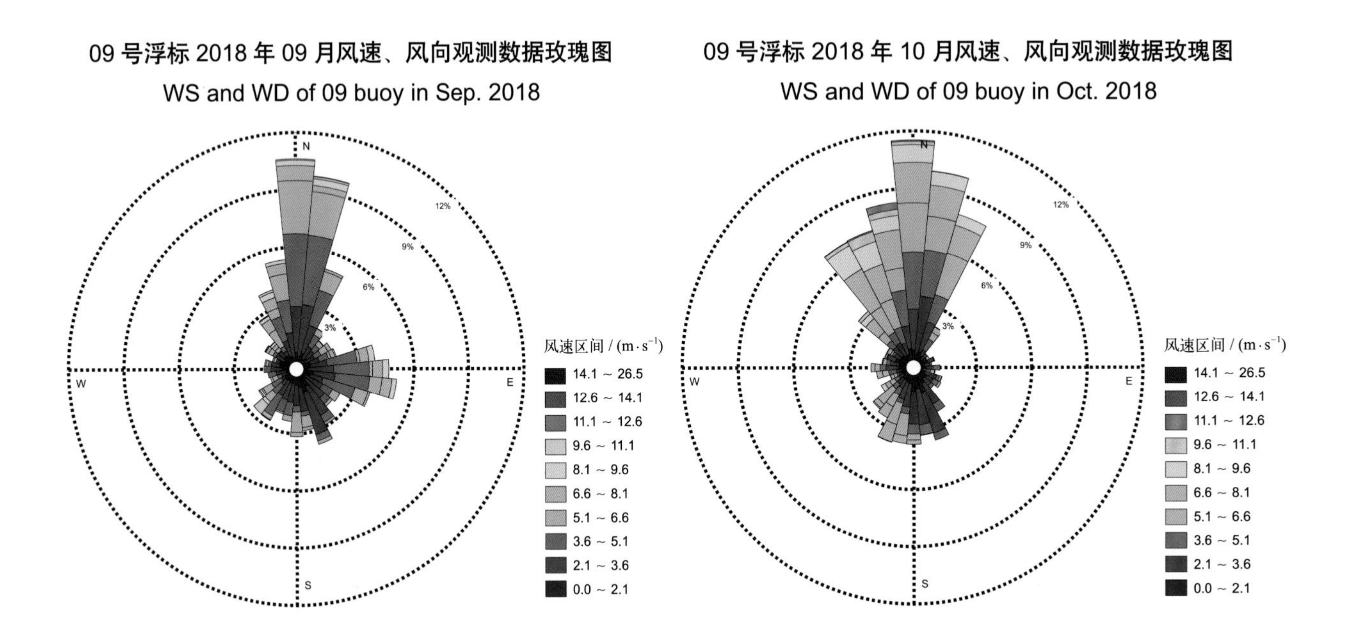

09 号浮标 2018 年 11 月风速、风向观测数据玫瑰图
WS and WD of 09 buoy in Nov. 2018

09 号浮标 2018 年 12 月风速、风向观测数据玫瑰图
WS and WD of 09 buoy in Dec. 2018

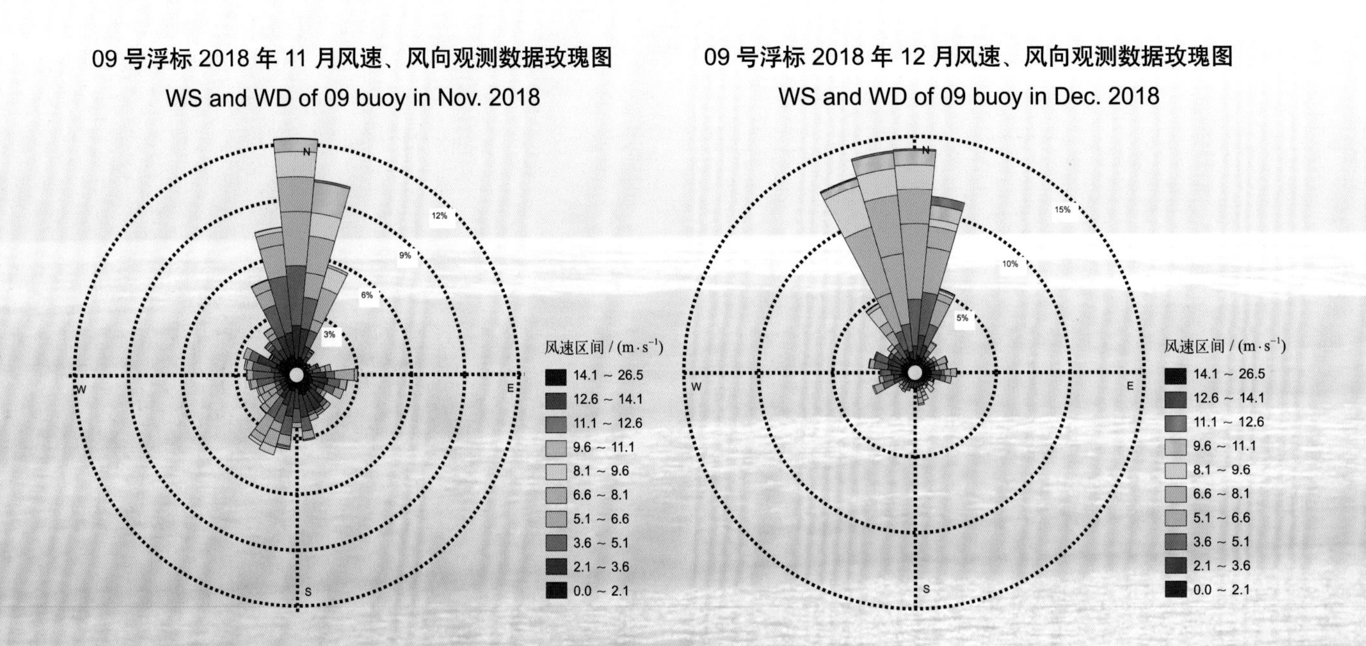

2018年度17号浮标观测数据概述及玫瑰图（风速和风向）

2018年，17号浮标共获取365天的风速和风向长序列观测数据。通过对获取数据质量控制和分析，17号浮标观测海域2018年度风速、风向数据和季节数据特征如下。

年度最大风速为19.6 m/s（6月28日），对应风向为314°。2018年，17号浮标记录到的6级以上大风日数总计98天，其中6级以上大风日数最多的月份为1月（14天）。观测海域冬季代表月（2月）的6级以上大风日数为13天，大风主要风向为NW；观测海域春季代表月（5月）的6级以上大风日数为1天，大风主要风向为SW；观测海域夏季代表月（8月）的6级以上大风日数为10天，大风主要风向为S；观测海域秋季代表月（11月）的6级以上大风日数为7天，大风主要风向为NNE。

表12　17号浮标各月份6级以上大风日数及主要风向观测数据

月份	6级以上大风日数	6级以上大风主要风向	备注
1	14天	NW	记录1次寒潮
2	13天	NW	
3	12天	N	
4	7天	WNW	
5	1天	SW	
6	3天	SSE	
7	4天	SE	记录1次台风
8	10天	S	记录2次台风
9	3天	WSW	
10	11天	NW	记录1次台风
11	7天	NNE	
12	13天	NNW	

2018 年，17 号浮标记录到 1 次寒潮过程和 4 次台风过程。寒潮的具体过程中，最大风速为 12.5 m/s（6 级，1 月 23 日 12:30），对应风向为 322°，寒潮影响期间的主要风向为 NW。第一次台风过程，受第 10 号强热带风暴“安比”的影响，获取到的最大风速达 14.5 m/s（7 月 23 日 08:30），对应的风向为 139°，台风影响期间的主要风向为 SE。第二次台风过程，受第 18 号强热带风暴“温比亚”的影响，获取到的最大风速达 16.1 m/s（8 月 20 日 03:30），对应的风向为 187°，台风影响期间的主要风向为 S。第三次台风过程，受第 19 号强台风“苏力”的影响，获取到的最大风速达 12.7 m/s（8 月 23 日 19:30），对应的风向为 6°，台风影响期间的主要风向为 N。第四次台风过程，受第 25 号超强台风“康妮”的影响，获取到的最大风速达 11.9 m/s（10 月 6 日 01:50），对应的风向为 357°，台风影响期间的主要风向为 NNW。

17 号浮标 2018 年风速、风向观测数据玫瑰图
WS and WD of 17 buoy in 2018

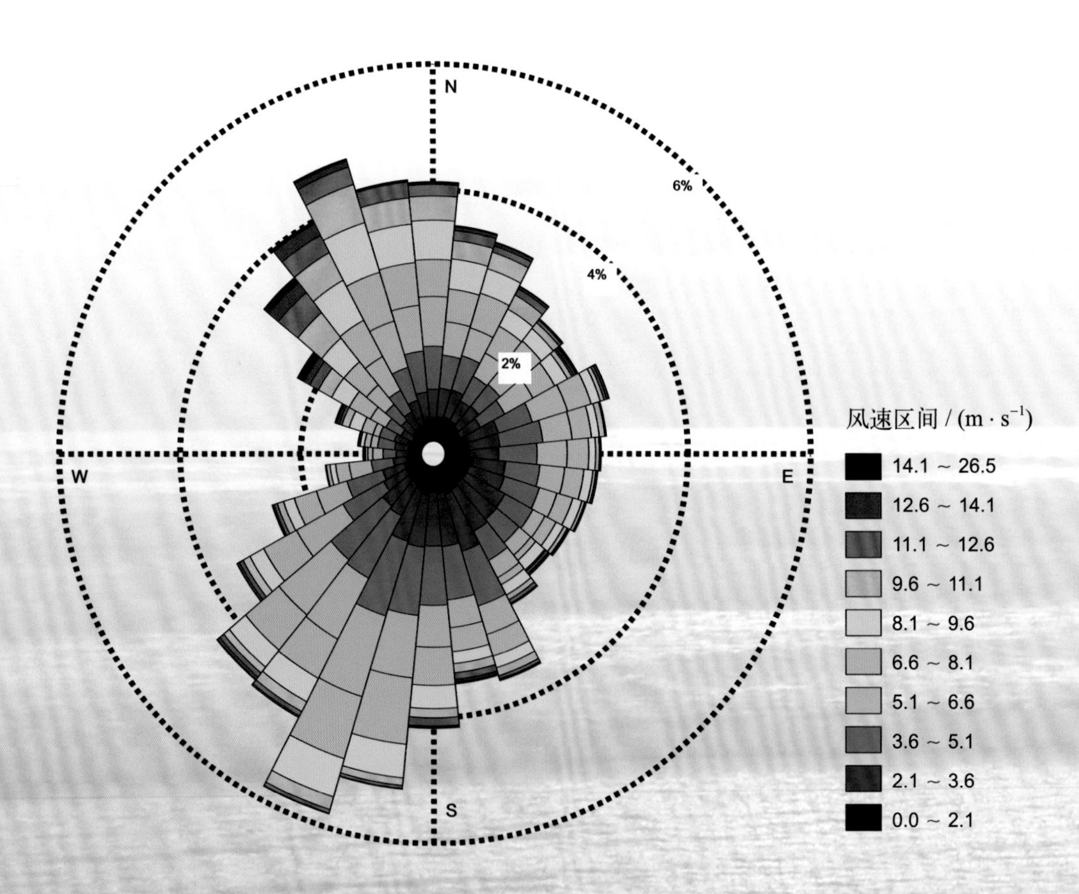

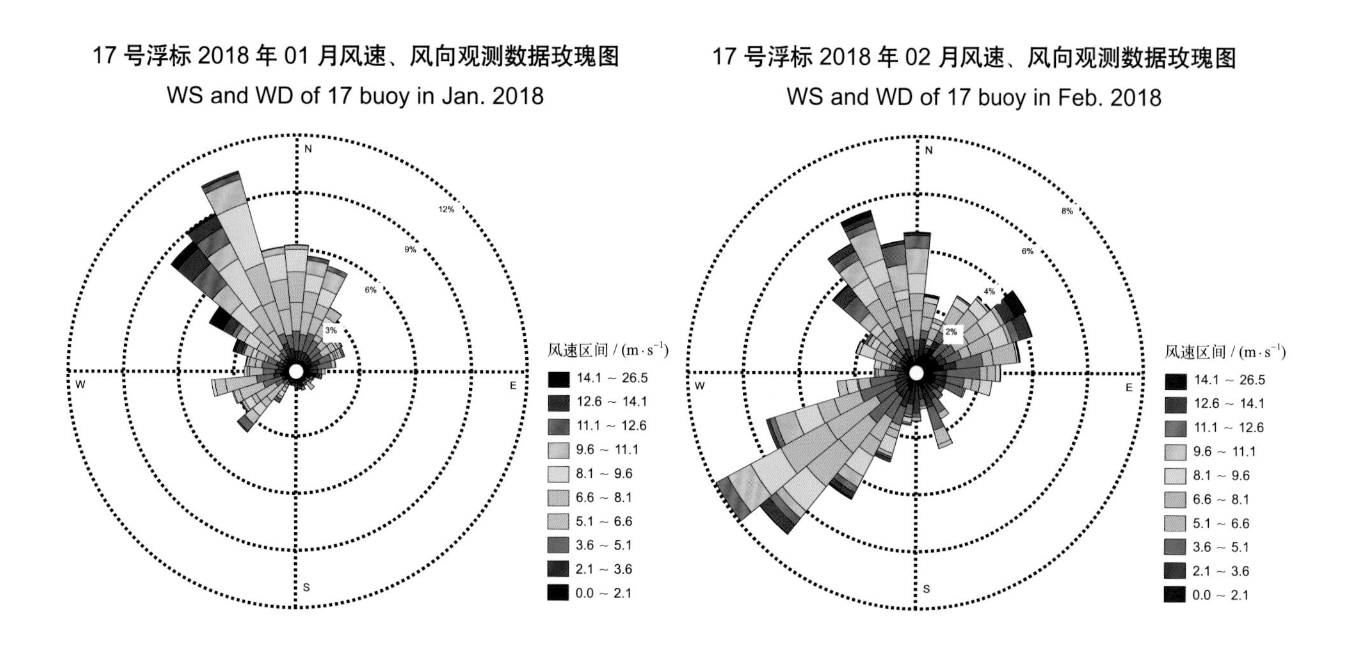

17 号浮标 2018 年 01 月风速、风向观测数据玫瑰图

WS and WD of 17 buoy in Jan. 2018

17 号浮标 2018 年 02 月风速、风向观测数据玫瑰图

WS and WD of 17 buoy in Feb. 2018

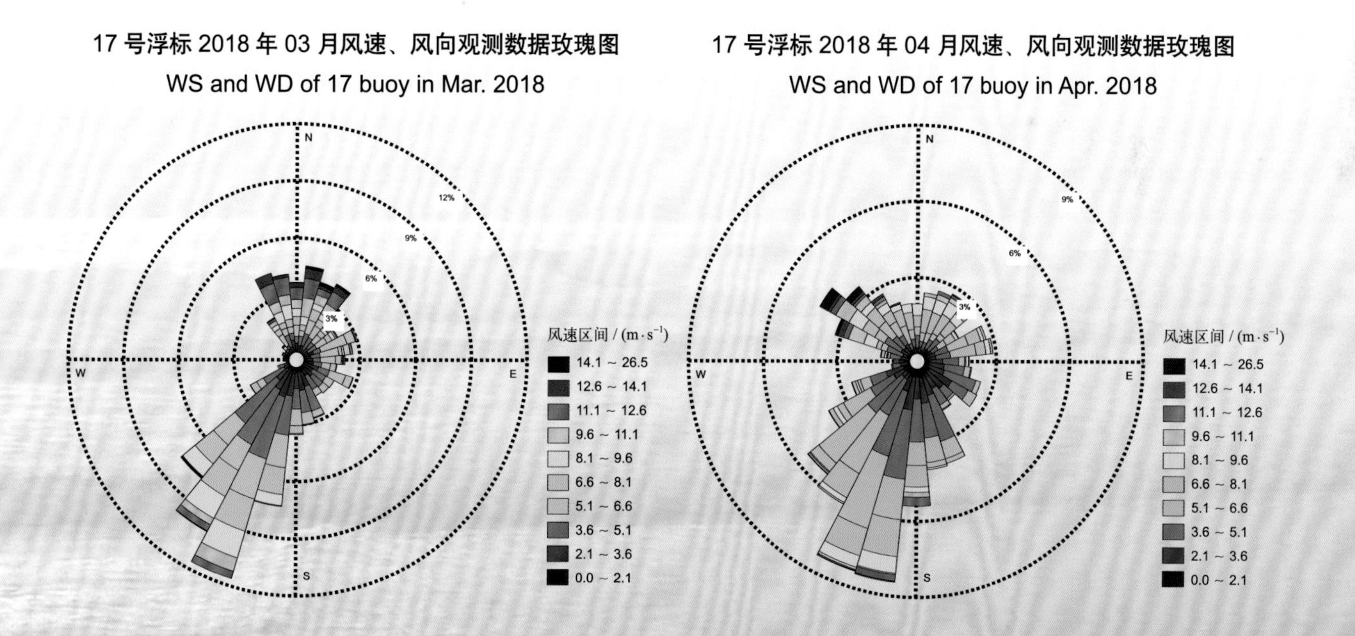

17 号浮标 2018 年 03 月风速、风向观测数据玫瑰图

WS and WD of 17 buoy in Mar. 2018

17 号浮标 2018 年 04 月风速、风向观测数据玫瑰图

WS and WD of 17 buoy in Apr. 2018

17 号浮标 2018 年 05 月风速、风向观测数据玫瑰图
WS and WD of 17 buoy in May 2018

17 号浮标 2018 年 06 月风速、风向观测数据玫瑰图
WS and WD of 17 buoy in Jun. 2018

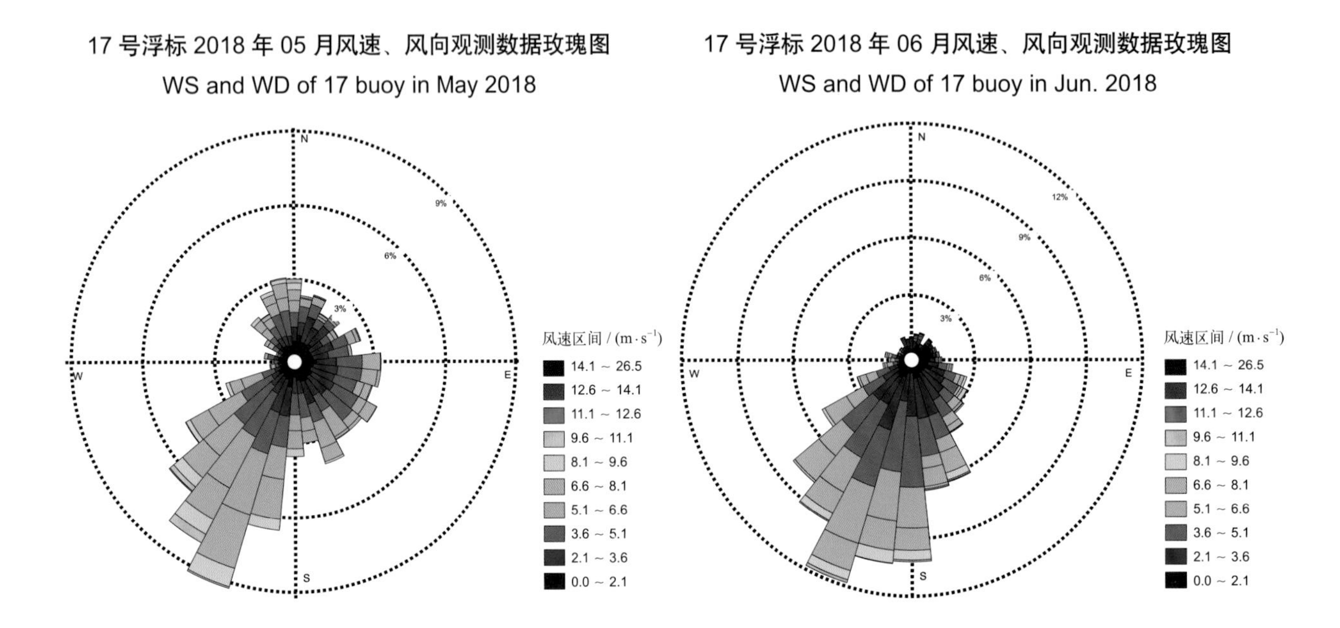

17 号浮标 2018 年 07 月风速、风向观测数据玫瑰图
WS and WD of 17 buoy in Jul. 2018

17 号浮标 2018 年 08 月风速、风向观测数据玫瑰图
WS and WD of 17 buoy in Aug. 2018

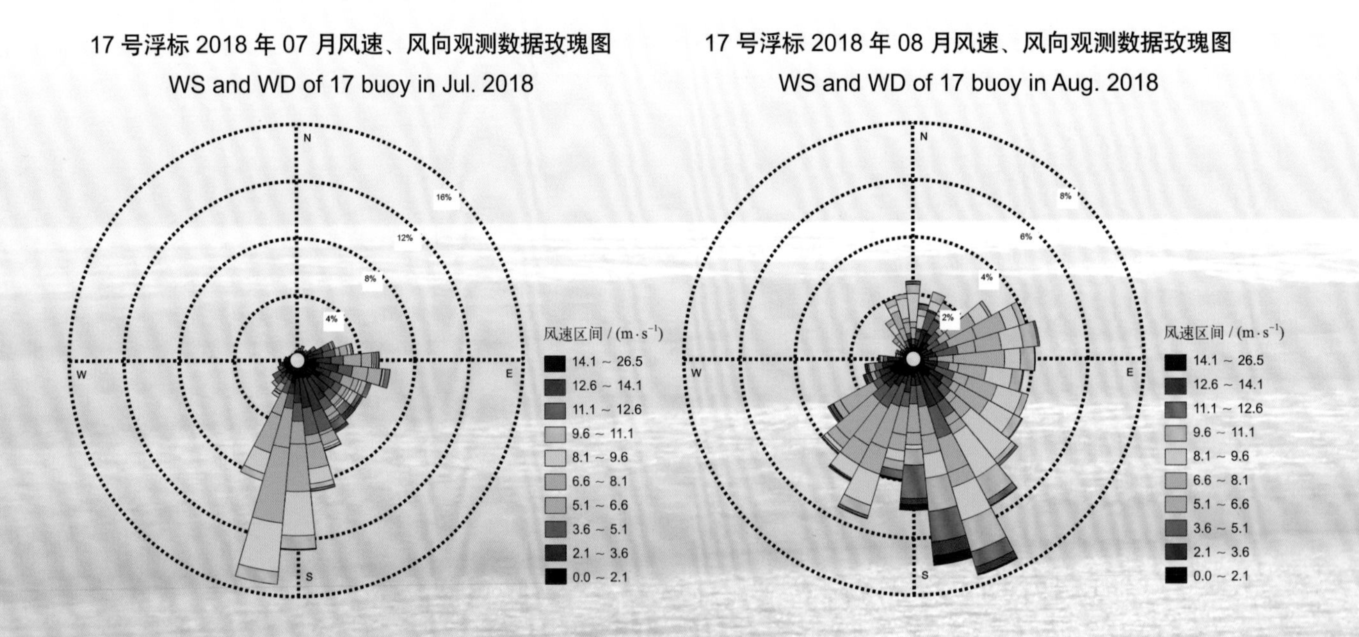

17 号浮标 2018 年 09 月风速、风向观测数据玫瑰图

WS and WD of 17 buoy in Sep. 2018

17 号浮标 2018 年 10 月风速、风向观测数据玫瑰图

WS and WD of 17 buoy in Oct. 2018

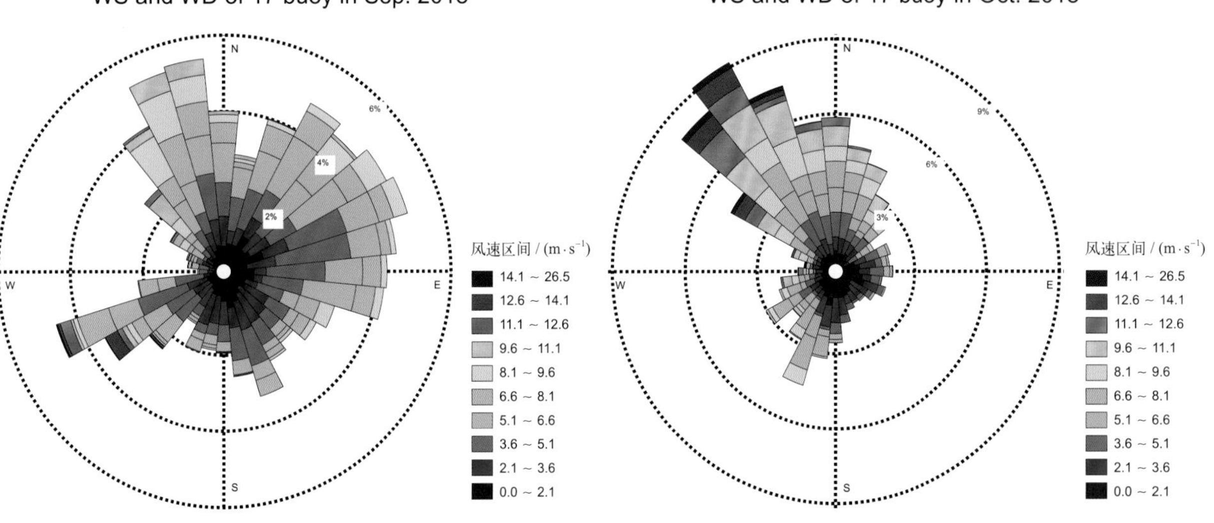

17 号浮标 2018 年 11 月风速、风向观测数据玫瑰图

WS and WD of 17 buoy in Nov. 2018

17 号浮标 2018 年 12 月风速、风向观测数据玫瑰图

WS and WD of 17 buoy in Dec. 2018

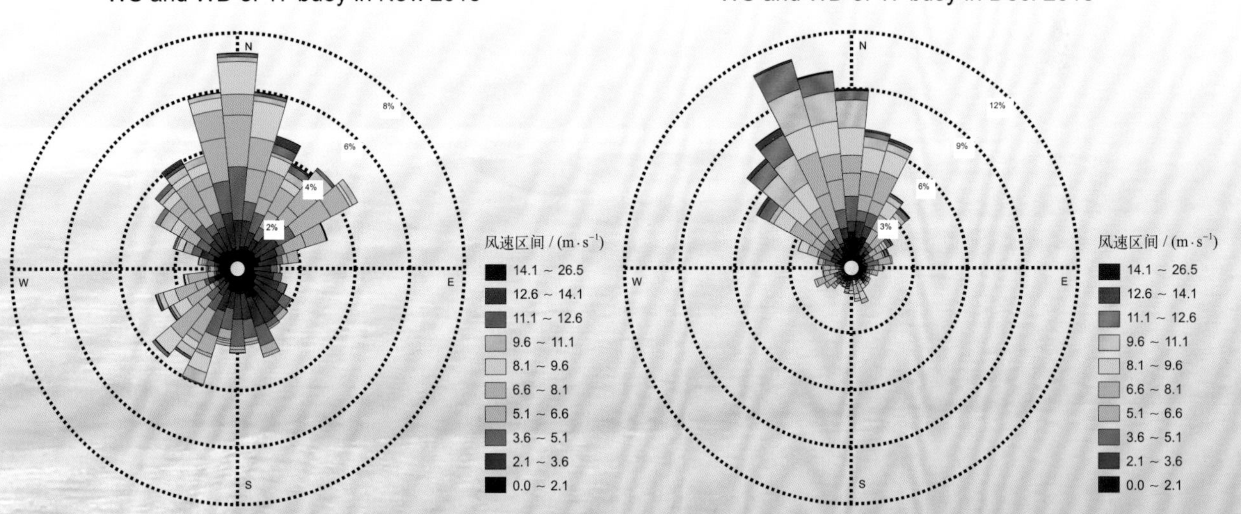

2018 年度 18 号浮标观测数据概述及玫瑰图
（风速和风向）

2018 年，18 号浮标共获取 365 天的风速和风向长序列观测数据。通过对获取数据质量控制和分析，18 号浮标观测海域 2018 年度风速、风向数据和季节数据特征如下。

年度最大风速为 19.0 m/s（7 月 23 日），对应风向为 96°。2018 年，18 号浮标记录到的 6 级以上大风日数总计 92 天，其中 6 级以上大风日数最多的月份为 12 月（16 天）。观测海域冬季代表月（2 月）的 6 级以上大风日数为 12 天，大风主要风向为 NNW；观测海域春季代表月（5 月）的 6 级以上大风日数为 1 天，大风主要风向为 NNW；观测海域夏季代表月（8 月）的 6 级以上大风日数为 9 天，大风主要风向为 NE；观测海域秋季代表月（11 月）的 6 级以上大风日数为 9 天，大风主要风向为 N。

表 13　18 号浮标各月份 6 级以上大风日数及主要风向观测数据

月份	6 级以上大风日数	6 级以上大风主要风向	备注
1	11 天	NW	
2	12 天	NNW	
3	9 天	NNW	
4	6 天	NW	
5	1 天	NNW	
6	2 天	ESE	
7	5 天	SSE	记录 1 次台风
8	9 天	NE	记录 2 次台风
9	5 天	WSW	
10	7 天	NNW	记录 1 次台风
11	9 天	N	
12	16 天	NNW	

2018年，18号浮标记录到4次台风过程。第一次台风过程，受第10号强热带风暴“安比”的影响，获取到的最大风速达19.0 m/s（7月23日12:00），对应的风向为96°，台风影响期间的主要风向为ESE。第二次台风过程，受第18号强热带风暴“温比亚”的影响，获取到的最大风速达14.7 m/s（8月19日22:00），对应的风向为155°，台风影响期间的主要风向为SE。第三次台风过程，受第19号强台风“苏力”的影响，获取到的最大风速达11.9 m/s（8月23日20:40），对应的风向为338°，台风影响期间的主要风向为E。第四次台风过程，受第25号超强台风“康妮”的影响，获取到的最大风速达10.6 m/s（10月6日03:20），对应的风向为346°，台风影响期间的主要风向为NNW。

18号浮标2018年风速、风向观测数据玫瑰图

WS and WD of 18 buoy in 2018

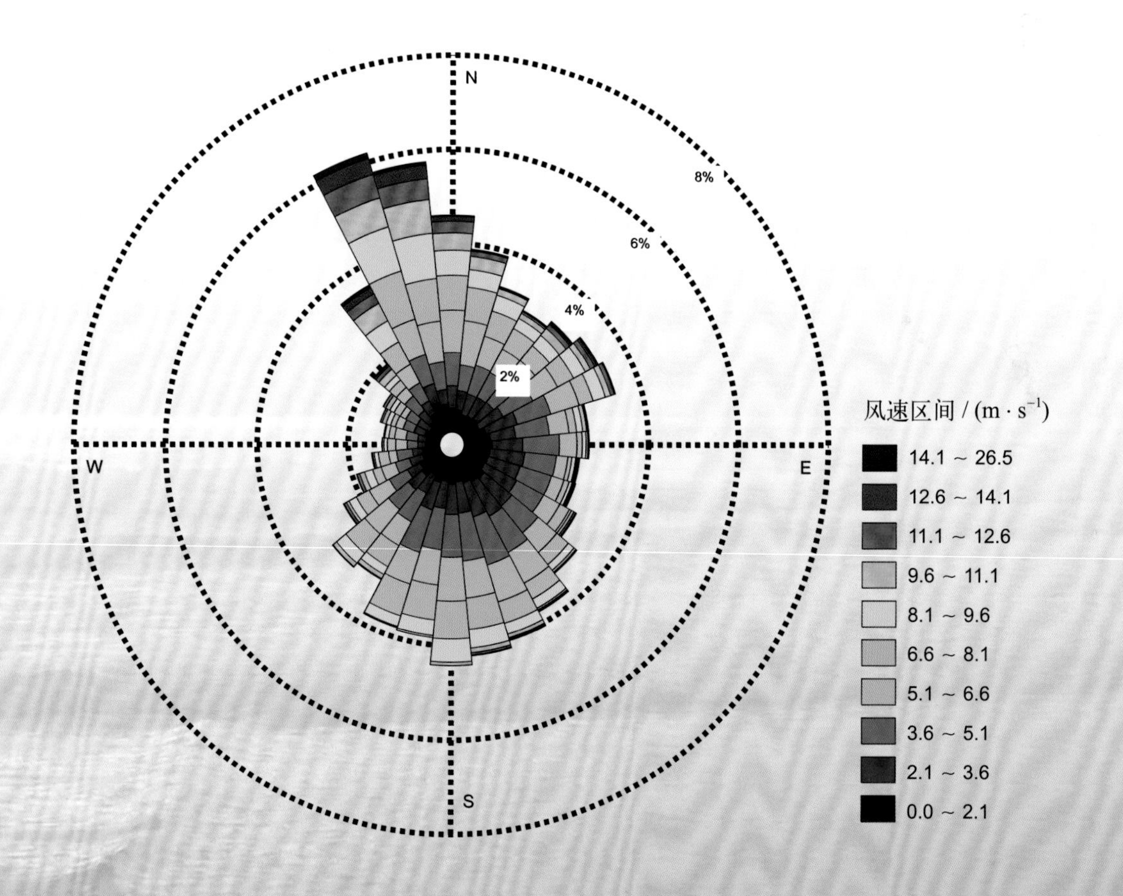

18 号浮标 2018 年 01 月风速、风向观测数据玫瑰图
WS and WD of 18 buoy in Jan. 2018

18 号浮标 2018 年 02 月风速、风向观测数据玫瑰图
WS and WD of 18 buoy in Feb. 2018

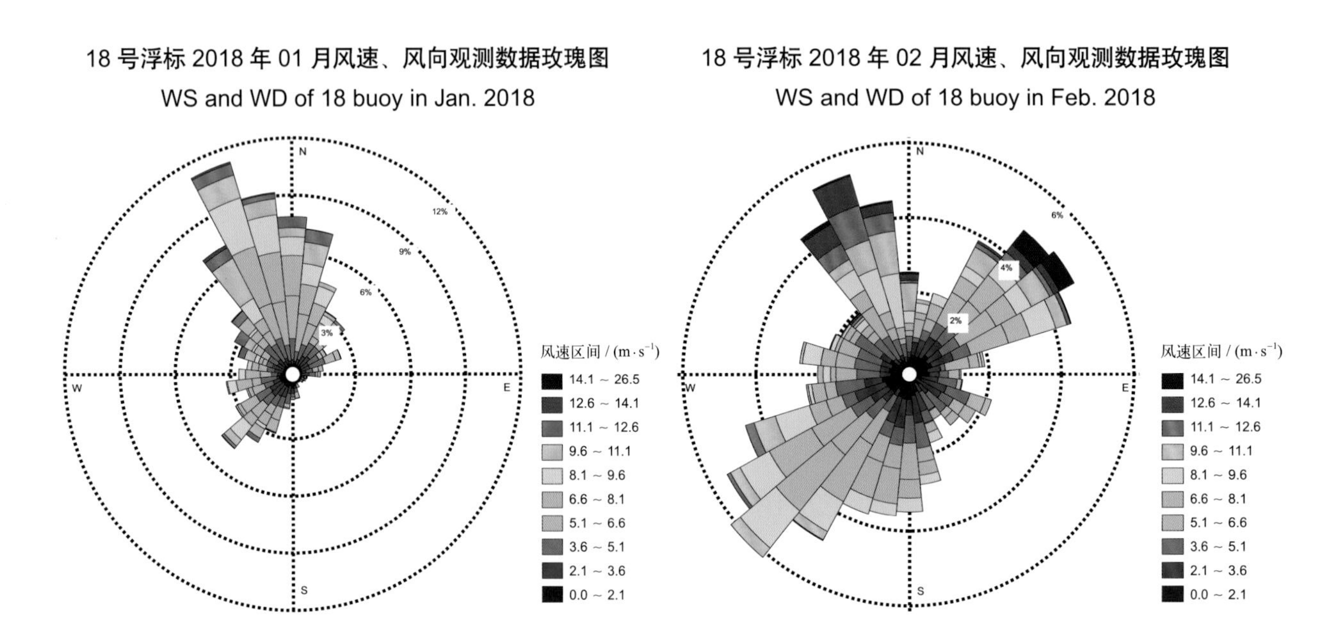

18 号浮标 2018 年 03 月风速、风向观测数据玫瑰图
WS and WD of 18 buoy in Mar. 2018

18 号浮标 2018 年 04 月风速、风向观测数据玫瑰图
WS and WD of 18 buoy in Apr. 2018

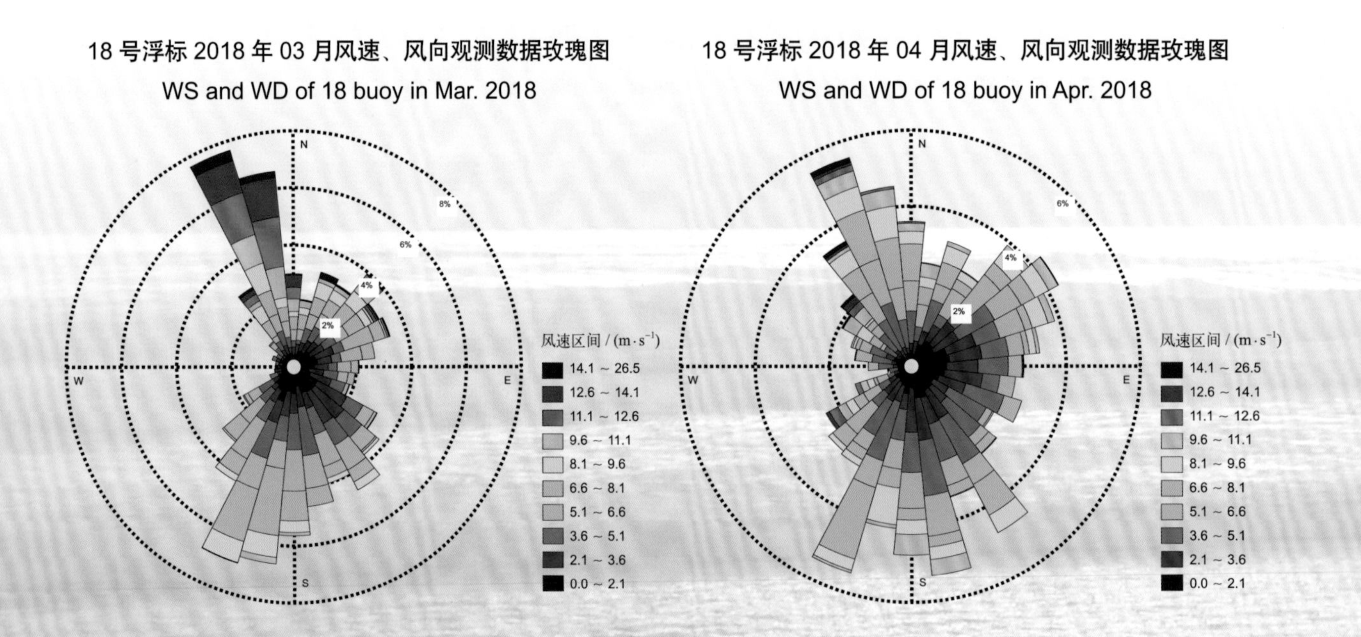

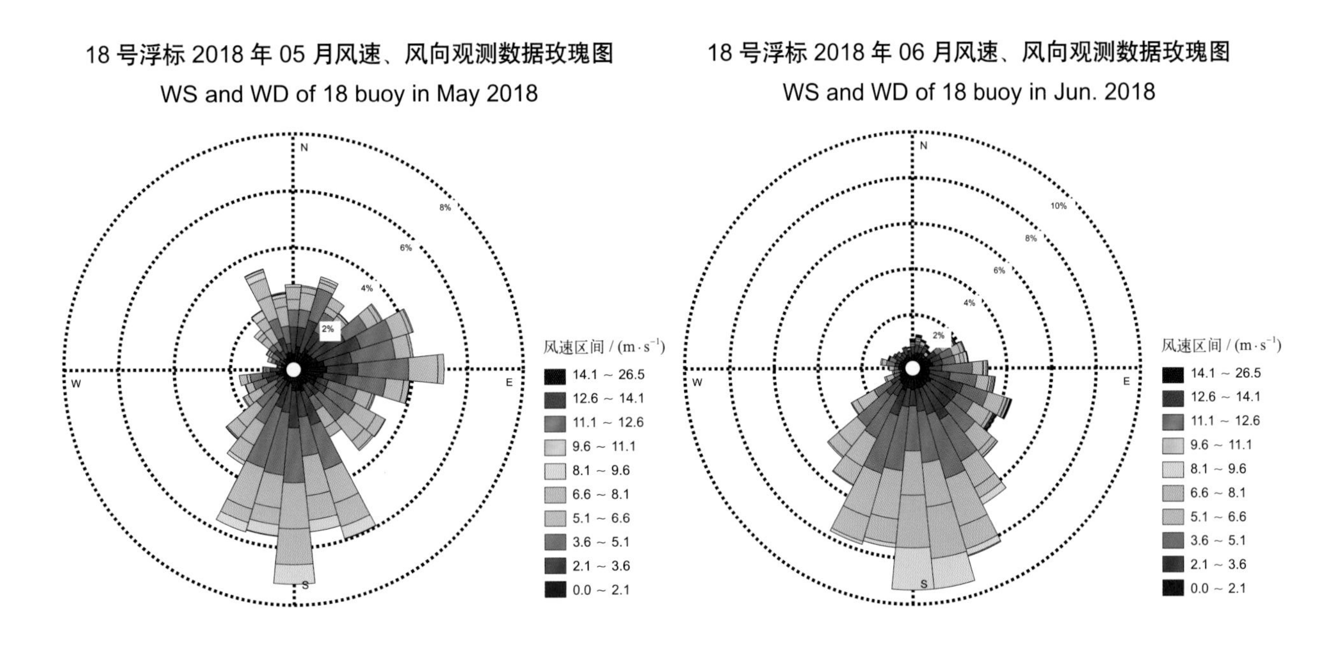

18 号浮标 2018 年 05 月风速、风向观测数据玫瑰图

WS and WD of 18 buoy in May 2018

18 号浮标 2018 年 06 月风速、风向观测数据玫瑰图

WS and WD of 18 buoy in Jun. 2018

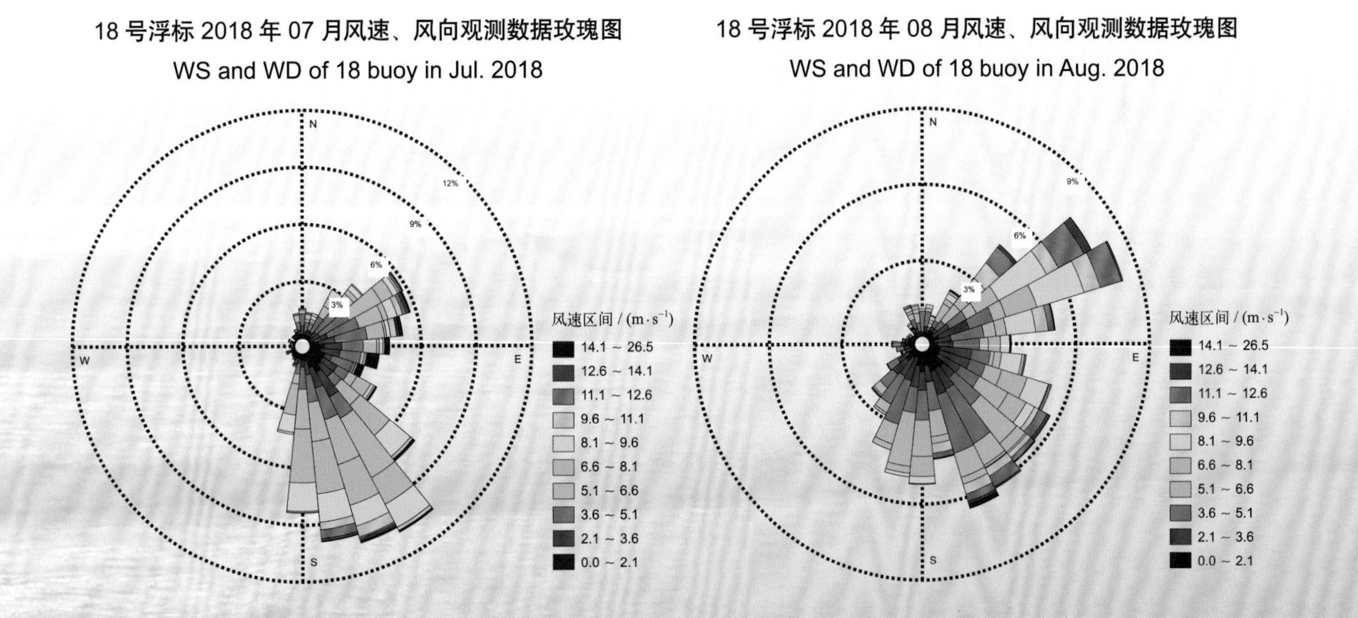

18 号浮标 2018 年 07 月风速、风向观测数据玫瑰图

WS and WD of 18 buoy in Jul. 2018

18 号浮标 2018 年 08 月风速、风向观测数据玫瑰图

WS and WD of 18 buoy in Aug. 2018

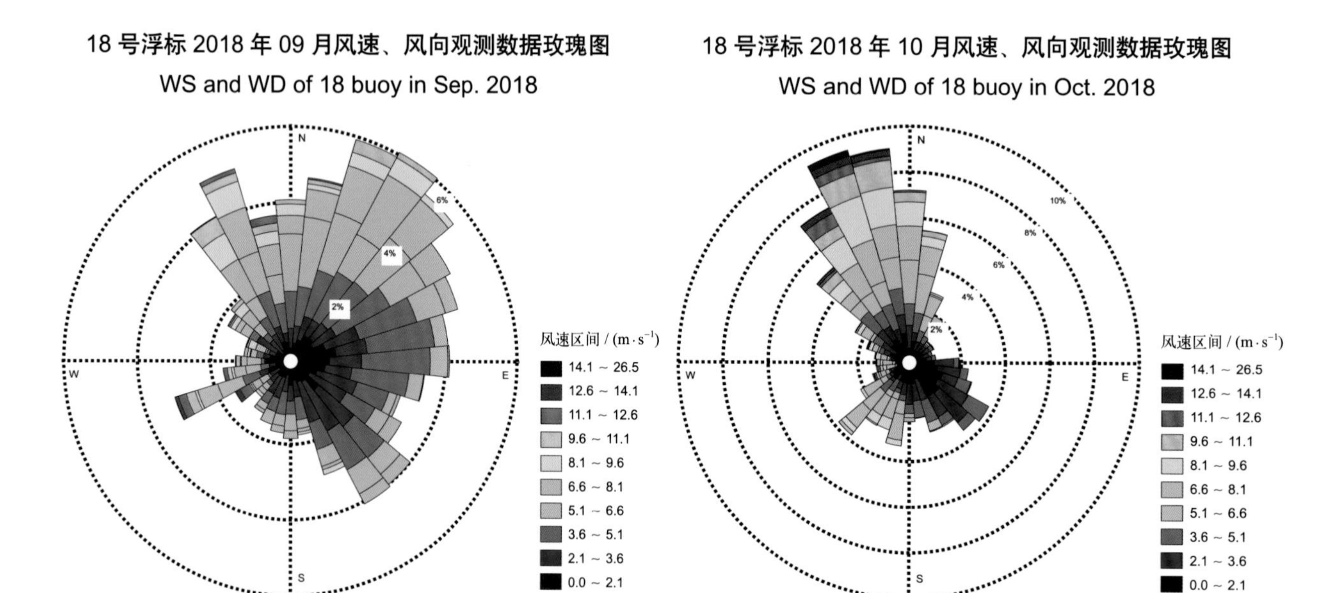

18 号浮标 2018 年 09 月风速、风向观测数据玫瑰图

WS and WD of 18 buoy in Sep. 2018

18 号浮标 2018 年 10 月风速、风向观测数据玫瑰图

WS and WD of 18 buoy in Oct. 2018

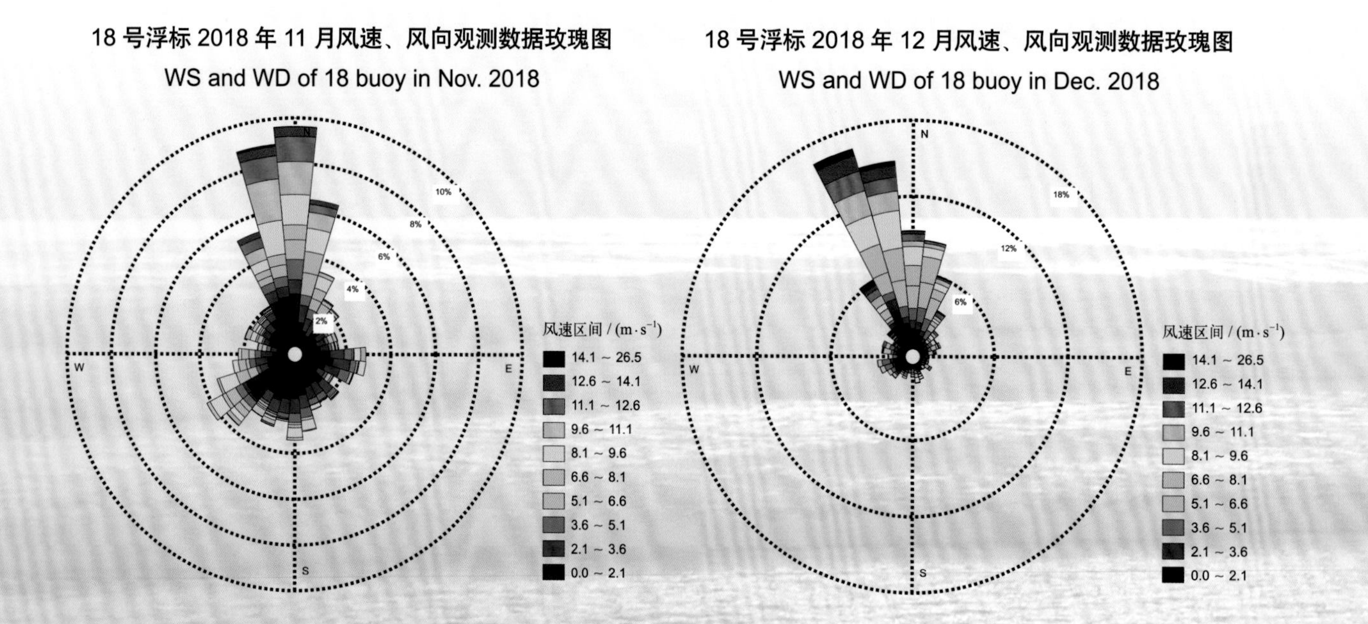

18 号浮标 2018 年 11 月风速、风向观测数据玫瑰图

WS and WD of 18 buoy in Nov. 2018

18 号浮标 2018 年 12 月风速、风向观测数据玫瑰图

WS and WD of 18 buoy in Dec. 2018

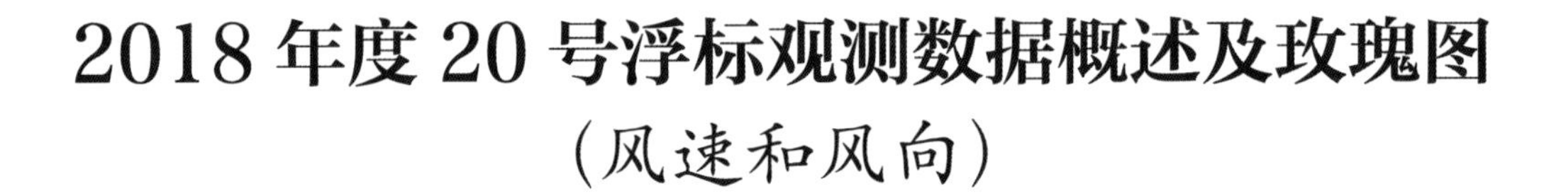

2018 年度 20 号浮标观测数据概述及玫瑰图（风速和风向）

2018 年，20 号浮标共获取 352 天的风速和风向长序列观测数据。获取数据的主要区间为 1 月 14 日 02:50 至 12 月 31 日 23:50。通过对获取数据质量控制和分析，20 号浮标观测海域 2018 年度风速、风向数据和季节数据特征如下。

年度最大风速为 23.3 m/s（10 月 5 日），对应风向为 352°。2018 年，20 号浮标记录到的 6 级以上大风日数总计 133 天，其中 6 级以上大风日数最多的月份为 12 月（21 天）。观测海域冬季代表月（2 月）的 6 级以上大风日数为 13 天，大风主要风向为 N；观测海域春季代表月（5 月）的 6 级以上大风日数为 11 天，大风主要风向为 SW；观测海域夏季代表月（8 月）的 6 级以上大风日数为 12 天，大风主要风向为 SSW；观测海域秋季代表月（11 月）的 6 级以上大风日数为 9 天，大风主要风向为 N。

表 14　20 号浮标各月份 6 级以上大风日数及主要风向观测数据

月份	6 级以上大风日数	6 级以上大风主要风向	备注
1	9 天	N	
2	13 天	N	
3	13 天	NNW	
4	10 天	NW	
5	11 天	SW	
6	7 天	SSW	
7	6 天	SSW	记录 1 次台风
8	12 天	SSW	记录 3 次台风
9	13 天	NE	
10	9 天	N	记录 1 次台风
11	9 天	N	
12	21 天	N	

2018年，20号浮标记录到5次台风过程。第一次台风过程，受第10号强热带风暴“安比”的影响，获取到的最大风速达19.2 m/s（7月22日03:00），对应的风向为316°，台风影响期间的主要风向为SSW。第二次台风过程，受第12号台风“云雀”的影响，获取到的最大风速达13.9 m/s（8月2日16:50），对应的风向为9°，台风影响期间的主要风向为NNW。第三次台风过程，受第18号强热带风暴“温比亚”的影响，获取到的最大风速达16.1 m/s（8月17日00:50），对应的风向为224°，台风影响期间的主要风向为SW。第四次台风过程，受第19号强台风“苏力”的相关数据，获取到的最大风速达12.2 m/s（8月22日18:20），对应的风向为358°，台风影响期间的主要风向为NNW。第五次台风过程，受第25号超强台风“康妮”的影响，获取到的最大风速达23.3 m/s（10月5日17:20），对应的风向为352°，台风影响期间的主要风向为N。

20号浮标2018年风速、风向观测数据玫瑰图
WS and WD of 20 buoy in 2018

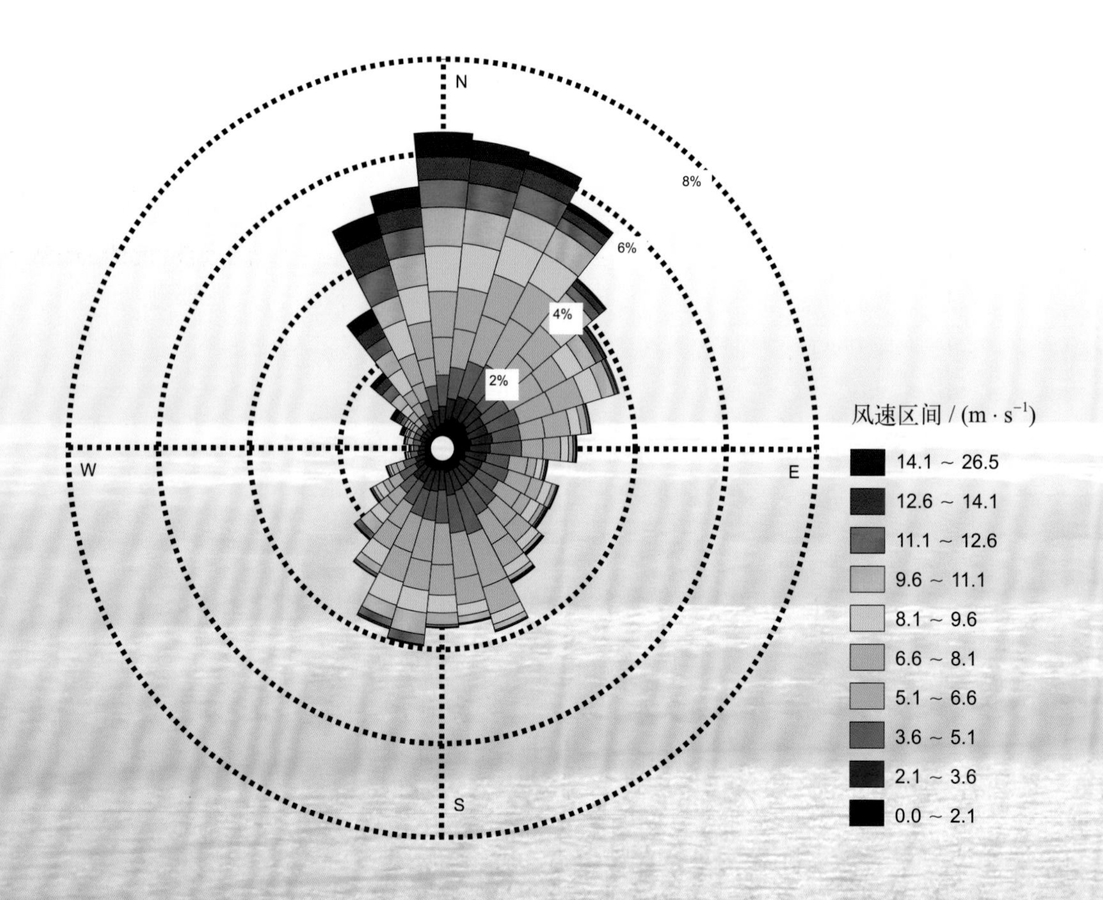

20 号浮标 2018 年 01 月风速、风向观测数据玫瑰图

WS and WD of 20 buoy in Jan. 2018

20 号浮标 2018 年 02 月风速、风向观测数据玫瑰图

WS and WD of 20 buoy in Feb. 2018

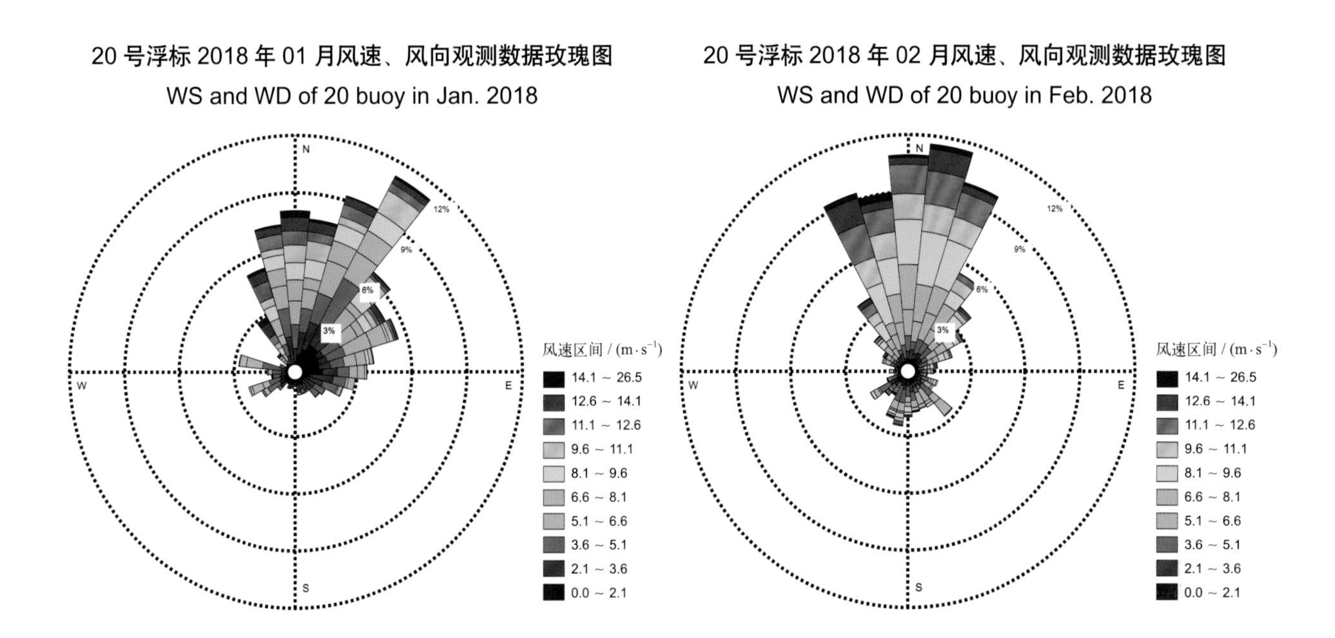

20 号浮标 2018 年 03 月风速、风向观测数据玫瑰图

WS and WD of 20 buoy in Mar. 2018

20 号浮标 2018 年 04 月风速、风向观测数据玫瑰图

WS and WD of 20 buoy in Apr. 2018

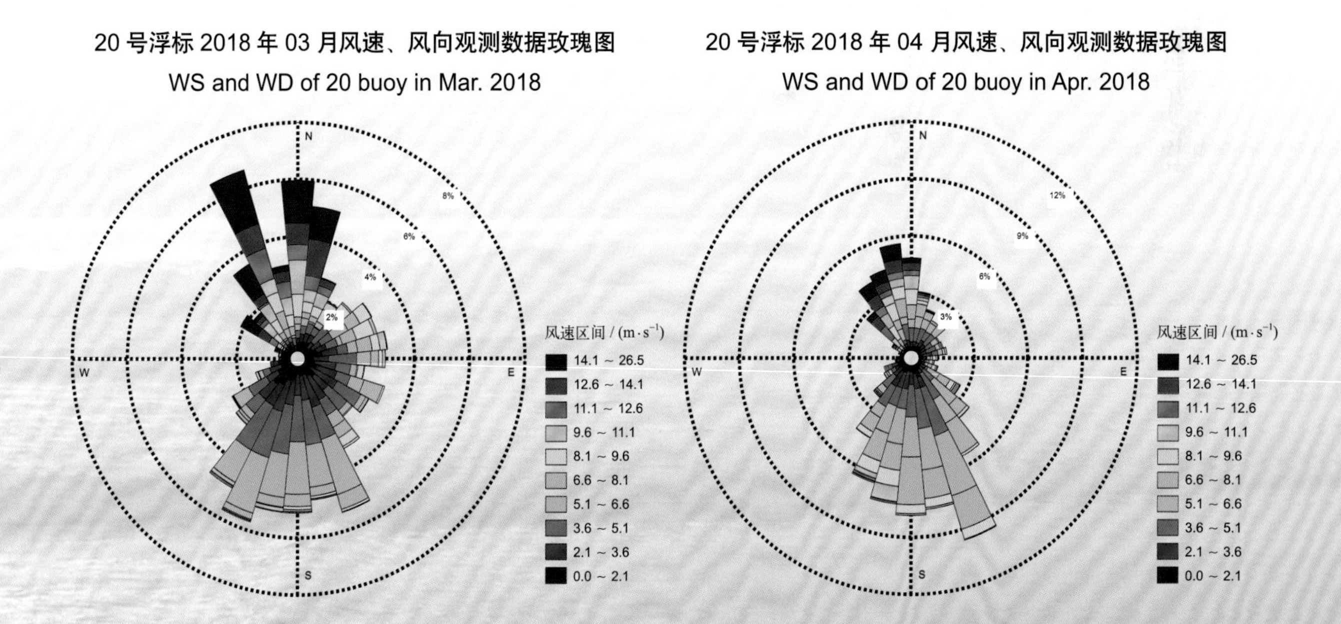

20 号浮标 2018 年 05 月风速、风向观测数据玫瑰图
WS and WD of 20 buoy in May 2018

20 号浮标 2018 年 06 月风速、风向观测数据玫瑰图
WS and WD of 20 buoy in Jun. 2018

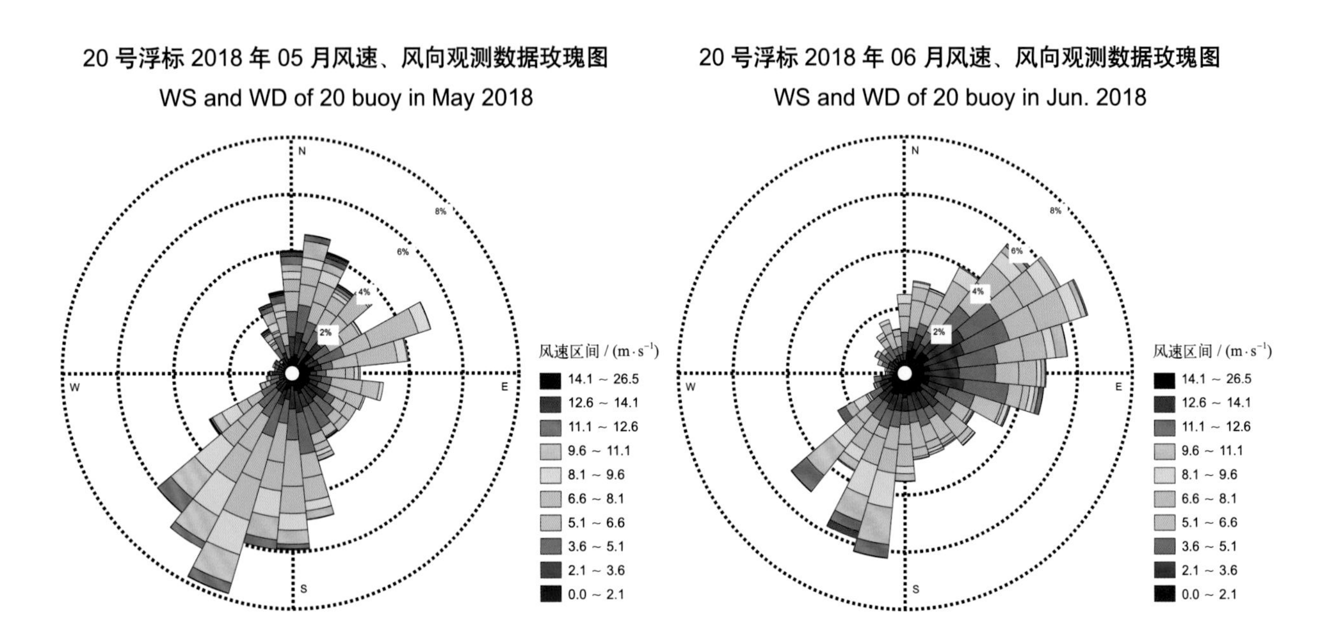

20 号浮标 2018 年 07 月风速、风向观测数据玫瑰图
WS and WD of 20 buoy in Jul. 2018

20 号浮标 2018 年 08 月风速、风向观测数据玫瑰图
WS and WD of 20 buoy in Aug. 2018

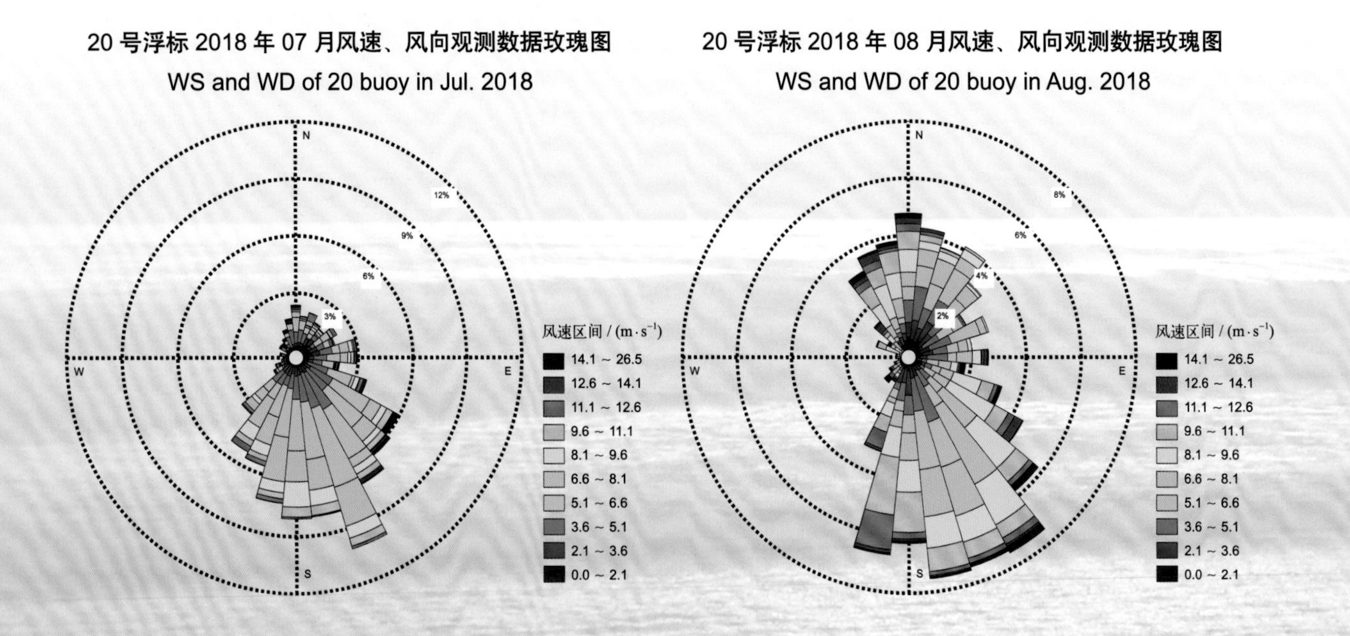

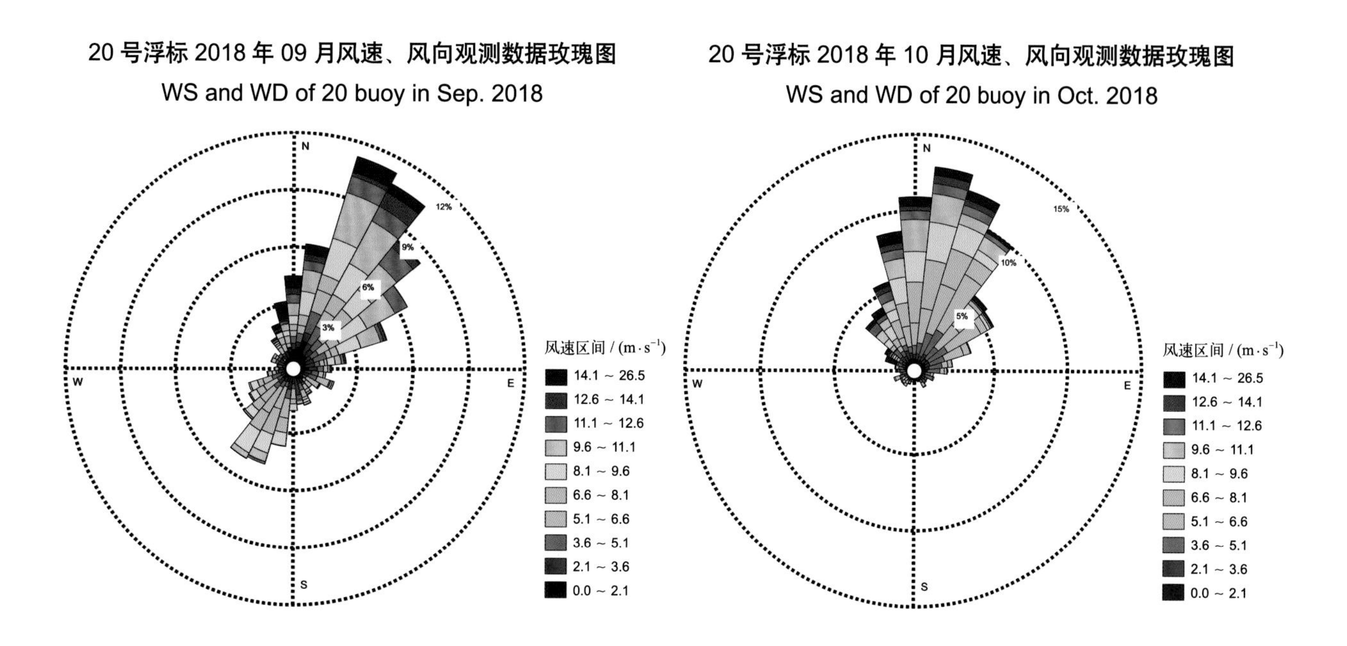

20 号浮标 2018 年 09 月风速、风向观测数据玫瑰图

WS and WD of 20 buoy in Sep. 2018

20 号浮标 2018 年 10 月风速、风向观测数据玫瑰图

WS and WD of 20 buoy in Oct. 2018

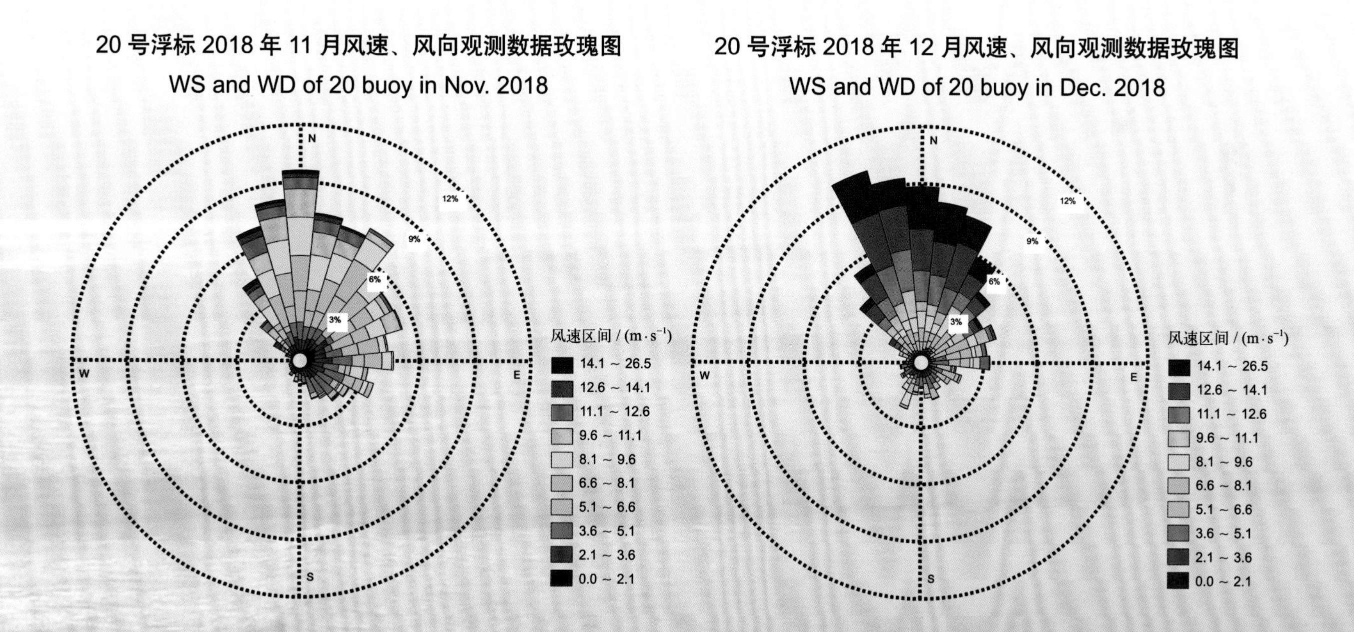

20 号浮标 2018 年 11 月风速、风向观测数据玫瑰图

WS and WD of 20 buoy in Nov. 2018

20 号浮标 2018 年 12 月风速、风向观测数据玫瑰图

WS and WD of 20 buoy in Dec. 2018

水文观测

2018 年度 01 号浮标观测数据概述及曲线
（水温和盐度）

2018 年，01 号浮标共获取 365 天的水温长序列观测数据和 196 天的盐度长序列观测数据。获取盐度数据的主要区间共两个时间段，具体为 1 月 1 日 00:00 至 3 月 24 日 22:30 和 9 月 10 日 18:00 至 12 月 31 日 23:30。通过对获取数据质量控制和分析，01 号浮标观测海域 2018 年度水温、盐度数据和季节数据特征如下。

年度水温平均值为 12.77℃，年度盐度平均值为 32.03；测得的年度最高水温和最低水温分别为 31.5℃和 1.3℃；测得的年度最高盐度和最低盐度分别为 32.5 和 31.2。以 2 月为冬季代表月，观测海域冬季的平均水温是 2.60℃，平均盐度是 32.38；以 5 月为春季代表月，观测海域春季的平均水温是 12.26℃；以 8 月为夏季代表月，观测海域夏季的平均水温是 27.87℃；以 11 月为秋季代表月，观测海域秋季的平均水温是 13.90℃，平均盐度是 31.84。

01 号浮标布放海域月度水温、盐度变化特征与该海域的气温和降水等因素密切相关。2018 年，浮标观测的月平均水温、盐度和最高值、最低值数据参见表 15。

2018 年，01 号浮标记录到 1 次寒潮过程和 2 次台风过程。寒潮的具体过程中，12 月 25—27 日，水温变化幅度为 2.2℃（2.4 ~ 4.6℃），盐度变化幅度为 0.3（32.2 ~ 32.5）。第一次台风过程，8 月 19—22 日，受第 18 号强热带风暴“温比亚”的影响，01 号浮标水温数据发生明显下降，8 月 21 日 07:30 达到最低值 23.7℃，降幅为 4.6℃。第二次台风过程，8 月 23—25 日，受第 19 号强台风“苏力”的影响，01 号浮标水温数据发生小幅度下降，8 月 23 日 09:30 达到最低值 23.6℃，降幅为 1.3℃。

表 15　01 号浮标各月份水温、盐度观测数据

月份	水温 / ℃			盐度			备注
	平均	最高	最低	平均	最高	最低	
1	5.25	6.9	1.8	32.39	32.5	32.0	
2	2.60	4.0	1.3	32.38	32.5	31.8	
3	3.28	5.8	1.9	32.28	32.5	31.2	缺测 7 天盐度数据
4	5.62	9.9	3.2	—	—	—	缺测盐度数据
5	12.26	18.6	7.6	—	—	—	缺测盐度数据
6	18.52	22.8	16.1	—	—	—	缺测盐度数据
7	23.57	30.1	19.3	—	—	—	缺测盐度数据
8	27.87	31.5	23.6	—	—	—	缺测盐度数据，记录 2 次台风
9	23.24	26.0	20.4	31.58	32.1	31.2	缺测 9 天盐度数据
10	18.45	21.4	15.5	31.70	32.0	31.2	
11	13.90	16.6	11.8	31.84	32.0	31.6	
12	9.80	12.1	7.7	31.97	32.1	31.4	记录 1 次寒潮

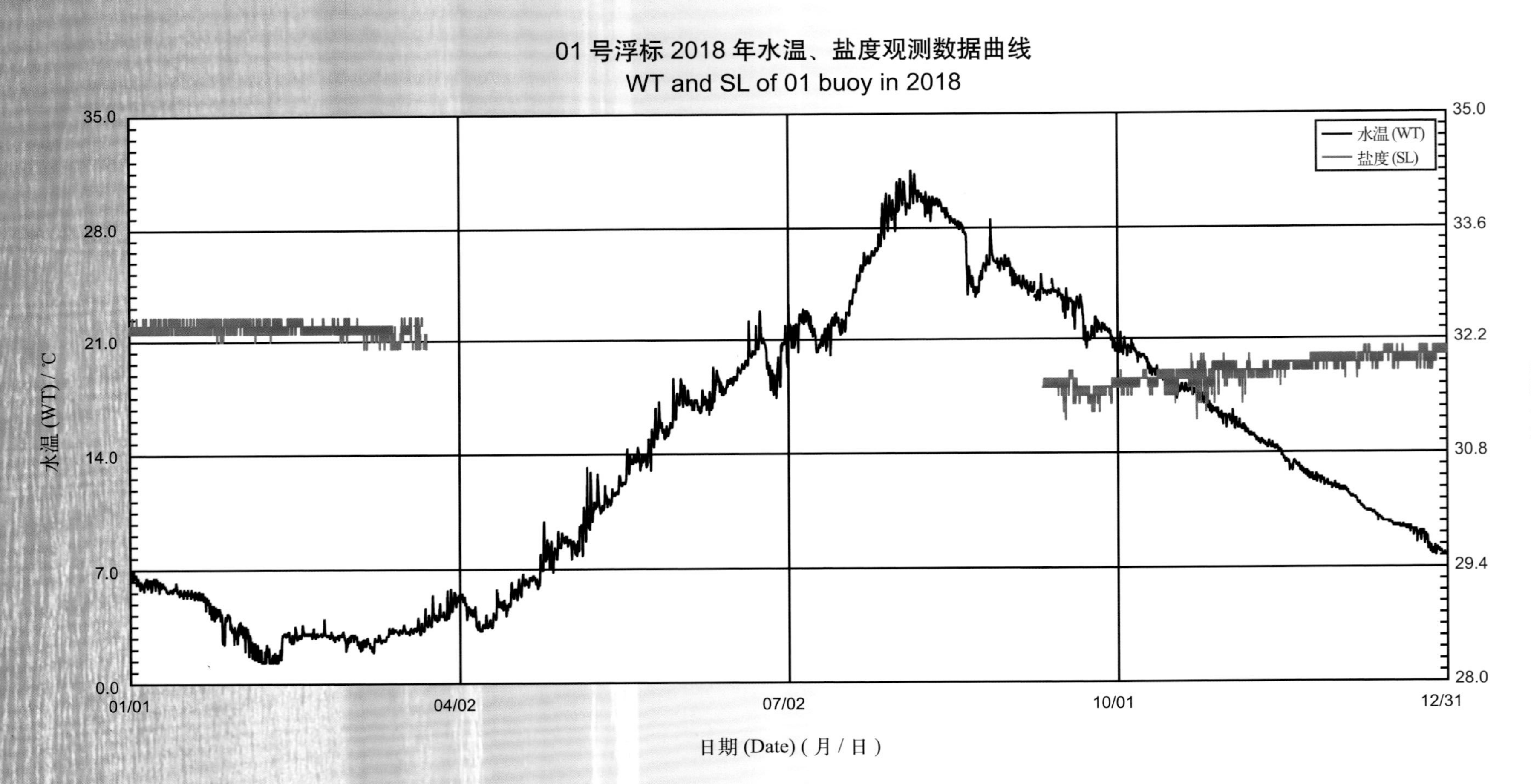
01 号浮标 2018 年水温、盐度观测数据曲线
WT and SL of 01 buoy in 2018
水温 (WT) / ℃
35.0
28.0
21.0
14.0
7.0
0.0
盐度 (SL)
35.0
33.6
32.2
30.8
29.4
28.0
01/01
04/02
07/02
10/01
12/31
日期 (Date) (月 / 日)
水温 (WT)
盐度 (SL)

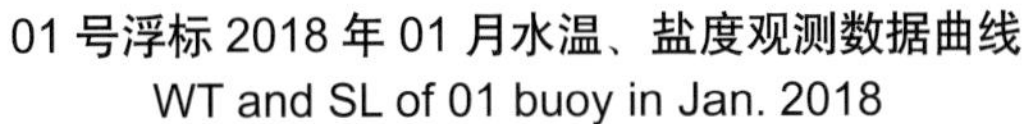
01 号浮标 2018 年 01 月水温、盐度观测数据曲线
WT and SL of 01 buoy in Jan. 2018

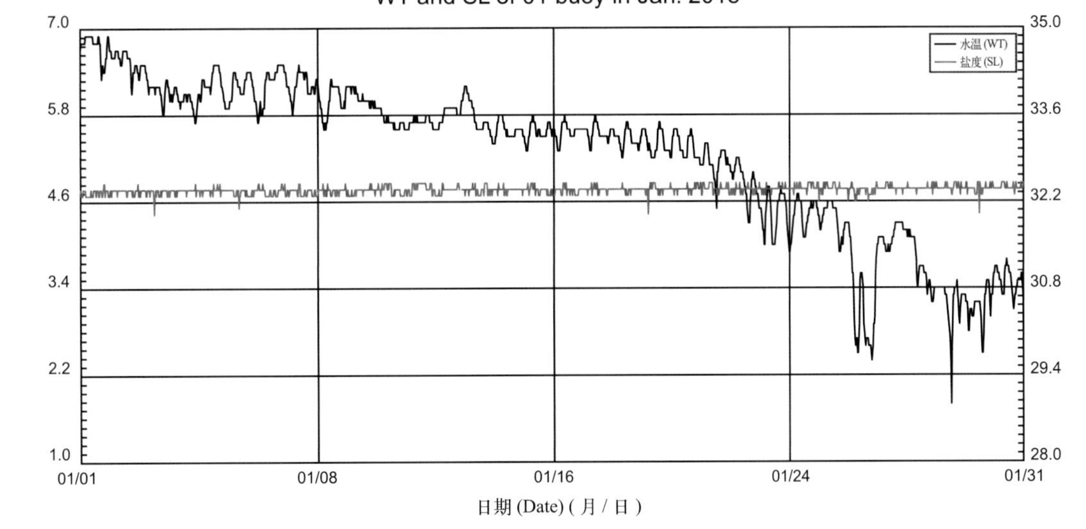

01 号浮标 2018 年 02 月水温、盐度观测数据曲线
WT and SL of 01 buoy in Feb. 2018

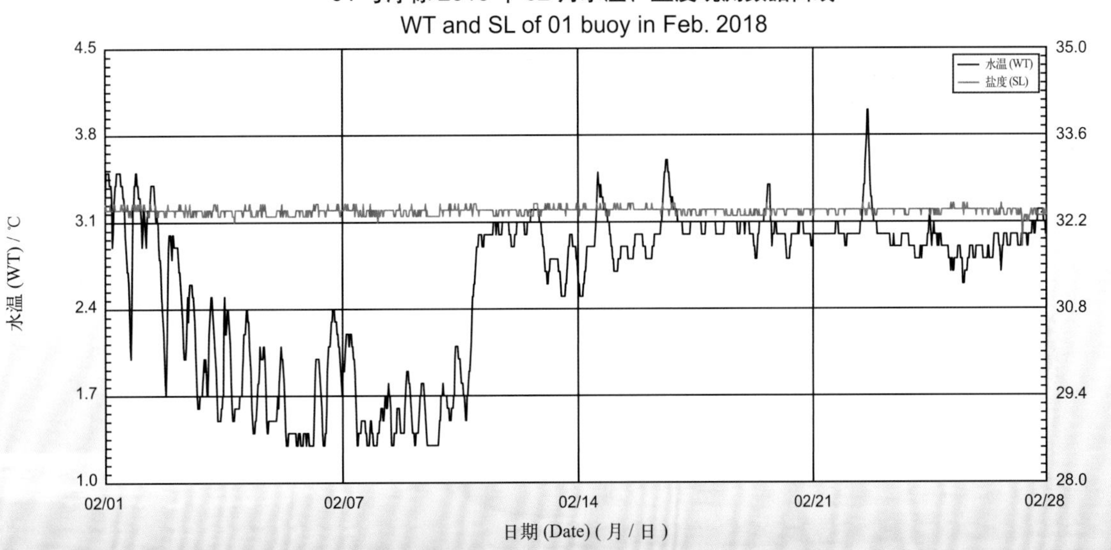

01 号浮标 2018 年 03 月水温、盐度观测数据曲线
WT and SL of 01 buoy in Mar. 2018

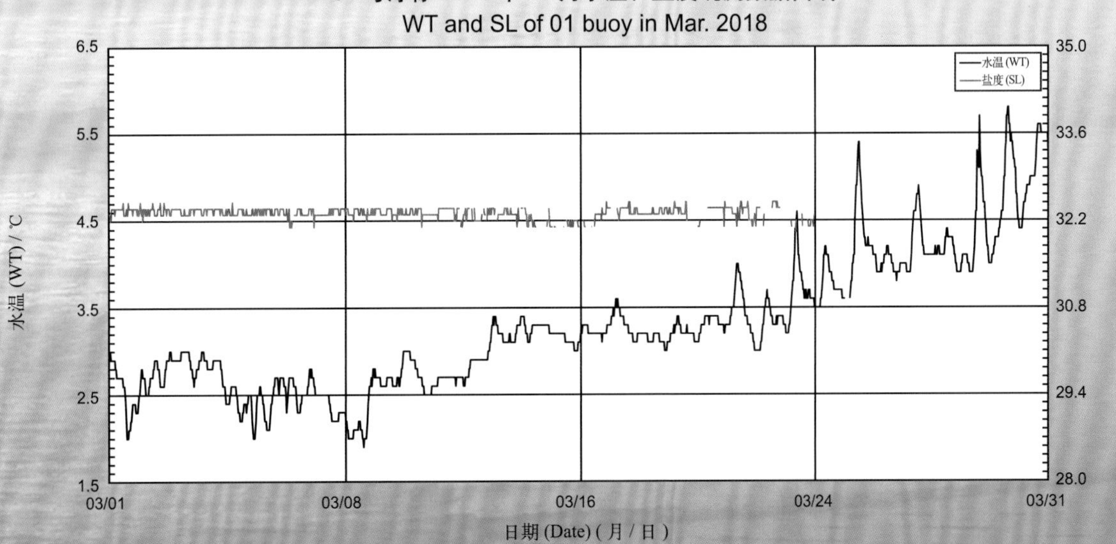

01 号浮标 2018 年 04 月水温观测数据曲线
WT of 01 buoy in Apr. 2018

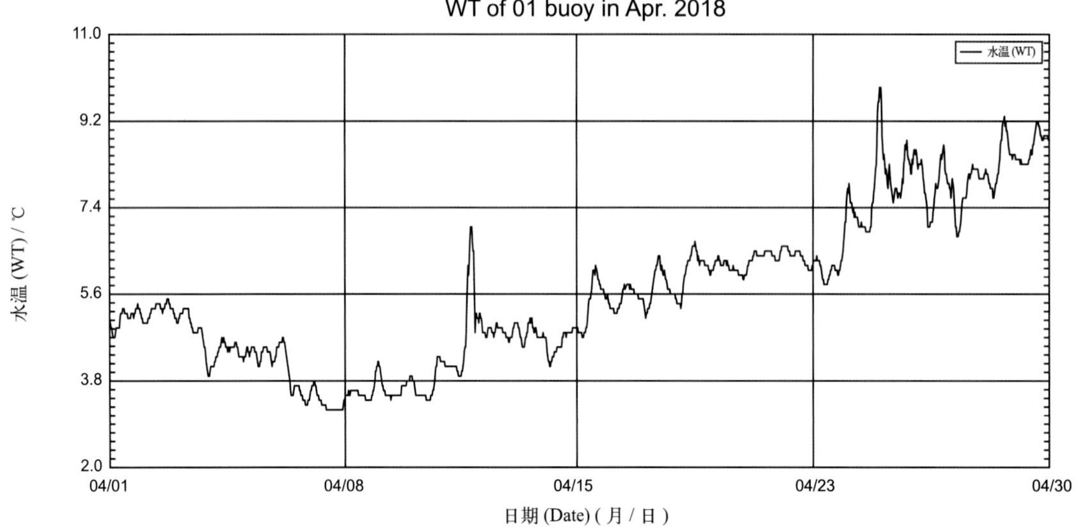

01 号浮标 2018 年 05 月水温观测数据曲线
WT of 01 buoy in May 2018

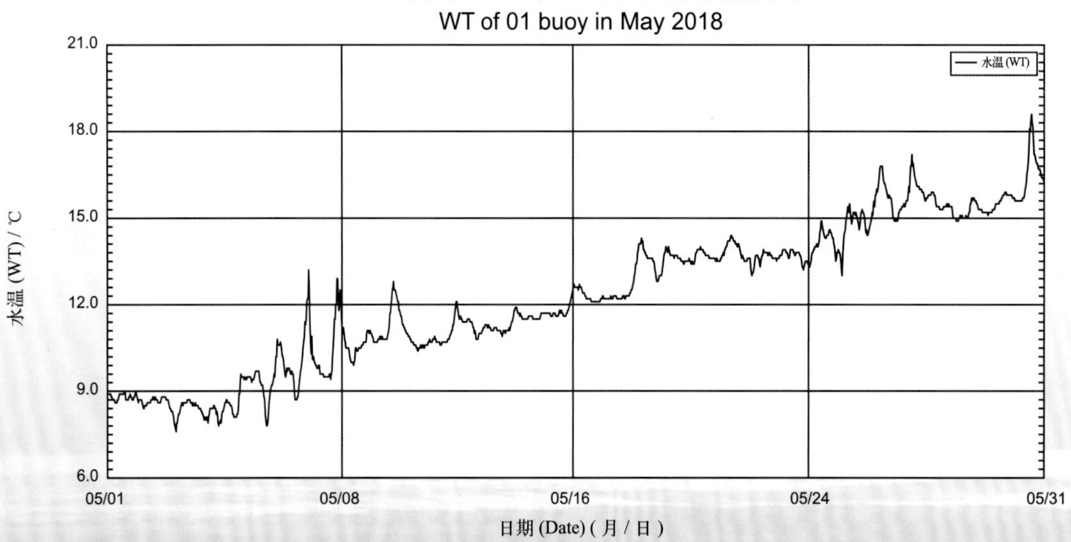

01 号浮标 2018 年 06 月水温观测数据曲线
WT of 01 buoy in Jun. 2018

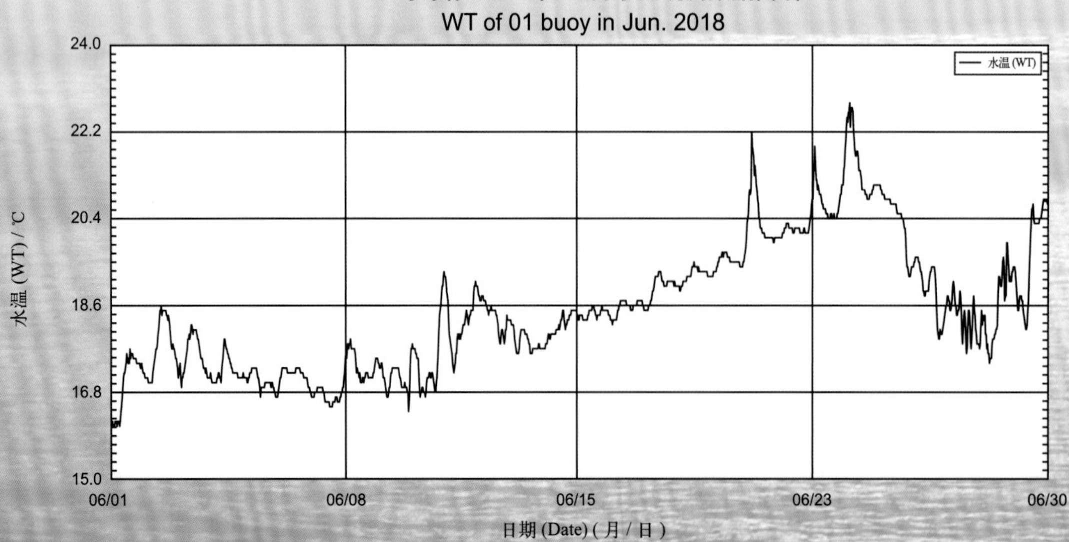

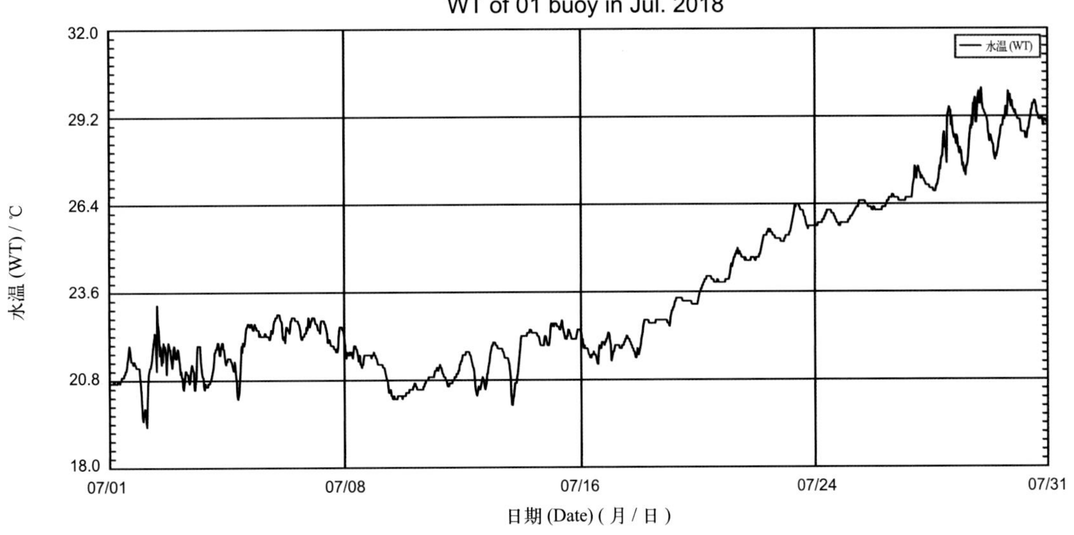
01 号浮标 2018 年 07 月水温观测数据曲线
WT of 01 buoy in Jul. 2018
水温 (WT)
32.0
29.2
26.4
23.6
20.8
18.0
水温 (WT) / ℃
07/01
07/08
07/16
07/24
07/31
日期 (Date) (月 / 日)

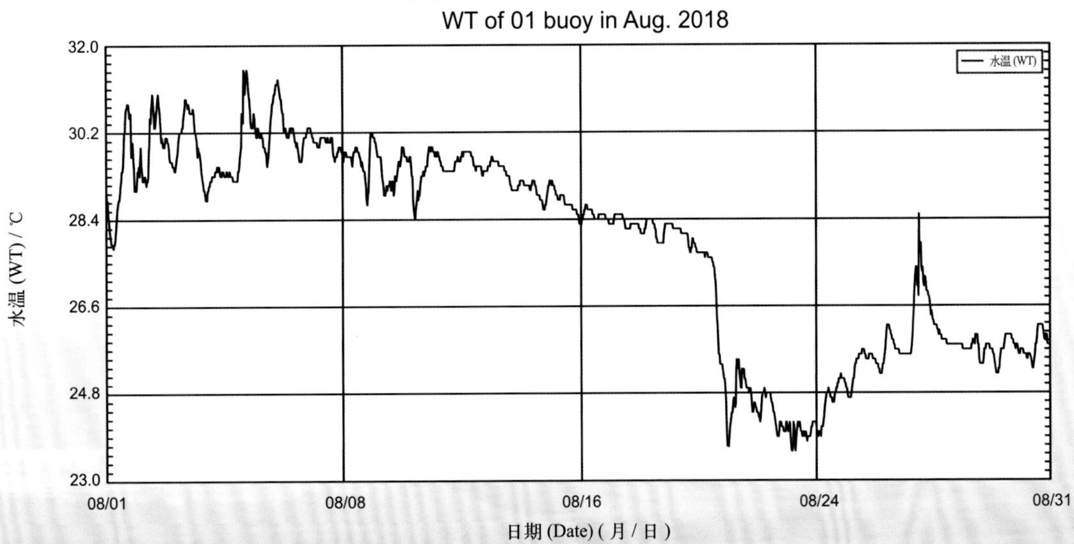
01 号浮标 2018 年 08 月水温观测数据曲线
WT of 01 buoy in Aug. 2018
水温 (WT)
32.0
30.2
28.4
26.6
24.8
23.0
水温 (WT) / ℃
08/01
08/08
08/16
08/24
08/31
日期 (Date) (月 / 日)

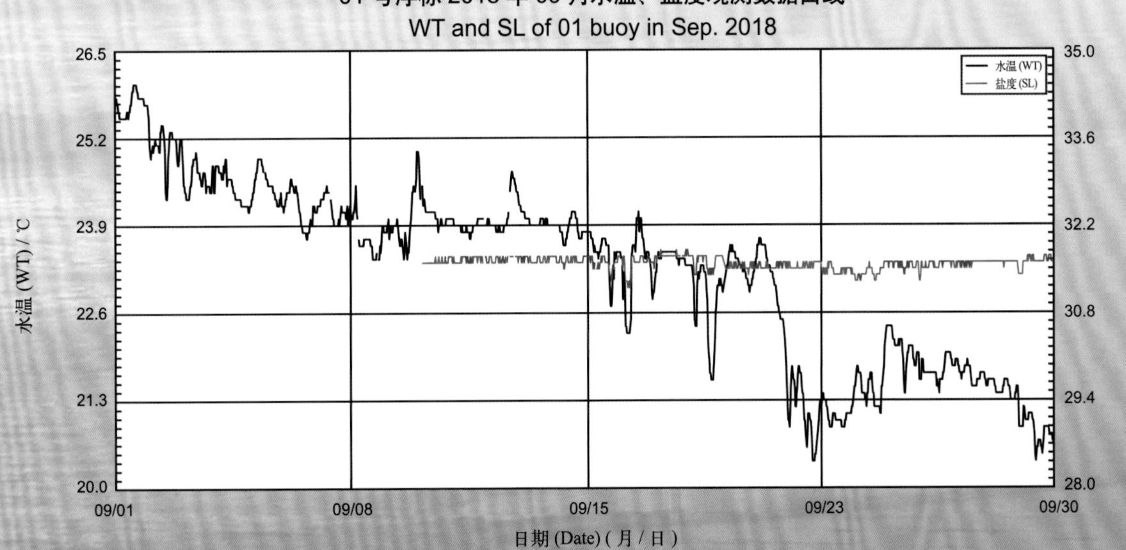
01 号浮标 2018 年 09 月水温、盐度观测数据曲线
WT and SL of 01 buoy in Sep. 2018
水温 (WT)
盐度 (SL)
26.5
25.2
23.9
22.6
21.3
20.0
水温 (WT) / ℃
35.0
33.6
32.2
30.8
29.4
28.0
盐度 (SL)
09/01
09/08
09/15
09/23
09/30
日期 (Date) (月 / 日)

01 号浮标 2018 年 10 月水温、盐度观测数据曲线
WT and SL of 01 buoy in Oct. 2018

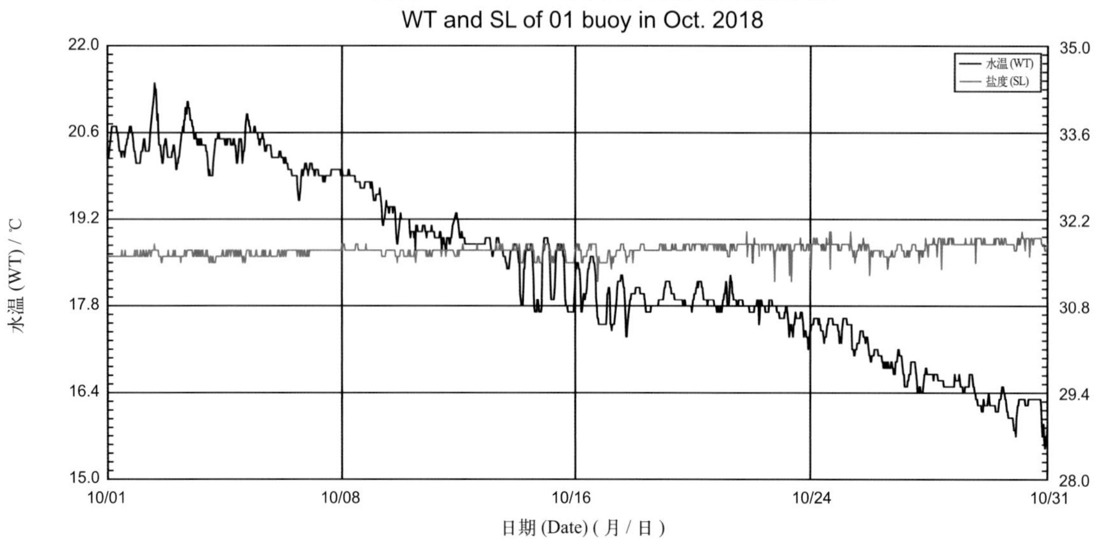

01 号浮标 2018 年 11 月水温、盐度观测数据曲线
WT and SL of 01 buoy in Nov. 2018

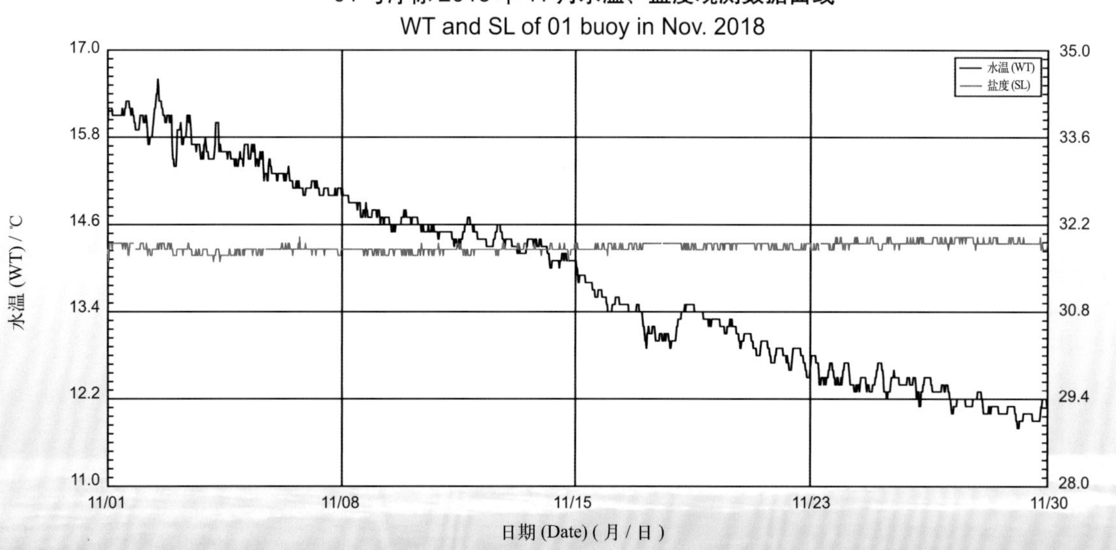

01 号浮标 2018 年 12 月水温、盐度观测数据曲线
WT and SL of 01 buoy in Dec. 2018

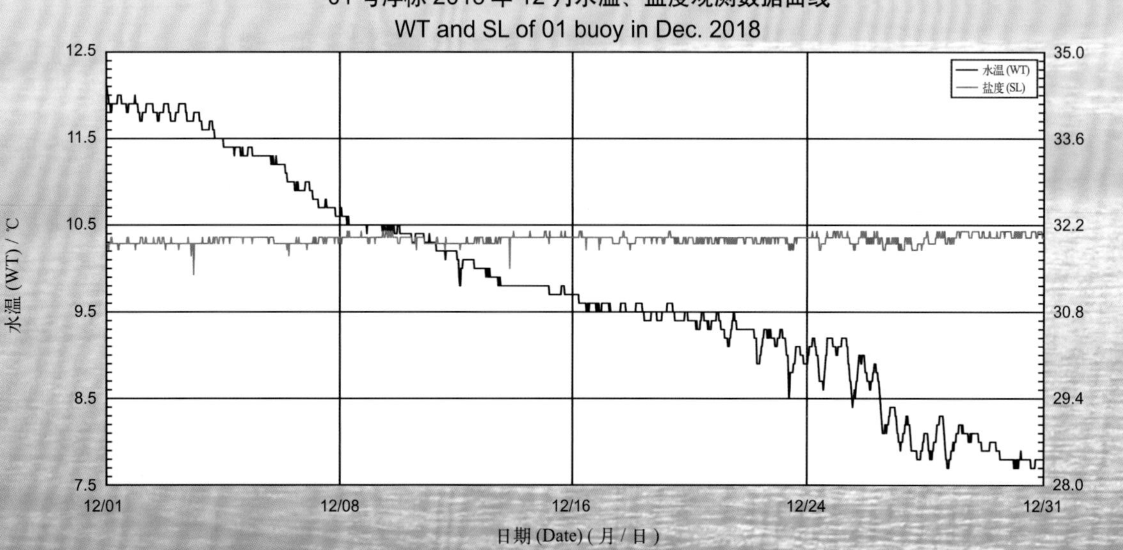

2018 年度 09 号浮标观测数据概述及曲线（水温和盐度）

2018 年， 09 号浮标共获取 365 天的水温长序列观测数据和 295 天的盐度长序列观测数据。获取盐度数据的主要区间共两个时间段，具体为 1 月 1 日 00:00 至 8 月 22 日 04:10 和 11 月 1 日 10:40 至 12 月 31 日 23:50。通过对获取数据质量控制和分析，09 号浮标观测海域 2018 年度水温、盐度数据和季节数据特征如下。

年度水温平均值为 14.33℃，年度盐度平均值为 31.35；测得的年度最高水温和最低水温分别为 30.5℃和 3.0℃；测得的年度最高盐度和最低盐度分别为 31.9 和 29.4。以 2 月为冬季代表月，观测海域冬季的平均水温是 3.63℃，平均盐度是 31.46；以 5 月为春季代表月，观测海域春季的平均水温是 13.70℃，平均盐度是 31.39；以 8 月为夏季代表月，观测海域夏季的平均水温是 27.49℃，平均盐度是 31.02；以 11 月为秋季代表月，观测海域秋季的平均水温是 16.16℃，平均盐度是 31.49。

09 号浮标布放海域月度水温、盐度变化特征与该海域的气温和降水等因素密切相关。2018 年，浮标观测的月平均水温、盐度和最高值、最低值数据参见表 16。

2018 年，09 号浮标记录到 4 次台风过程。第一次台风过程，7 月 22—25 日，受第 10 号强热带风暴“安比”的影响，09 号浮标水温数据发生下降，7 月 25 日 08:00 达到最低值 24.8℃，降幅为 1.8℃；盐度初期变化不大，只在台风影响末期发生了明显下降后又迅速回升，7 月 25 日 23:10 达到最低值 29.9，降幅为 1.0。第二次台风过程，8 月 19—21 日，受第 18 号强热带风暴“温比亚”的影响，09 号浮标水温数据发生小幅度下降，8 月 19 日 17:00 达到最低值 26.1℃，降幅为 1.1℃；台风期间盐度比较稳定。第三次台风过程，8 月 22—25 日，受第 19 号强台风“苏力”的影响，09 号浮标水温数据发生小幅度下降，8 月 25 日 03:00 达到最低值 26.5℃，降幅为 1.1℃。第四次台风过程，10 月 4—7 日，受第 25 号超强台风“康妮”的影响，09 号浮标水温数据发生小幅度下降，10 月 7 日 08:40 达到最低值 22.5℃，降幅为 1.4℃。

表16　09号浮标各月份水温、盐度观测数据

月份	水温 / ℃			盐度			备注
	平均	最高	最低	平均	最高	最低	
1	5.85	8.2	3.3	31.56	31.9	31.1	
2	3.63	4.9	3.0	31.46	31.7	31.3	
3	5.33	9.4	4.2	31.50	31.7	31.3	
4	8.84	12.4	6.9	31.58	31.7	30.9	
5	13.70	20.3	10.7	31.39	31.7	30.0	
6	18.46	22.9	15.0	31.15	31.7	30.0	
7	24.15	28.9	19.5	30.64	31.1	29.4	记录1次台风
8	27.49	30.5	25.0	31.02	31.2	30.2	缺测9天盐度数据，记录2次台风
9	25.14	28.1	23.6	—	—	—	缺测盐度数据
10	21.08	23.9	18.1	—	—	—	缺测盐度数据，记录1次台风
11	16.16	18.9	13.9	31.49	31.7	31.2	
12	10.81	14.6	7.1	31.61	31.8	31.2	

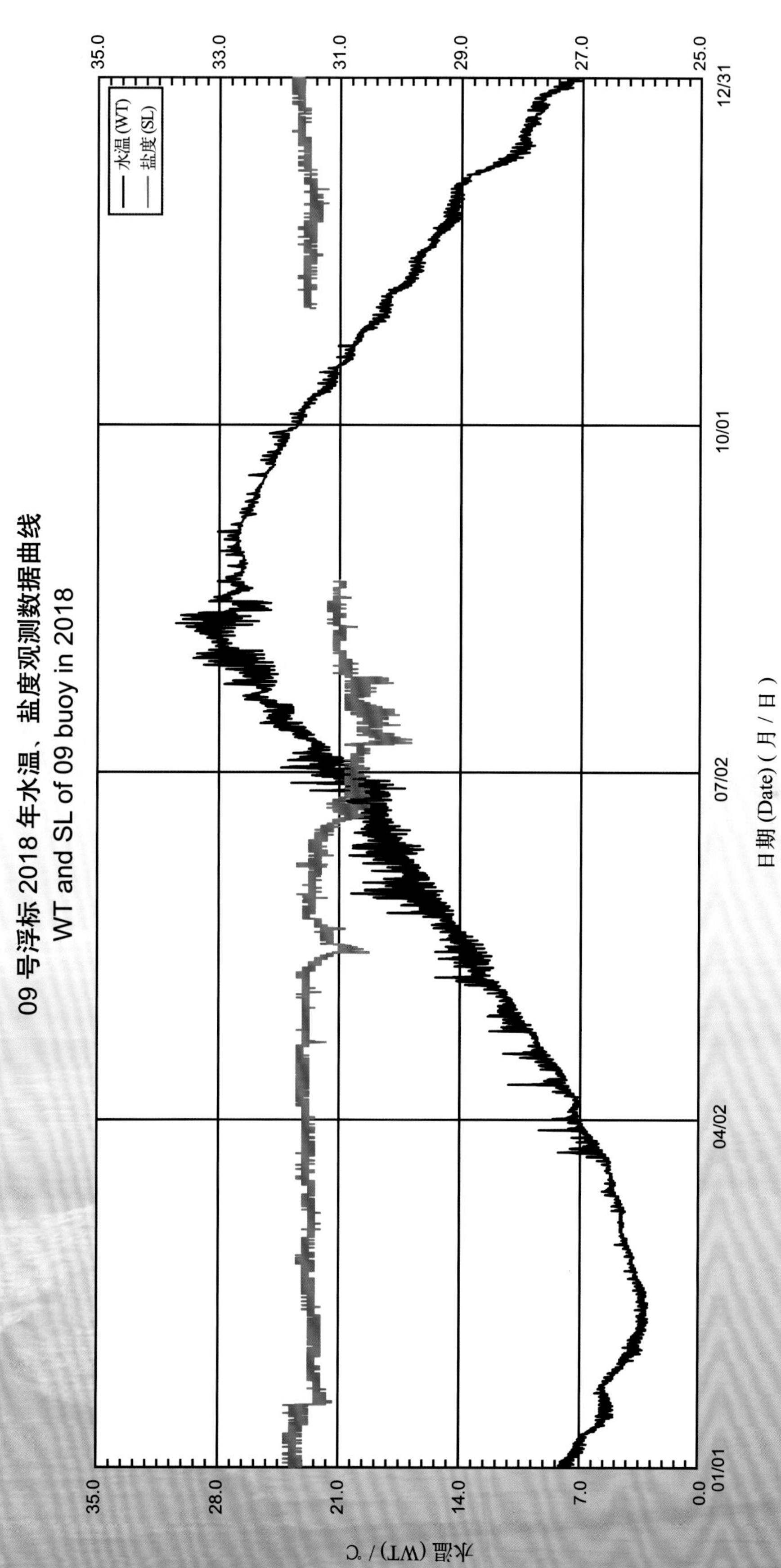
09 号浮标 2018 年水温、盐度观测数据曲线
WT and SL of 09 buoy in 2018
水温 (WT) / ℃
盐度 (SL)
日期 (Date) (月 / 日)
水温 (WT)
盐度 (SL)
0.0
7.0
14.0
21.0
28.0
35.0
25.0
27.0
29.0
31.0
33.0
35.0
01/01
04/02
07/02
10/01
12/31

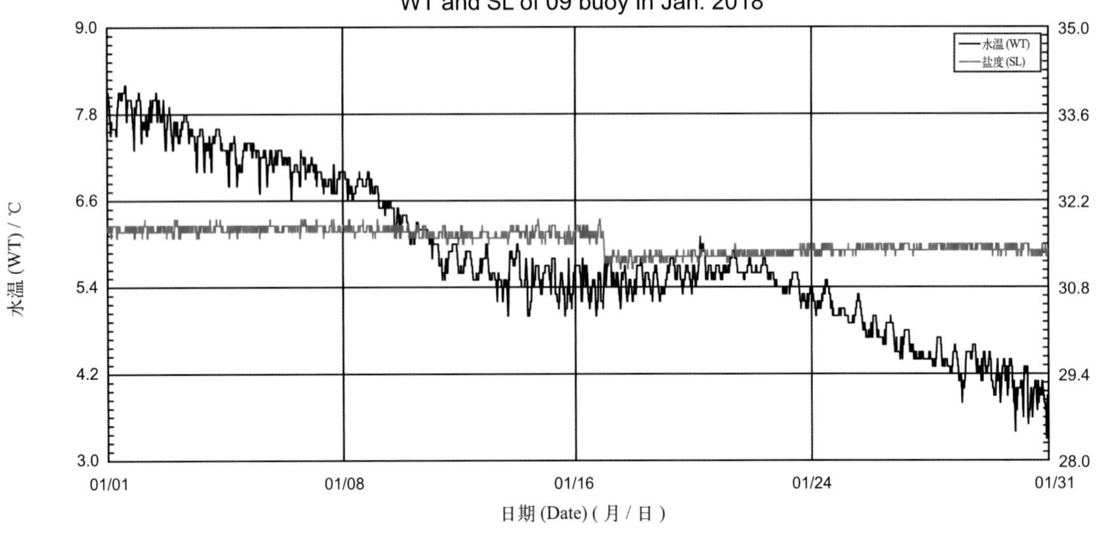
09 号浮标 2018 年 01 月水温、盐度观测数据曲线
WT and SL of 09 buoy in Jan. 2018
水温 (WT)
盐度 (SL)
9.0
7.8
6.6
5.4
4.2
3.0
35.0
33.6
32.2
30.8
29.4
28.0
水温 (WT) / ℃
盐度 (SL)
01/01
01/08
01/16
01/24
01/31
日期 (Date) (月 / 日)

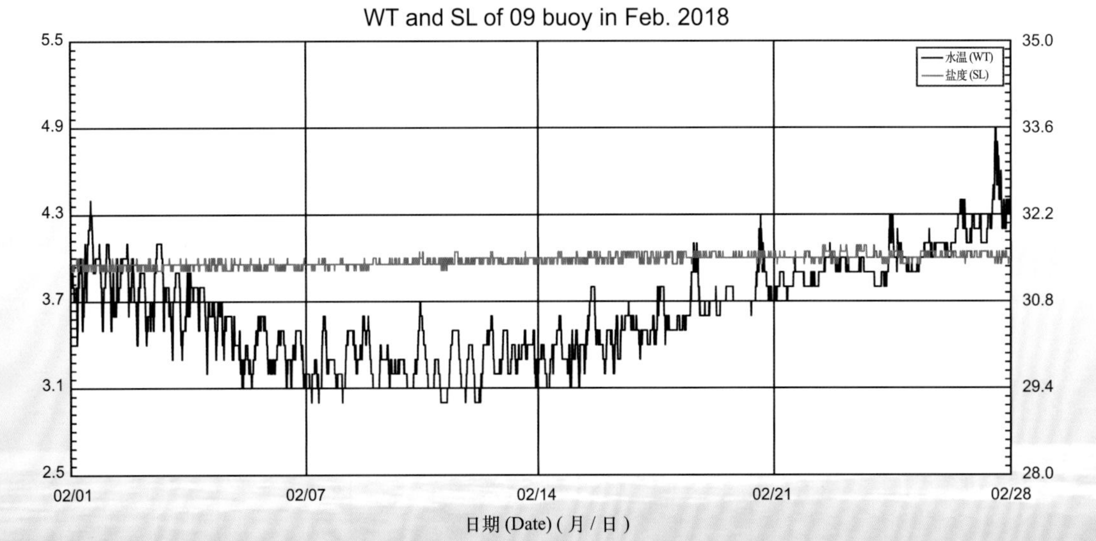
09 号浮标 2018 年 02 月水温、盐度观测数据曲线
WT and SL of 09 buoy in Feb. 2018
水温 (WT)
盐度 (SL)
5.5
4.9
4.3
3.7
3.1
2.5
35.0
33.6
32.2
30.8
29.4
28.0
水温 (WT) / ℃
盐度 (SL)
02/01
02/07
02/14
02/21
02/28
日期 (Date) (月 / 日)

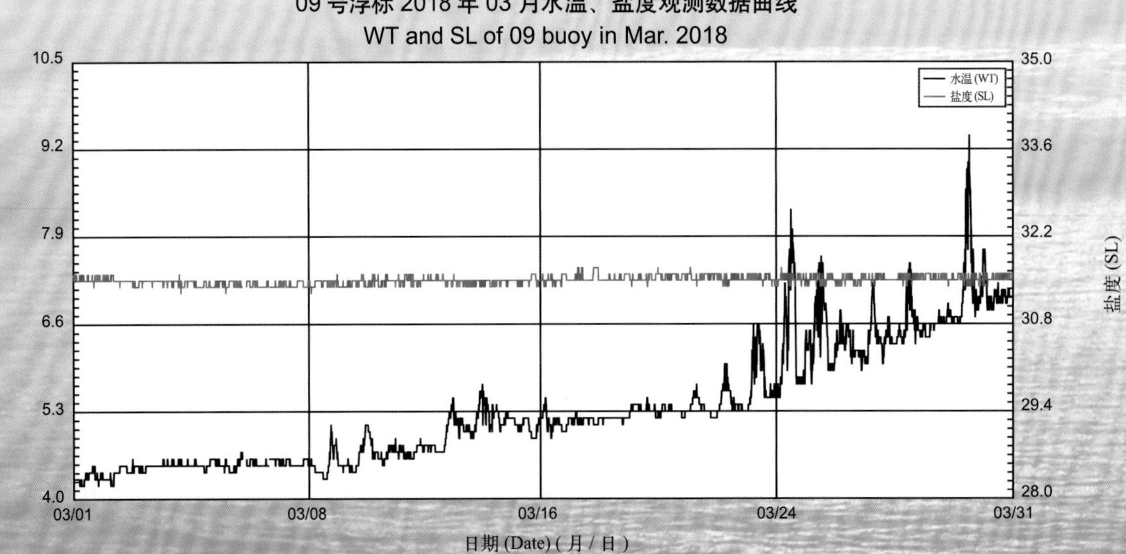
09 号浮标 2018 年 03 月水温、盐度观测数据曲线
WT and SL of 09 buoy in Mar. 2018
水温 (WT)
盐度 (SL)
10.5
9.2
7.9
6.6
5.3
4.0
35.0
33.6
32.2
30.8
29.4
28.0
水温 (WT) / ℃
盐度 (SL)
03/01
03/08
03/16
03/24
03/31
日期 (Date) (月 / 日)

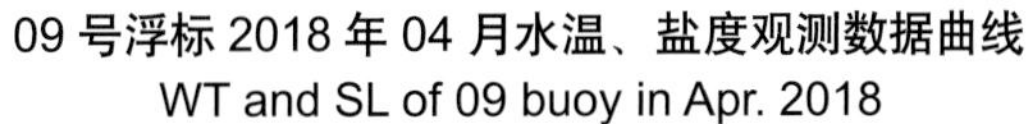

09 号浮标 2018 年 04 月水温、盐度观测数据曲线

WT and SL of 09 buoy in Apr. 2018

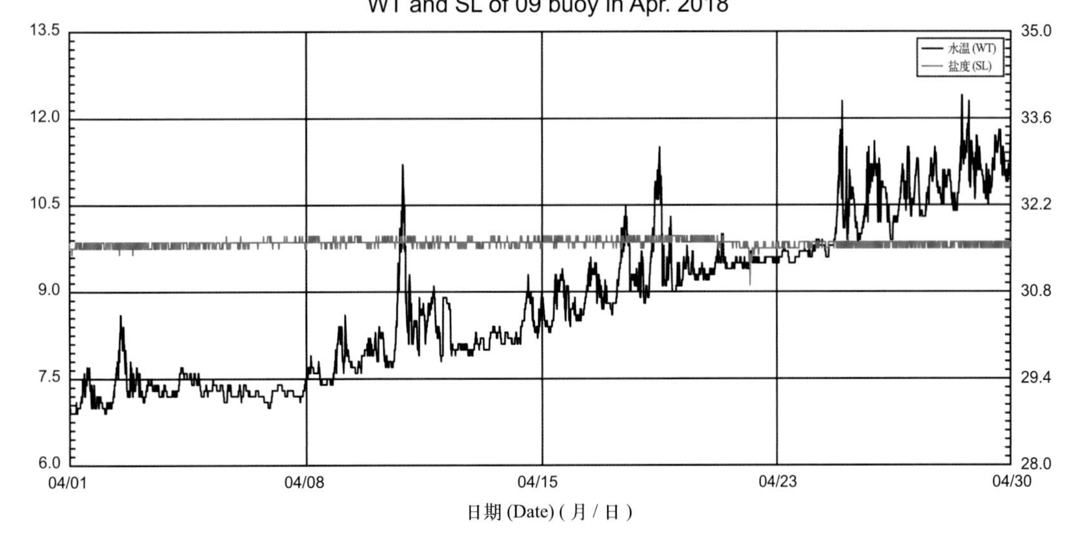

09 号浮标 2018 年 05 月水温、盐度观测数据曲线

WT and SL of 09 buoy in May 2018

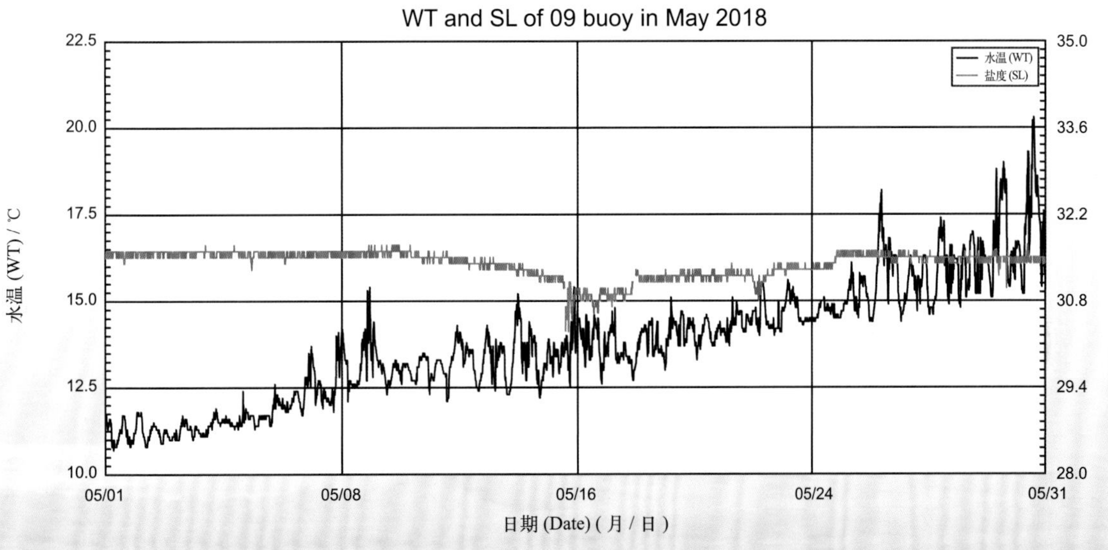

09 号浮标 2018 年 06 月水温、盐度观测数据曲线

WT and SL of 09 buoy in Jun. 2018

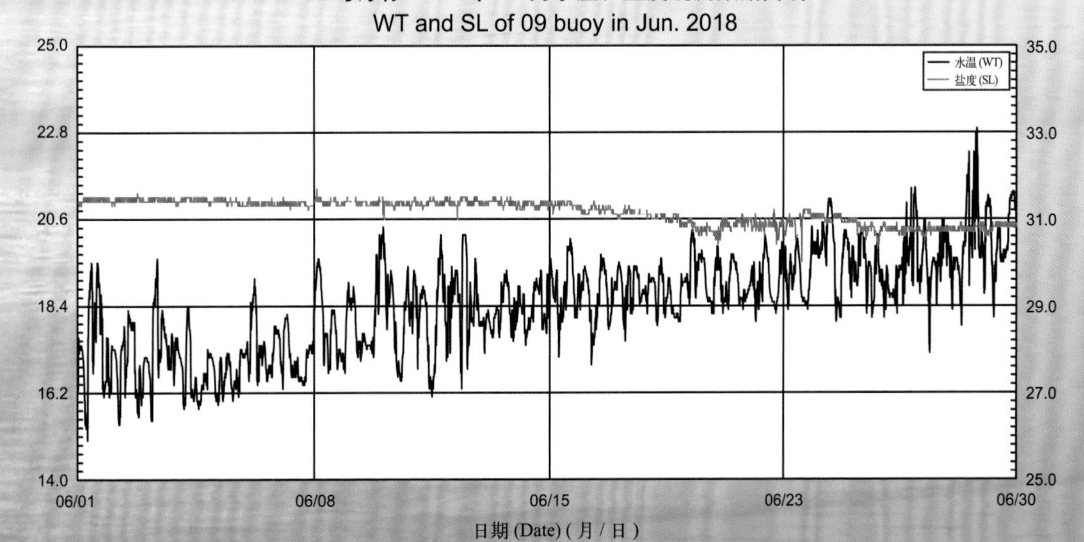

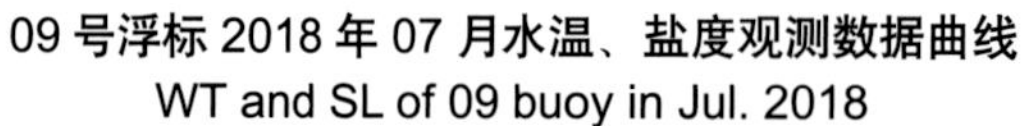

09 号浮标 2018 年 07 月水温、盐度观测数据曲线
WT and SL of 09 buoy in Jul. 2018

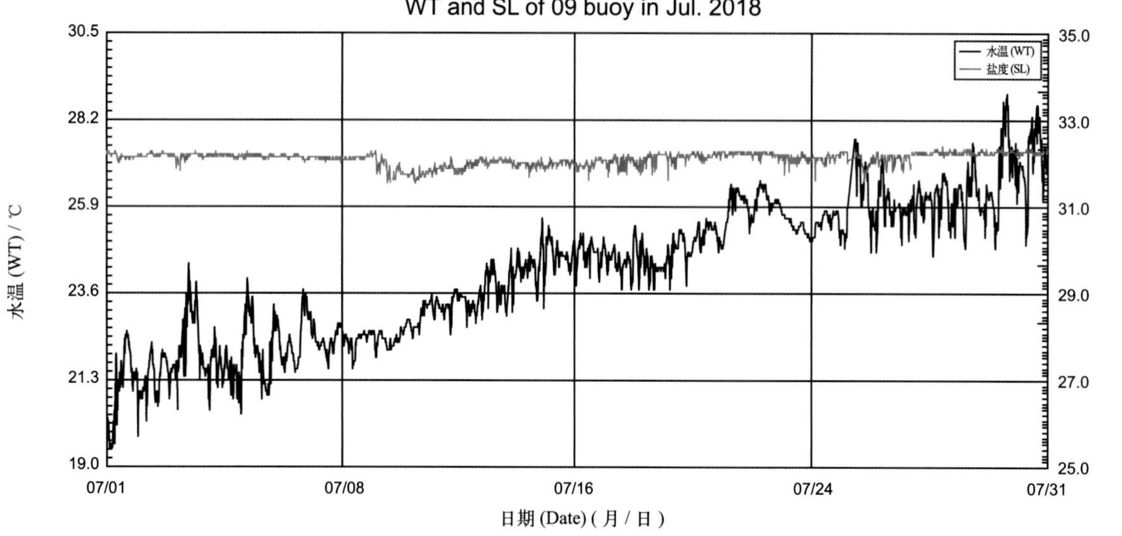

09 号浮标 2018 年 08 月水温、盐度观测数据曲线
WT and SL of 09 buoy in Aug. 2018

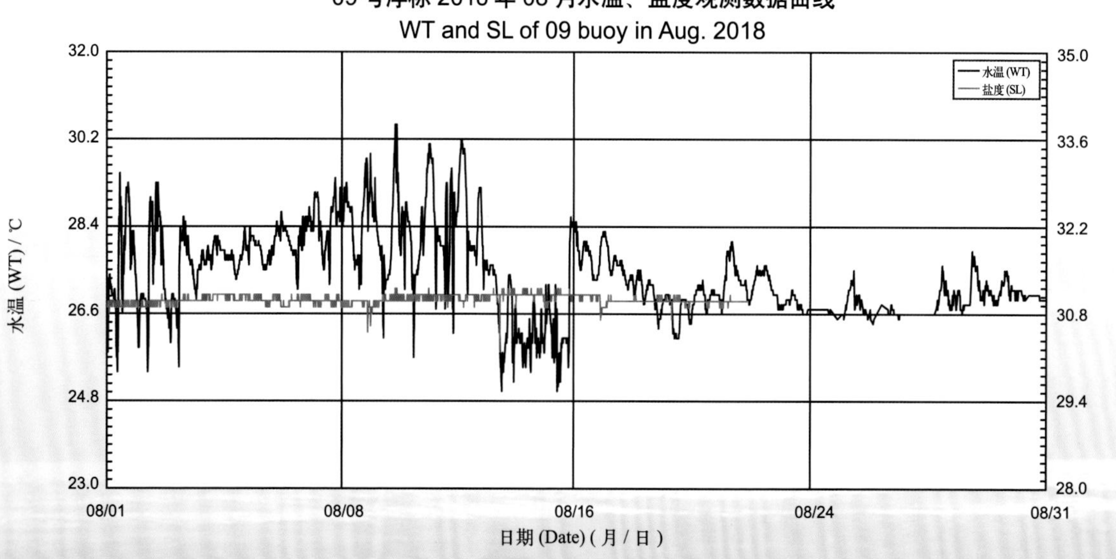

09 号浮标 2018 年 09 月水温观测数据曲线
WT of 09 buoy in Sep. 2018

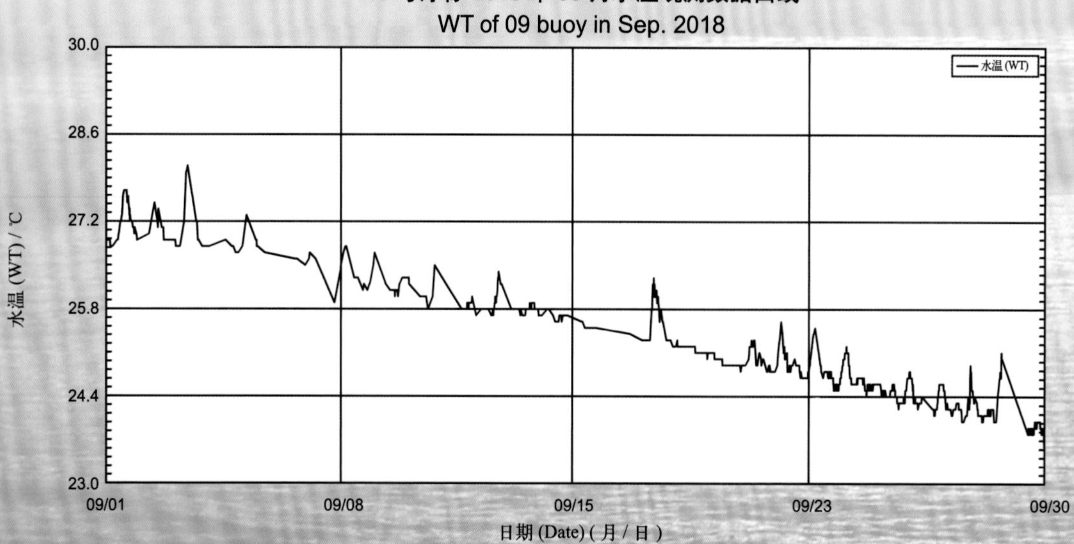

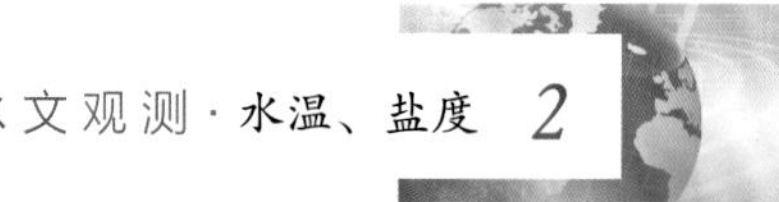

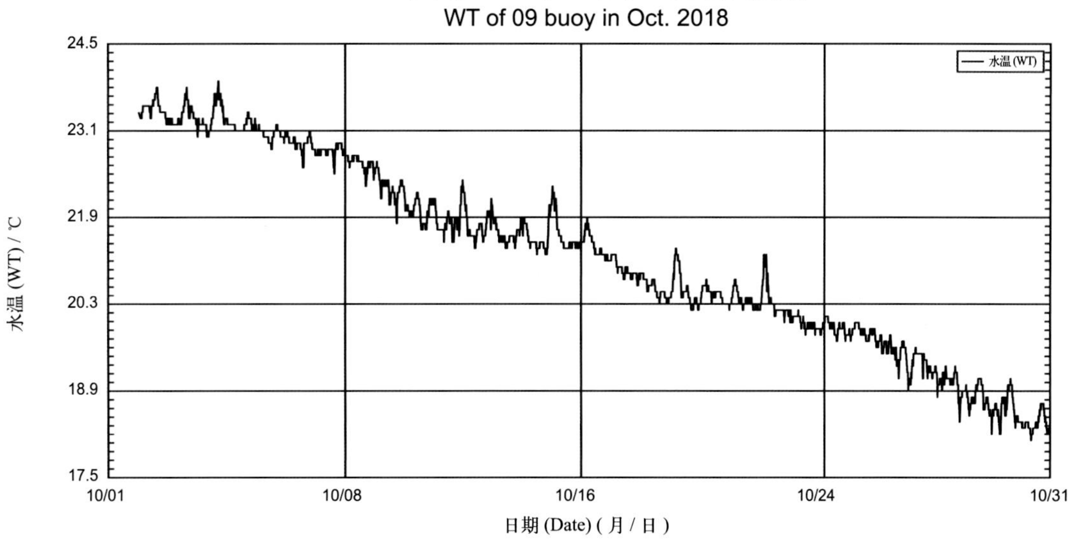
09 号浮标 2018 年 10 月水温观测数据曲线
WT of 09 buoy in Oct. 2018
水温 (WT)
24.5
23.1
21.9
20.3
18.9
17.5
水温 (WT) / ℃
10/01
10/08
10/16
10/24
10/31
日期 (Date) (月 / 日)

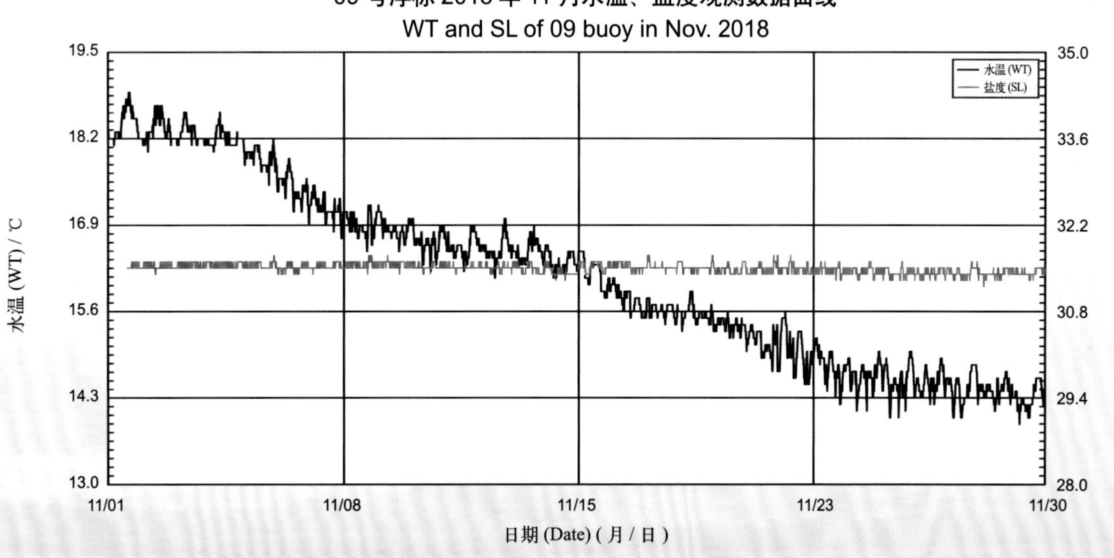
09 号浮标 2018 年 11 月水温、盐度观测数据曲线
WT and SL of 09 buoy in Nov. 2018
水温 (WT)
盐度 (SL)
19.5
18.2
16.9
15.6
14.3
13.0
水温 (WT) / ℃
35.0
33.6
32.2
30.8
29.4
28.0
盐度 (SL)
11/01
11/08
11/15
11/23
11/30
日期 (Date) (月 / 日)

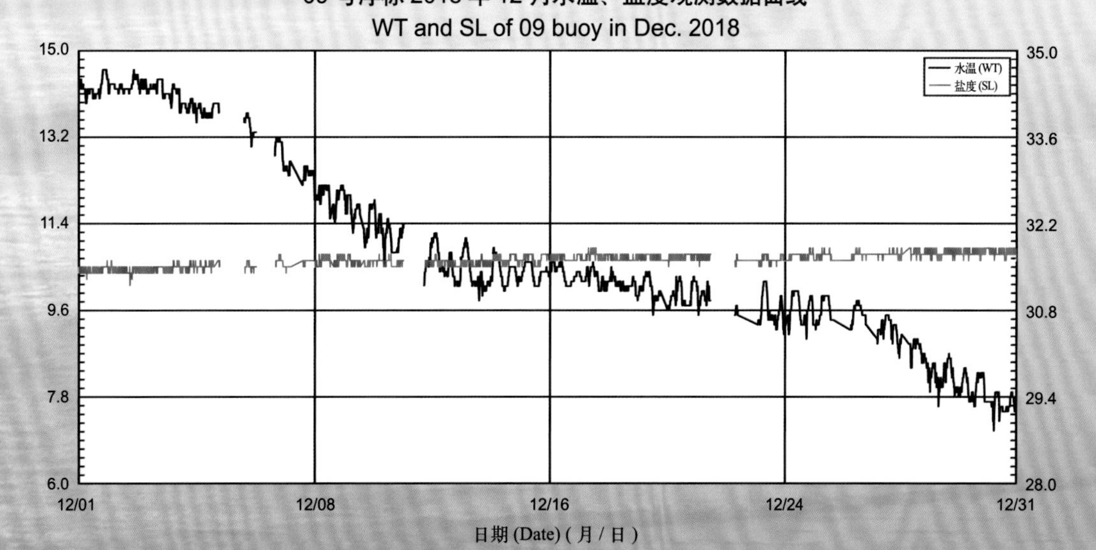
09 号浮标 2018 年 12 月水温、盐度观测数据曲线
WT and SL of 09 buoy in Dec. 2018
水温 (WT)
盐度 (SL)
15.0
13.2
11.4
9.6
7.8
6.0
水温 (WT) / ℃
35.0
33.6
32.2
30.8
29.4
28.0
盐度 (SL)
12/01
12/08
12/16
12/24
12/31
日期 (Date) (月 / 日)

2018年度17号浮标观测数据概述及曲线
（水温和盐度）

2018年，17号浮标共获取337天的水温长序列观测数据和306天的盐度长序列观测数据。获取水温数据的主要区间共两个时间段，具体为1月1日00:00至10月17日11:50和11月15日10:00至12月31日23:50。获取盐度数据的主要区间共两个时间段，具体为2月1日11:40至10月17日11:50和11月15日10:00至12月31日23:50。通过对获取数据质量控制和分析，17号浮标观测海域2018年度水温、盐度数据和季节数据特征如下。

年度水温平均值为15.18℃，年度盐度平均值为31.92；测得的年度最高水温和最低水温分别为32.5℃和3.0℃；测得的年度最高盐度和最低盐度分别为32.6和28.1。以2月为冬季代表月，观测海域冬季的平均水温是3.77℃，平均盐度是32.29；以5月为春季代表月，观测海域春季的平均水温是14.61℃，平均盐度是32.38；以8月为夏季代表月，观测海域夏季的平均水温是28.58℃，平均盐度是31.44；以11月为秋季代表月，观测海域秋季的平均水温是16.13℃，平均盐度是32.17。

17号浮标布放海域月度水温、盐度变化特征与该海域的气温和降水等因素密切相关。2018年，浮标观测的月平均水温、盐度和最高值、最低值数据参见表17。

2018年，17号浮标记录到1次寒潮过程和4次台风过程。寒潮的具体过程中，1月22—26日，水温变化幅度为1.3℃（4.4 ~ 5.7℃），盐度变化幅度为0.2（28.3 ~ 28.5）。第一次台风过程，7月22—25日，受第10号强热带风暴“安比”的影响，17号浮标水温数据发生下降，7月24日03:50达到最低值21.8℃，降幅为4.8℃；盐度有所上升，7月25日10:10达到最高值31.7，升幅为0.6。第二次台风过程，8月19—21日，受第18号强热带风暴“温比亚”的影响，09号浮标水温数据发生小幅度下降，8月20日17:40达到最低值26.7℃，降幅为1.6℃；台风期间盐度比较稳定。第三次台风过程，8月22—25日，受第19号强台风“苏力”的影响，09号浮标水温数据发生小幅度下降，8月23日03:00达到最低值27.1℃，降幅为2.2℃；台风期间盐度比较稳定。第四次台风过程，10月4—7日，受第25号超强台风“康妮”的影响，09号浮标水温数据发生小幅度下降，10月7日05:50达到最低值22.1℃，降幅为0.8℃。

表 17　17 号浮标各月份水温、盐度观测数据

月份	水温 / ℃			盐度			备注
	平均	最高	最低	平均	最高	最低	
1	5.94	8.9	4.1	—	—	—	记录 1 次寒潮，缺测盐度数据
2	3.77	5.6	3.0	32.29	32.6	32.1	
3	5.40	9.0	4.0	32.49	32.6	32.2	
4	8.52	13.8	6.2	32.46	32.6	32.3	
5	14.61	20.0	11.3	32.38	32.6	31.7	
6	19.58	24.8	14.9	31.43	32.4	30.0	
7	24.90	32.3	21.3	30.74	31.7	28.5	记录 1 次台风
8	28.58	32.5	26.7	31.44	31.7	30.7	记录 2 次台风
9	25.34	28.3	23.0	31.57	31.8	30.6	
10	22.01	23.2	21.0	31.81	32.0	31.4	缺测 14 天数据，记录 1 次台风
11	16.13	17.6	15.0	32.17	32.4	31.9	缺测 14 天数据
12	11.60	15.2	6.8	32.32	32.5	31.6	

17 号浮标 2018 年水温、盐度观测数据曲线
WT and SL of 17 buoy in 2018

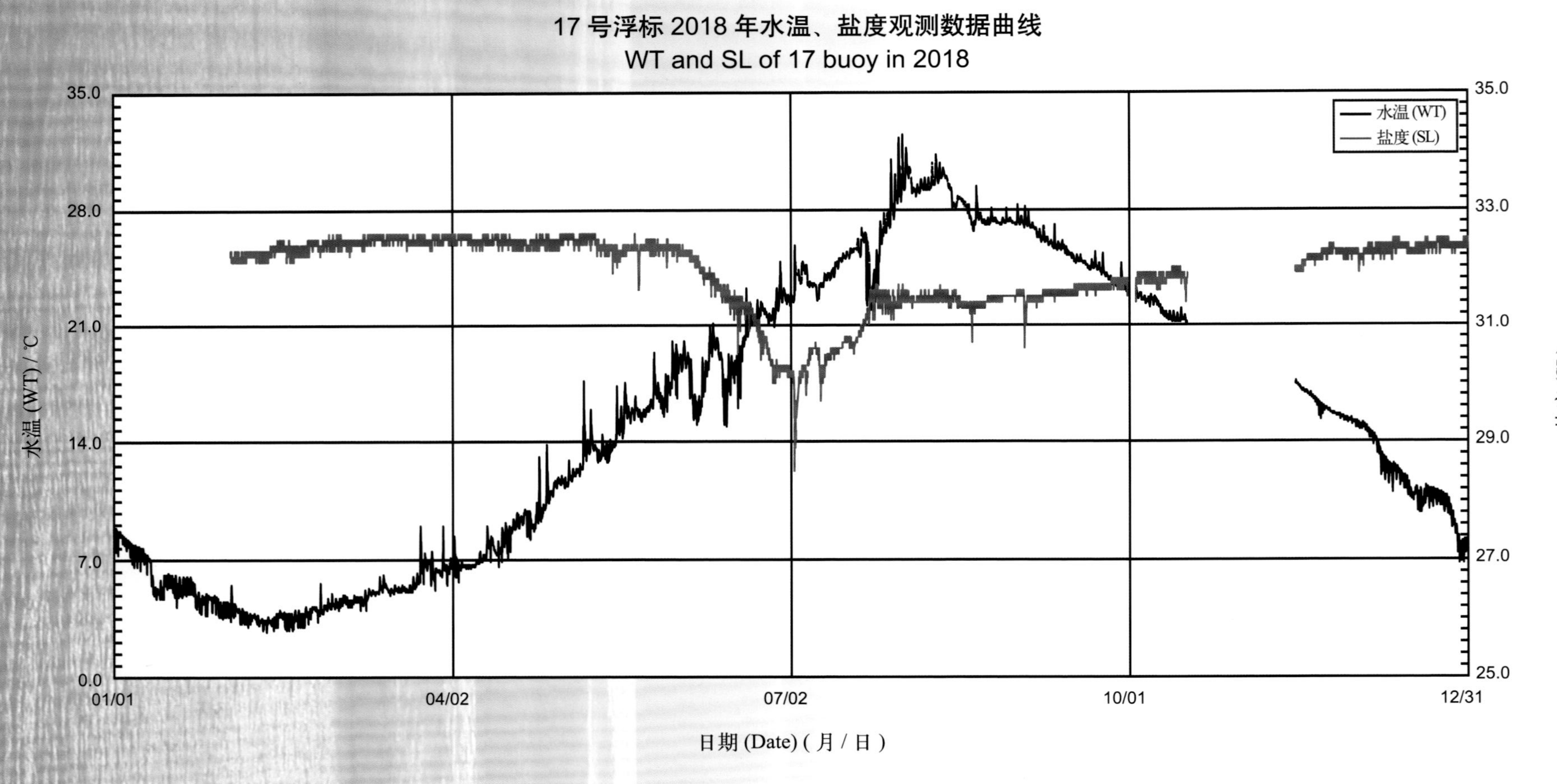

17 号浮标 2018 年 01 月水温观测数据曲线
WT of 17 buoy in Jan. 2018

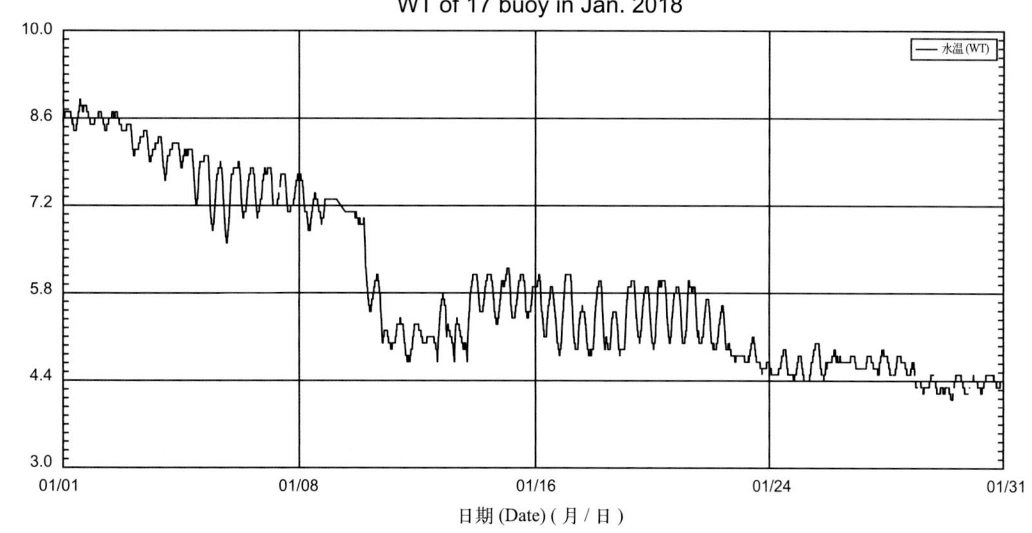

17 号浮标 2018 年 02 月水温、盐度观测数据曲线
WT and SL of 17 buoy in Feb. 2018

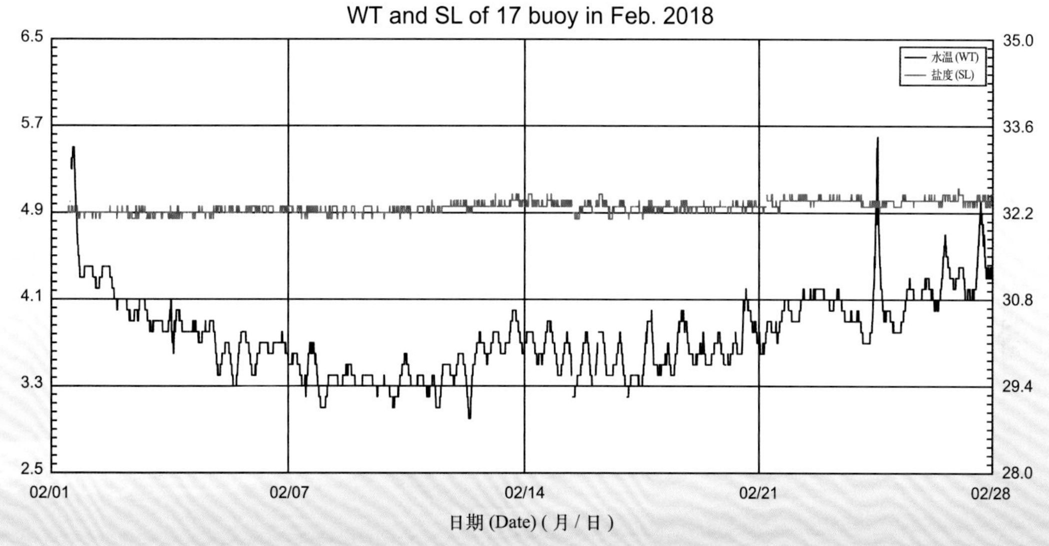

17 号浮标 2018 年 03 月水温、盐度观测数据曲线
WT and SL of 17 buoy in Mar. 2018

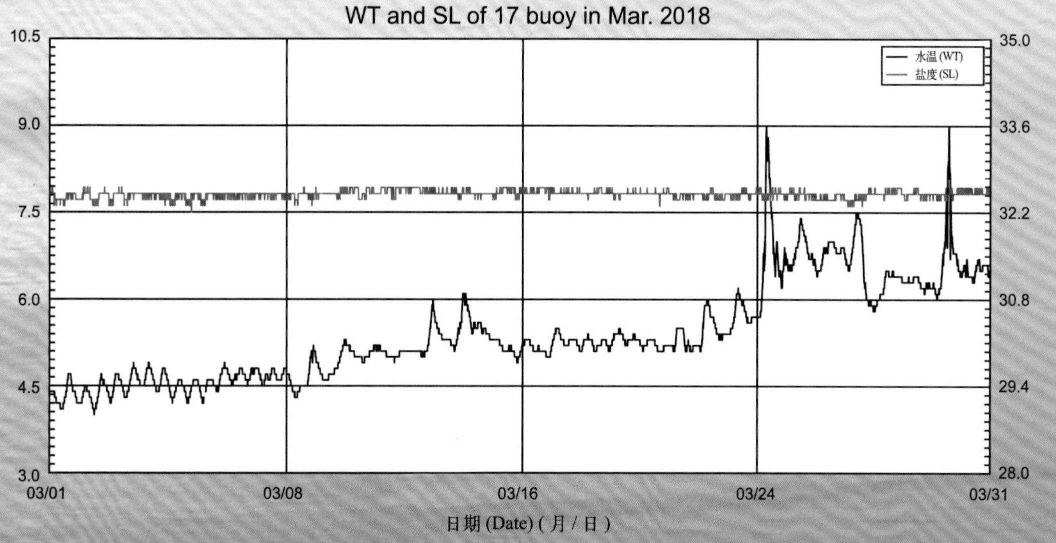

17 号浮标 2018 年 04 月水温、盐度观测数据曲线
WT and SL of 17 buoy in Apr. 2018

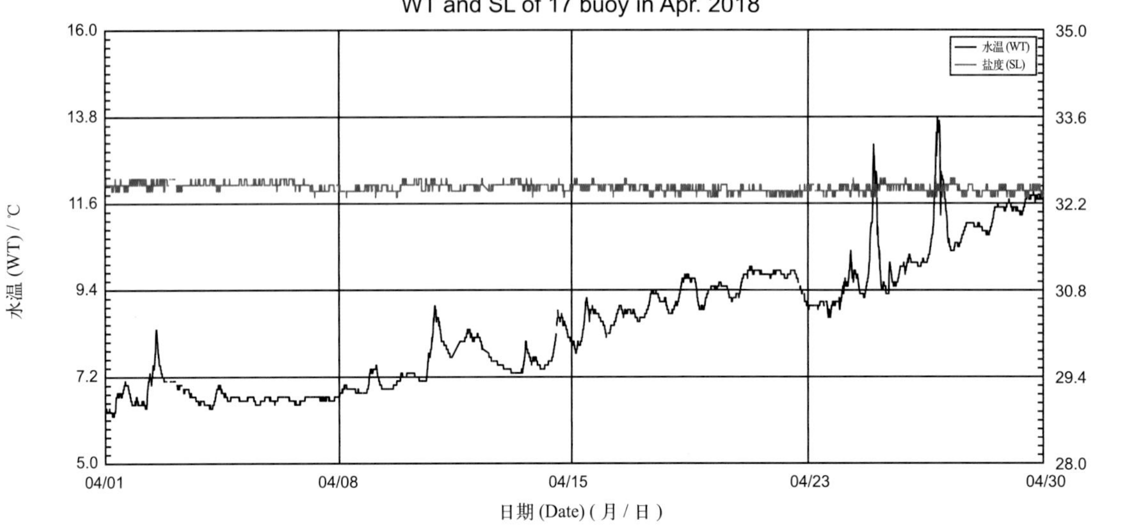

17 号浮标 2018 年 05 月水温、盐度观测数据曲线
WT and SL of 17 buoy in May 2018

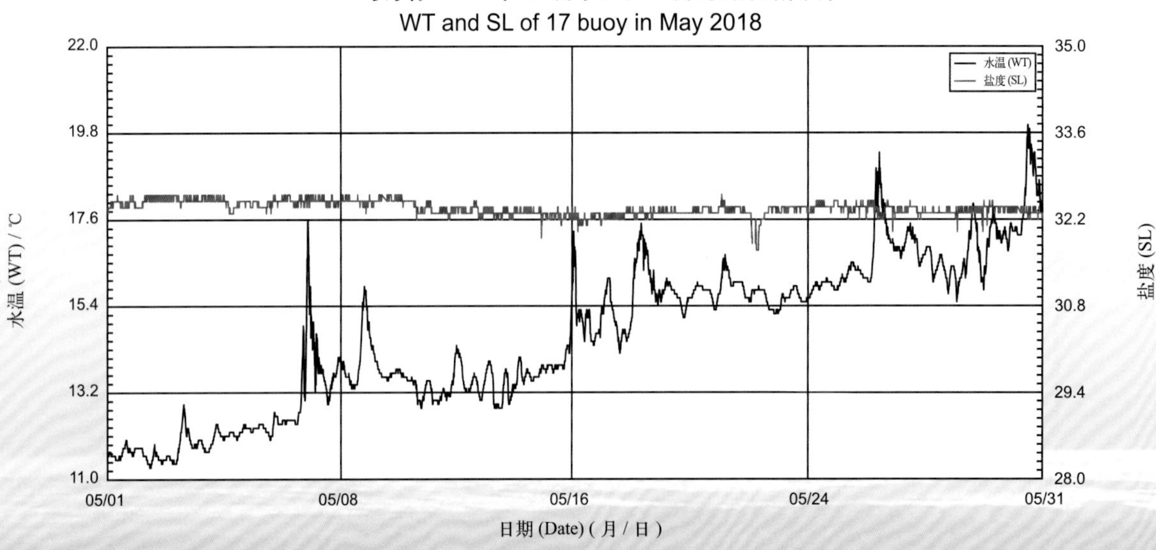

17 号浮标 2018 年 06 月水温、盐度观测数据曲线
WT and SL of 17 buoy in Jun. 2018

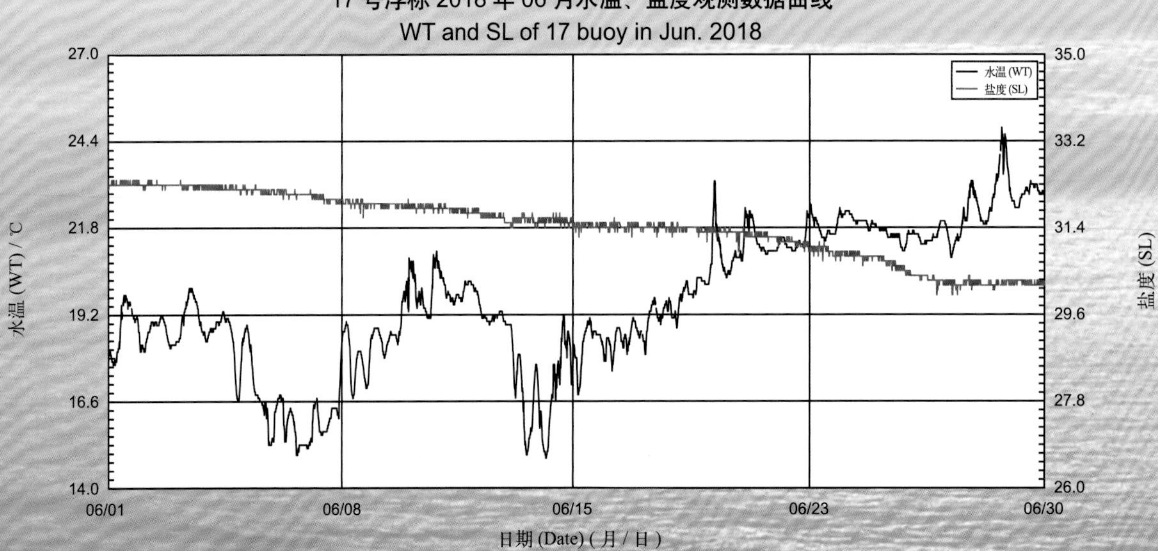

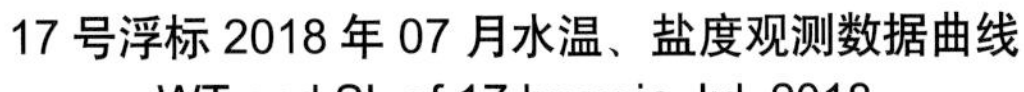

17 号浮标 2018 年 07 月水温、盐度观测数据曲线

WT and SL of 17 buoy in Jul. 2018

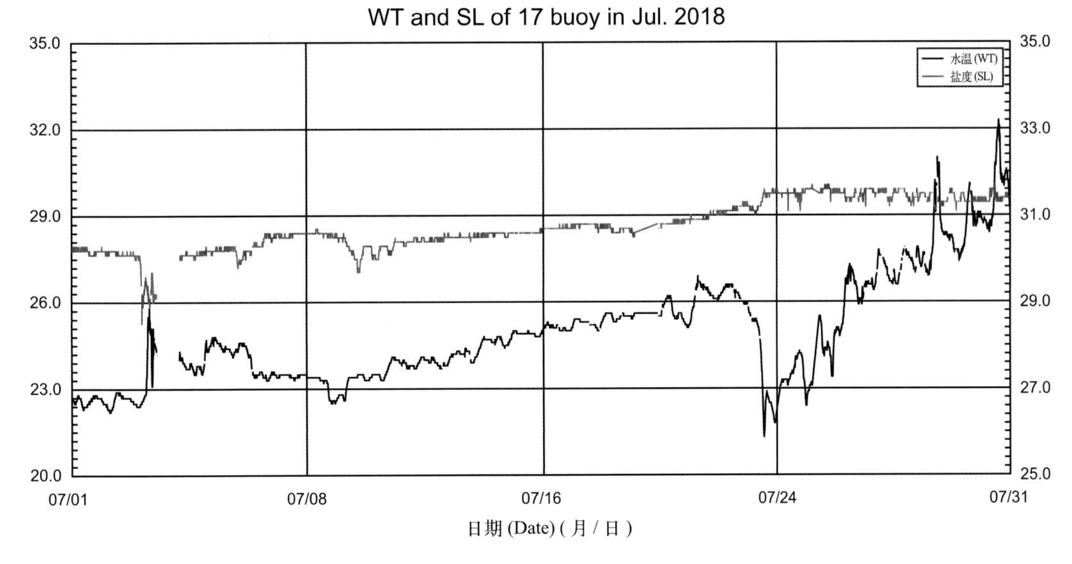

17 号浮标 2018 年 08 月水温、盐度观测数据曲线

WT and SL of 17 buoy in Aug. 2018

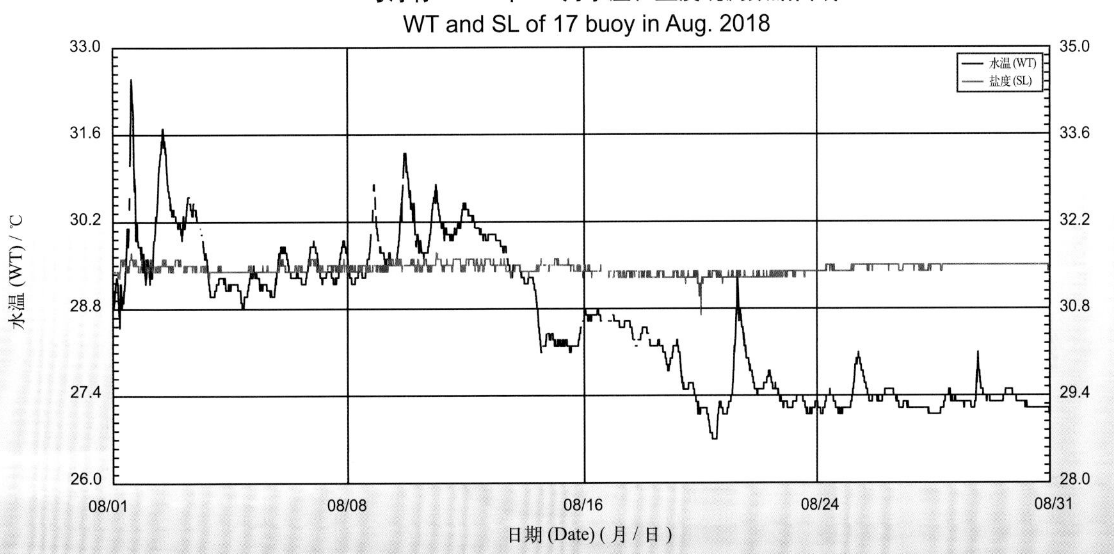

17 号浮标 2018 年 09 月水温、盐度观测数据曲线

WT and SL of 17 buoy in Sep. 2018

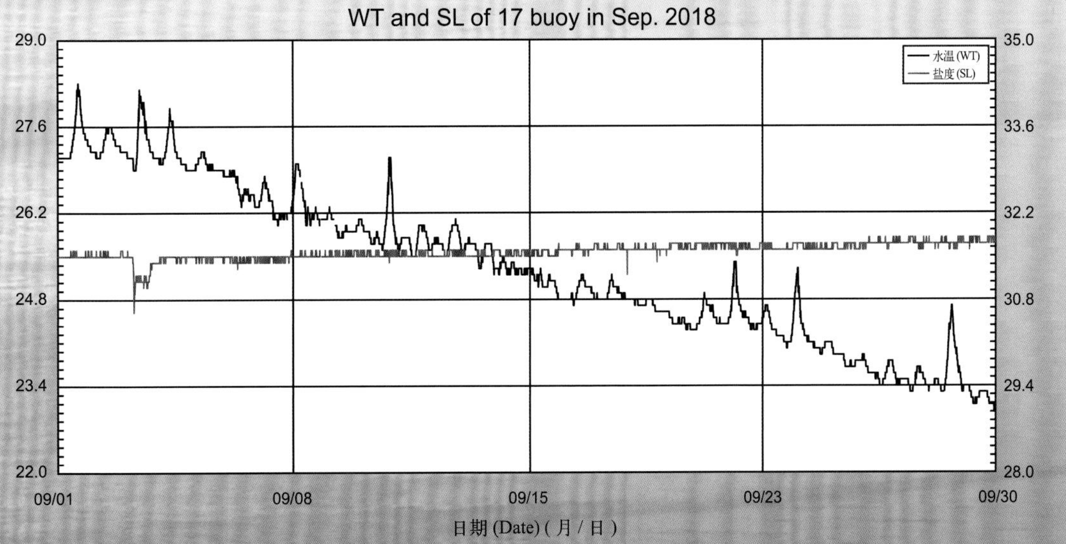

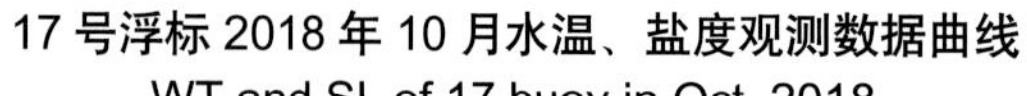

17 号浮标 2018 年 10 月水温、盐度观测数据曲线
WT and SL of 17 buoy in Oct. 2018

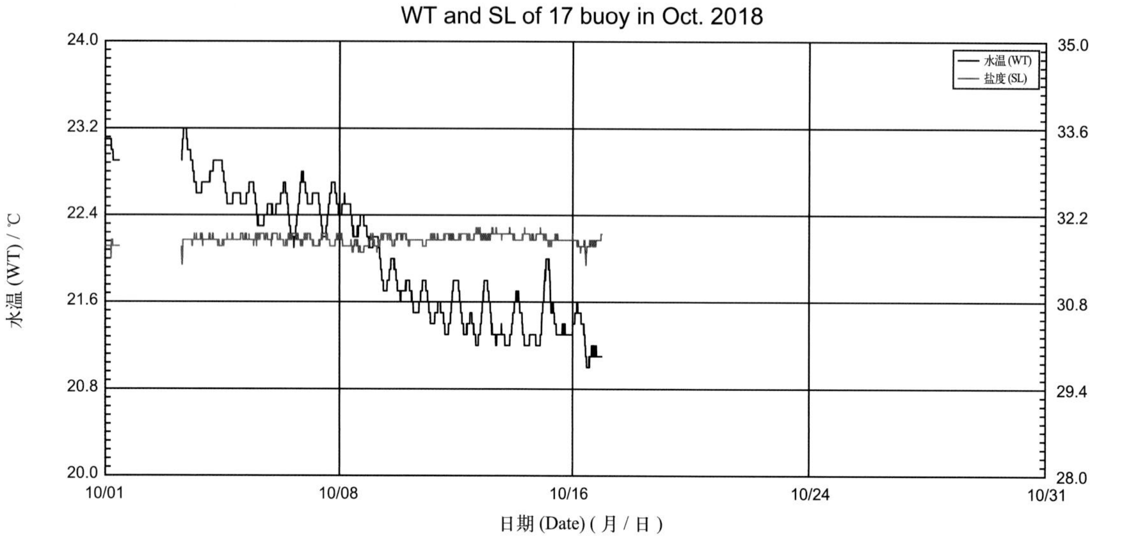

17 号浮标 2018 年 11 月水温、盐度观测数据曲线
WT and SL of 17 buoy in Nov. 2018

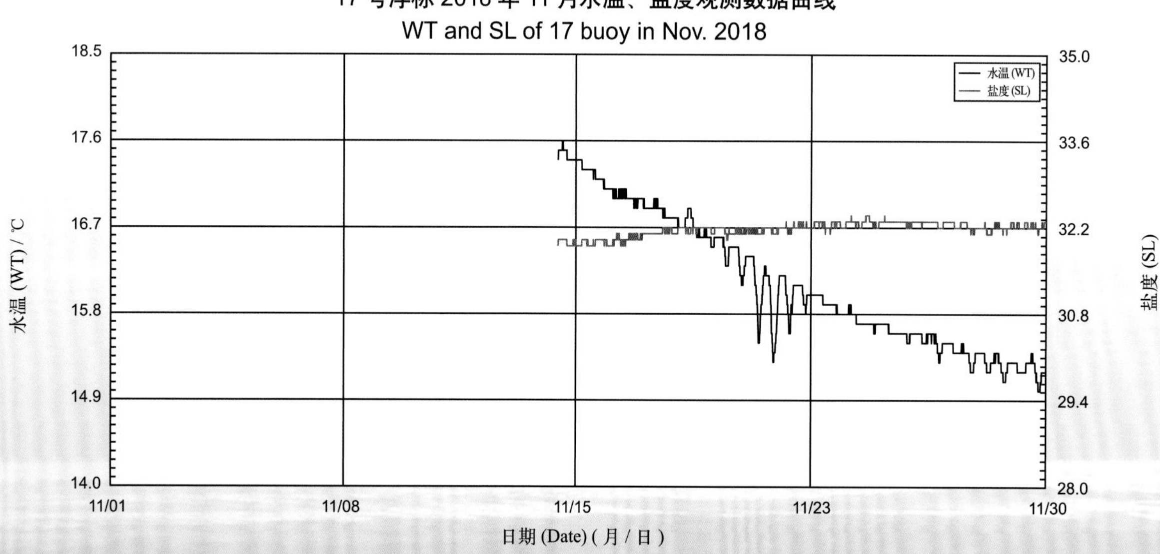

17 号浮标 2018 年 12 月水温、盐度观测数据曲线
WT and SL of 17 buoy in Dec. 2018

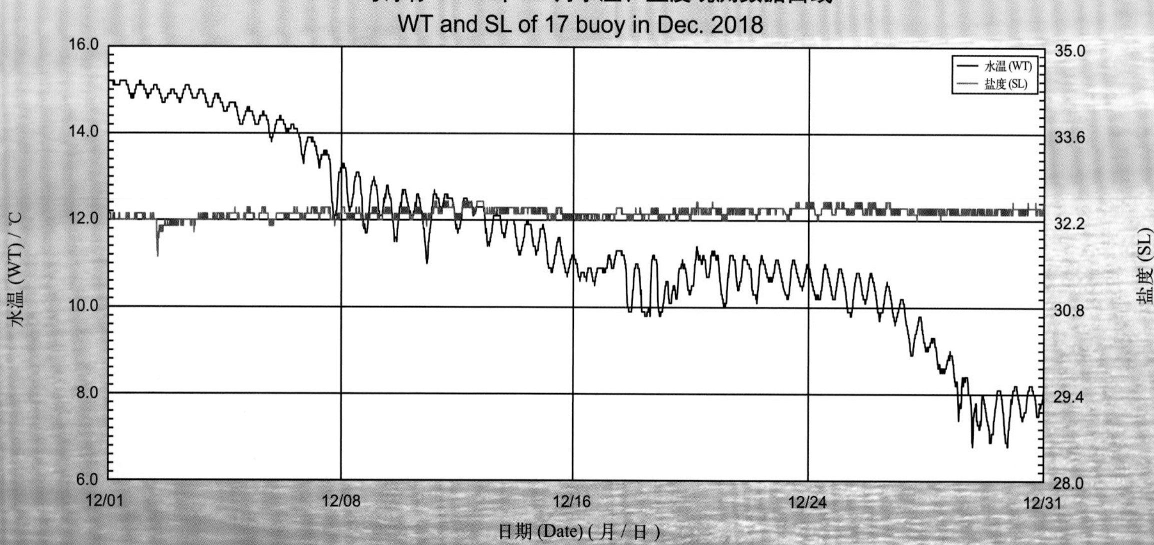

2018 年度 18 号浮标观测数据概述及曲线
（水温和盐度）

2018 年， 18 号浮标共获取 352 天的水温和盐度长序列观测数据。获取数据的主要区间共两个时间段，具体为 1 月 1 日 00:00 至 8 月 11 日 10:50 和 8 月 25 日 11:10 至 12 月 31 日 23:50。通过对获取数据质量控制和分析，18 号浮标观测海域 2018 年度水温、盐度数据和季节数据特征如下。

年度水温平均值为 15.35℃，年度盐度平均值为 31.48；测得的年度最高水温和最低水温分别为 31.8℃和 3.2℃；测得的年度最高盐度和最低盐度分别为 32.3 和 29.5。以 2 月为冬季代表月，观测海域冬季的平均水温是 4.10℃，平均盐度是 31.79；以 5 月为春季代表月，观测海域春季的平均水温是 14.66℃，平均盐度是 31.54；以 8 月为夏季代表月，观测海域夏季的平均水温是 28.20℃，平均盐度是 31.26；以 11 月为秋季代表月，观测海域秋季的平均水温是 17.03℃，平均盐度是 31.45。

18 号浮标布放海域月度水温、盐度变化特征与该海域的气温和降水等因素密切相关。2018 年，浮标观测的月平均水温、盐度和最高值、最低值数据参见表 18。

2018 年，18 号浮标记录到 2 次台风过程。第一次台风过程，7 月 22—25 日，受第 10 号强热带风暴“安比”的影响，18 号浮标水温数据发生下降，7 月 24 日 03:10 达到最低值 23.1℃，降幅为 3.8℃；盐度小幅度下降后又迅速回升，7 月 22 日 12:50 达到最低值 30.2。第二次台风过程，10 月 4—7 日，受第 25 号超强台风“康妮”的影响，18 号浮标水温数据发生小幅度上升，10 月 4 日 13:00 达到最高值 24.3℃，增幅为 0.9℃。

表 18　18 号浮标各月份水温、盐度观测数据

月份	水温 / ℃			盐度			备注
	平均	最高	最低	平均	最高	最低	
1	6.54	8.7	4.5	31.68	32.0	31.1	
2	4.10	5.6	3.2	31.79	32.2	30.9	
3	5.66	9.1	4.2	31.98	32.3	31.3	
4	8.82	14.6	7.1	31.94	32.3	30.4	
5	14.66	21.0	10.6	31.54	32.3	30.4	
6	20.58	25.1	17.6	30.89	31.6	29.5	
7	24.66	31.1	22.1	31.02	31.9	30.2	记录 1 次台风
8	28.20	31.8	26.5	31.26	31.6	30.4	缺测 13 天数据
9	25.72	29.0	24.0	31.15	31.4	30.2	
10	21.68	24.5	19.0	31.31	31.6	30.5	记录 1 次台风
11	17.03	19.5	14.9	31.45	31.8	30.8	
12	12.00	15.3	8.6	31.63	31.9	30.9	

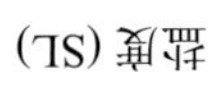
盐度 (SL)

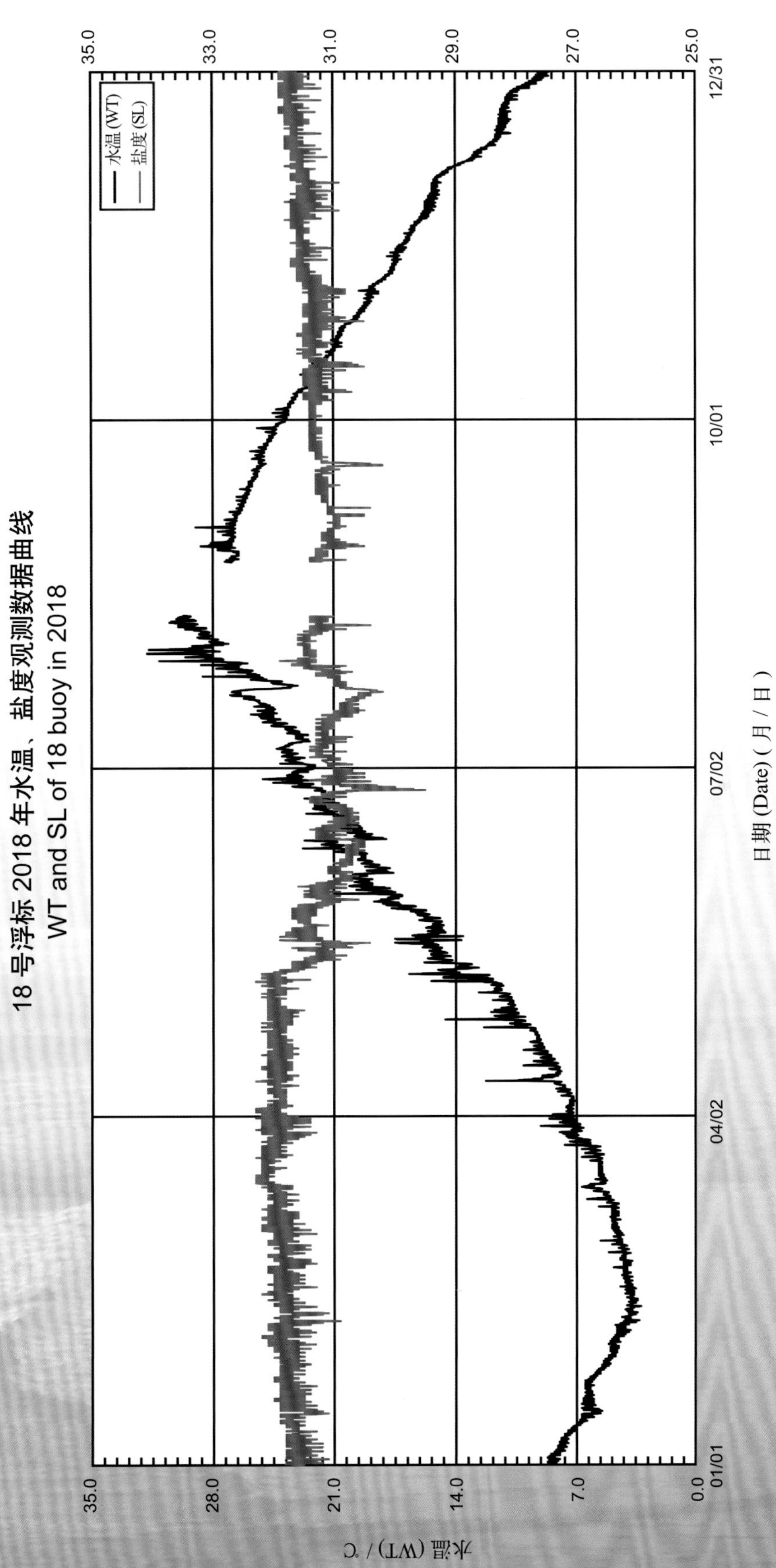
18 号浮标 2018 年水温、盐度观测数据曲线
WT and SL of 18 buoy in 2018
水温 (WT)
盐度 (SL)
水温 (WT) / ℃
日期 (Date) (月 / 日)
01/01
04/02
07/02
10/01
12/31
0.0
7.0
14.0
21.0
28.0
35.0
25.0
27.0
29.0
31.0
33.0
35.0

18 号浮标 2018 年 01 月水温、盐度观测数据曲线
WT and SL of 18 buoy in Jan. 2018

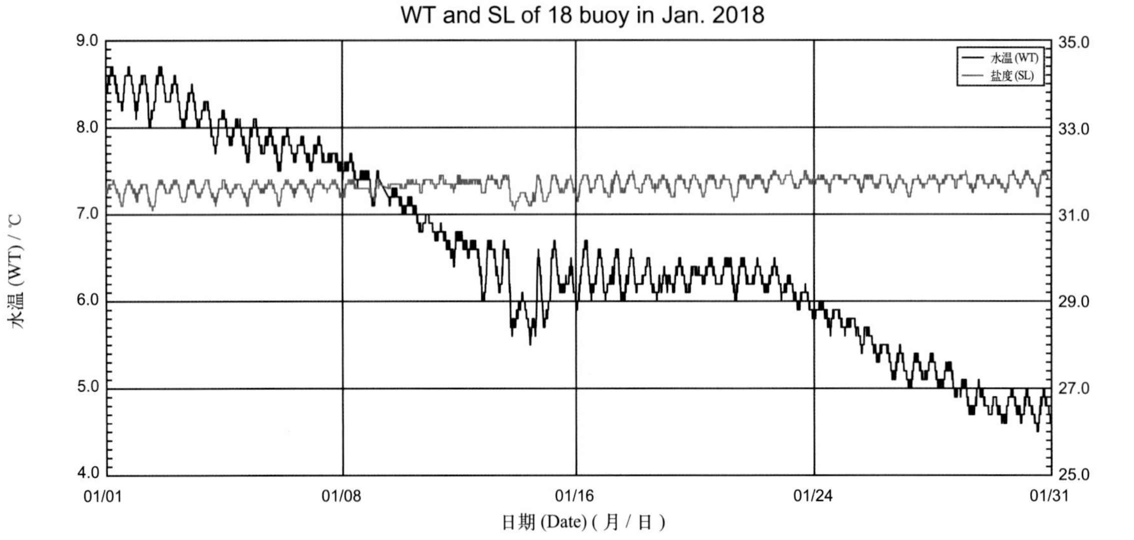

18 号浮标 2018 年 02 月水温、盐度观测数据曲线
WT and SL of 18 buoy in Feb. 2018

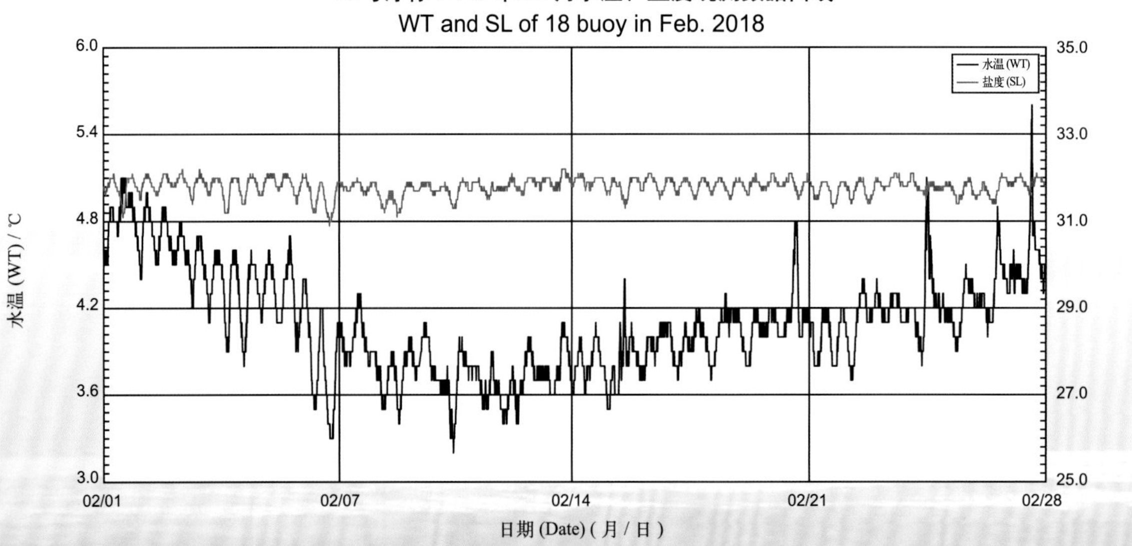

18 号浮标 2018 年 03 月水温、盐度观测数据曲线
WT and SL of 18 buoy in Mar. 2018

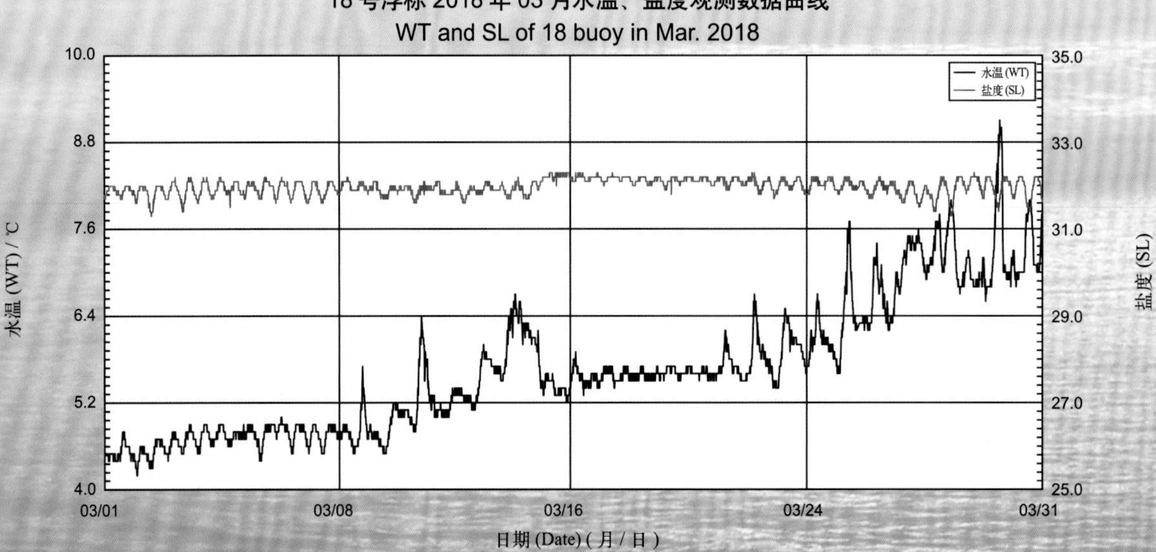

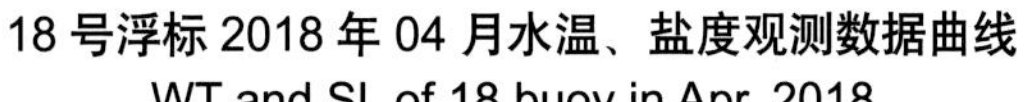

18 号浮标 2018 年 04 月水温、盐度观测数据曲线
WT and SL of 18 buoy in Apr. 2018

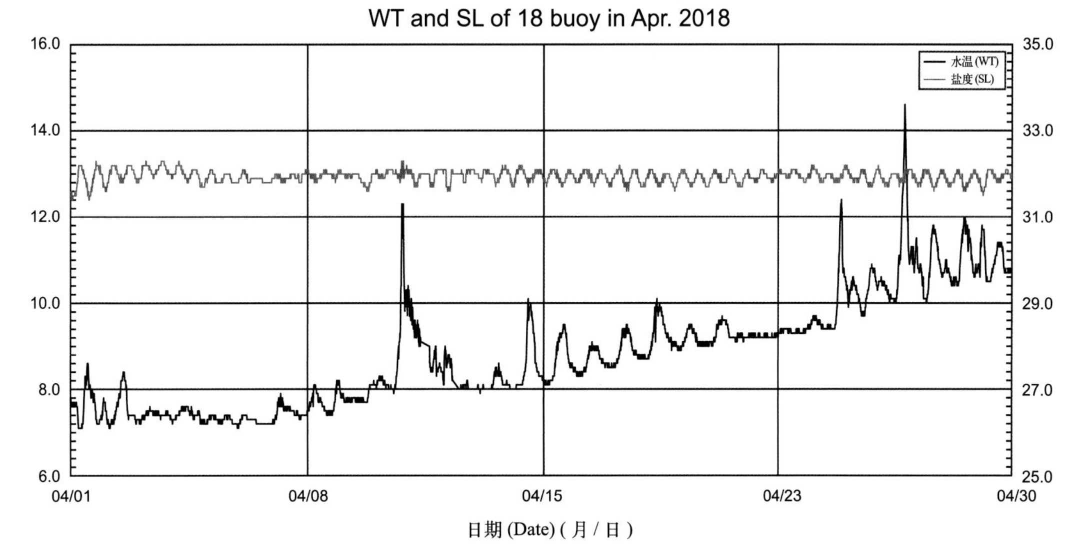

18 号浮标 2018 年 05 月水温、盐度观测数据曲线
WT and SL of 18 buoy in May 2018

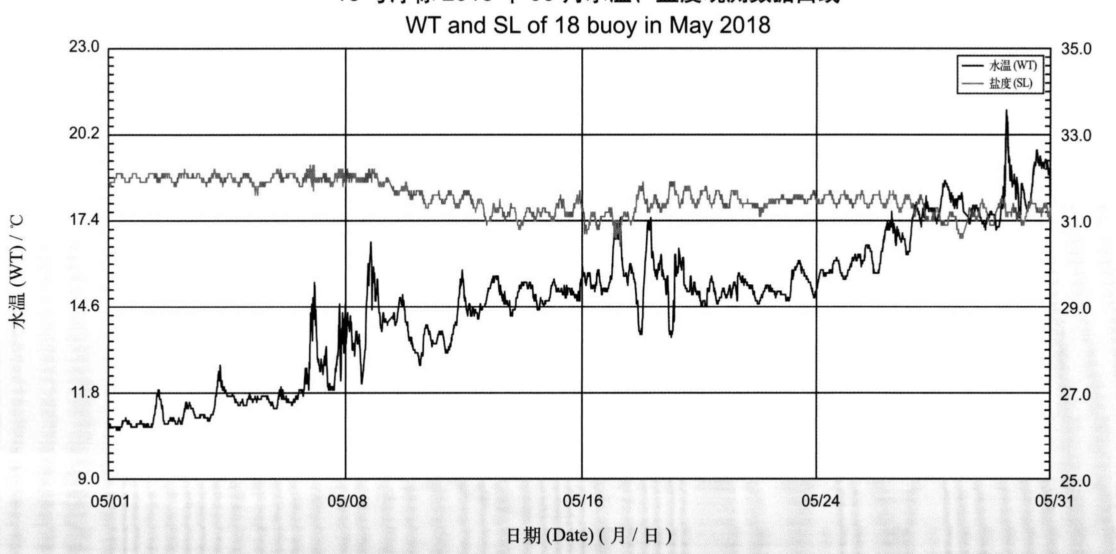

18 号浮标 2018 年 06 月水温、盐度观测数据曲线
WT and SL of 18 buoy in Jun. 2018

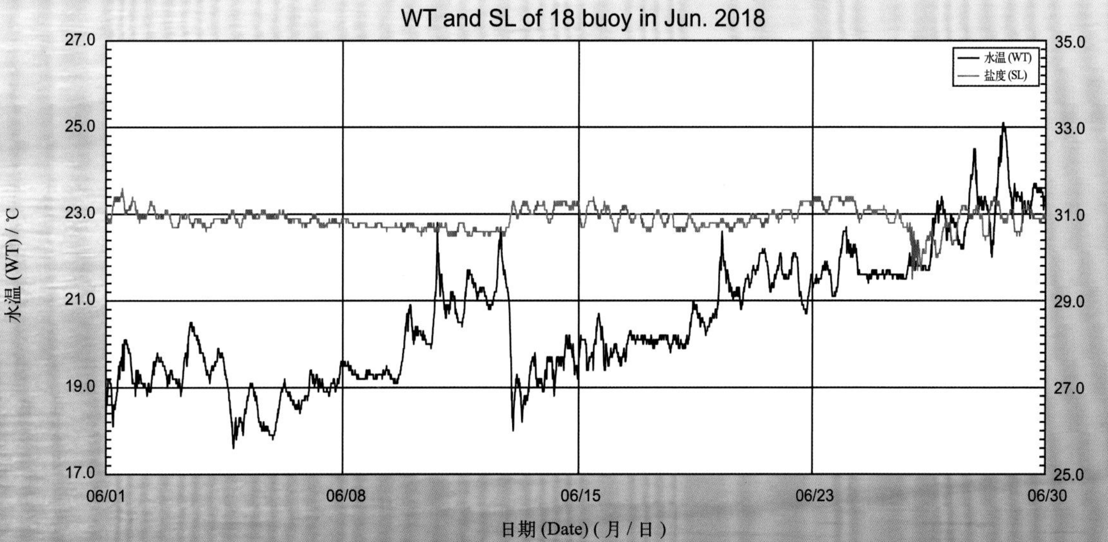

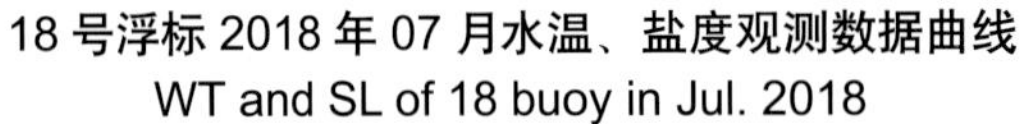

18 号浮标 2018 年 07 月水温、盐度观测数据曲线
WT and SL of 18 buoy in Jul. 2018

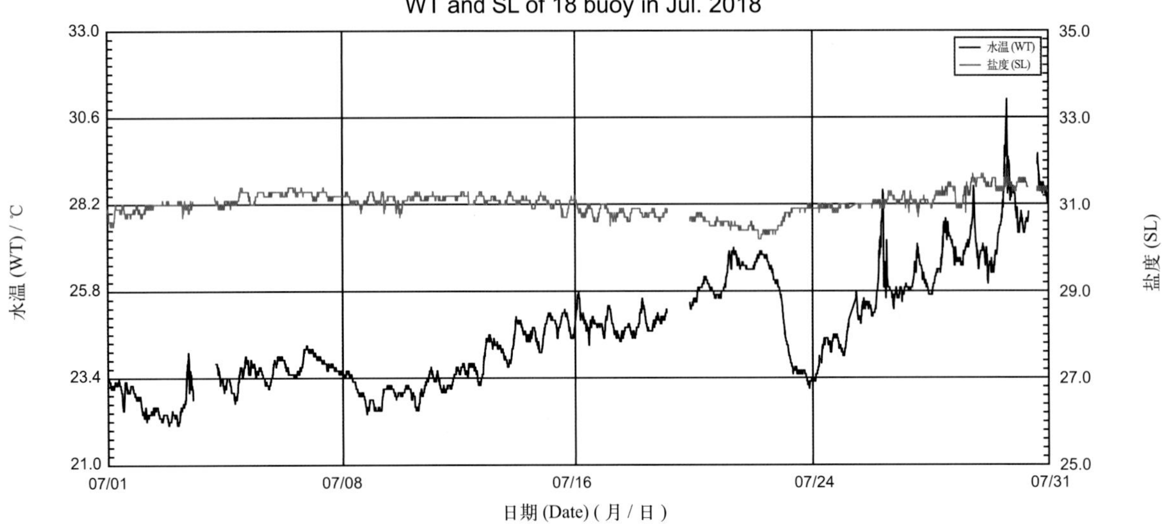

18 号浮标 2018 年 08 月水温、盐度观测数据曲线
WT and SL of 18 buoy in Aug. 2018

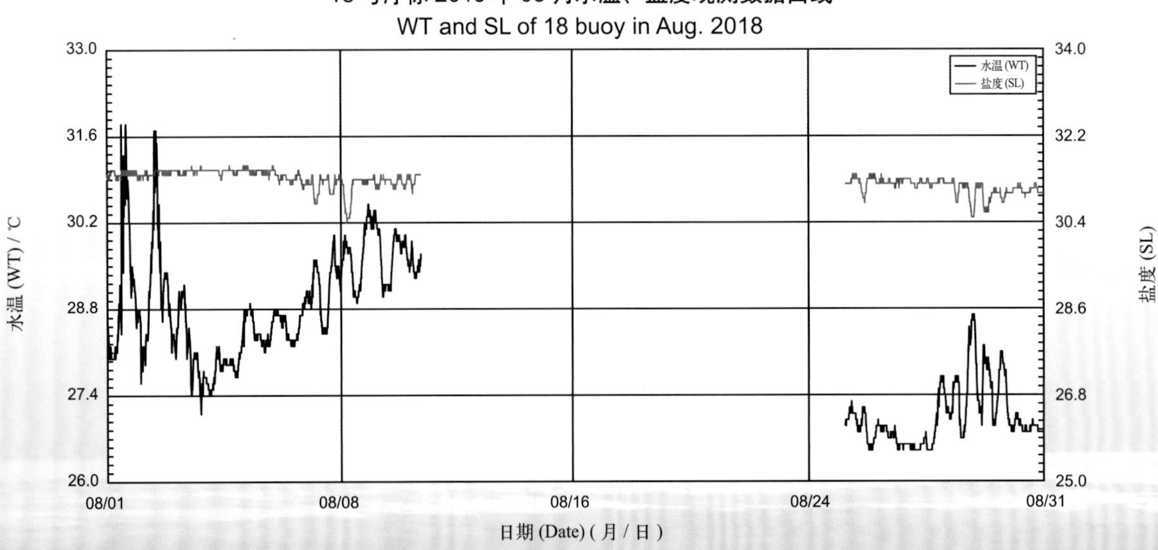

18 号浮标 2018 年 09 月水温、盐度观测数据曲线
WT and SL of 18 buoy in Sep. 2018

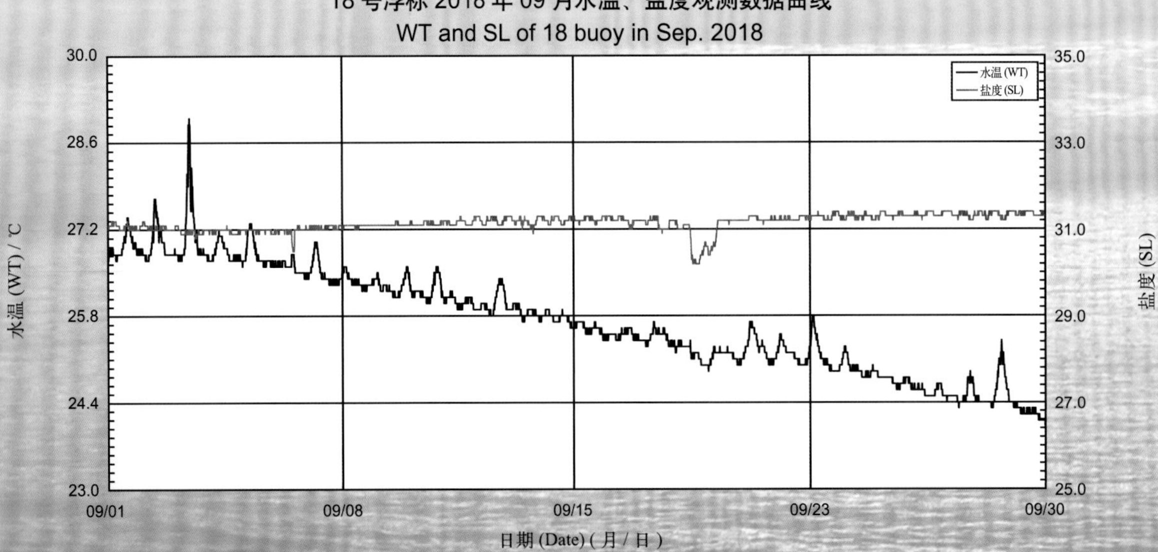

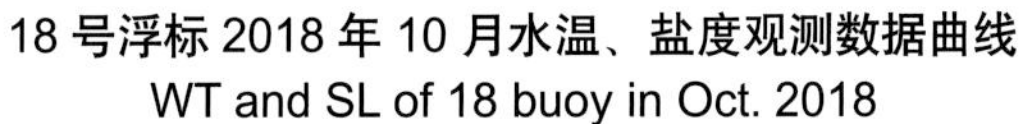

18 号浮标 2018 年 10 月水温、盐度观测数据曲线

WT and SL of 18 buoy in Oct. 2018

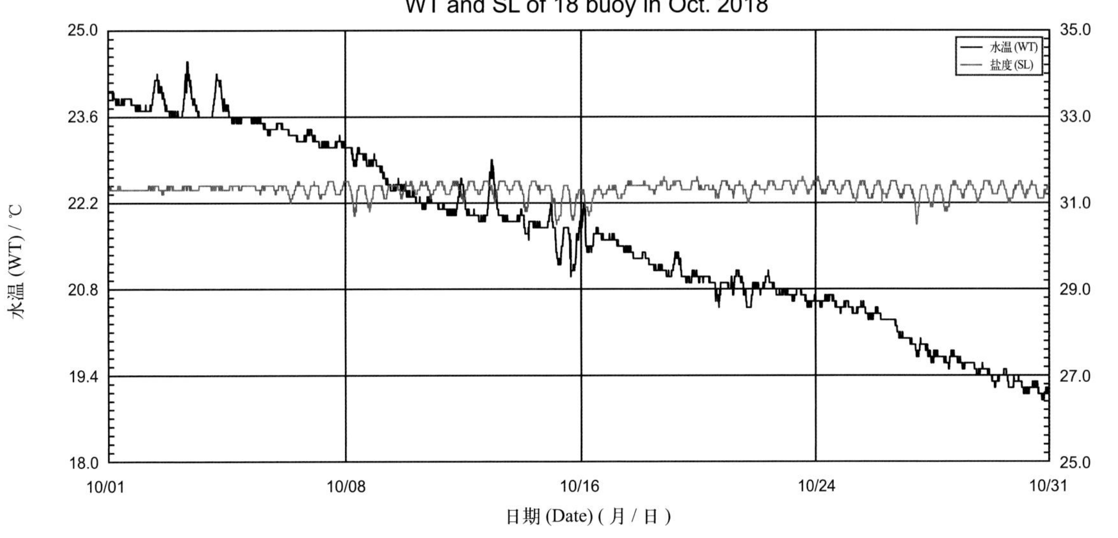

18 号浮标 2018 年 11 月水温、盐度观测数据曲线

WT and SL of 18 buoy in Nov. 2018

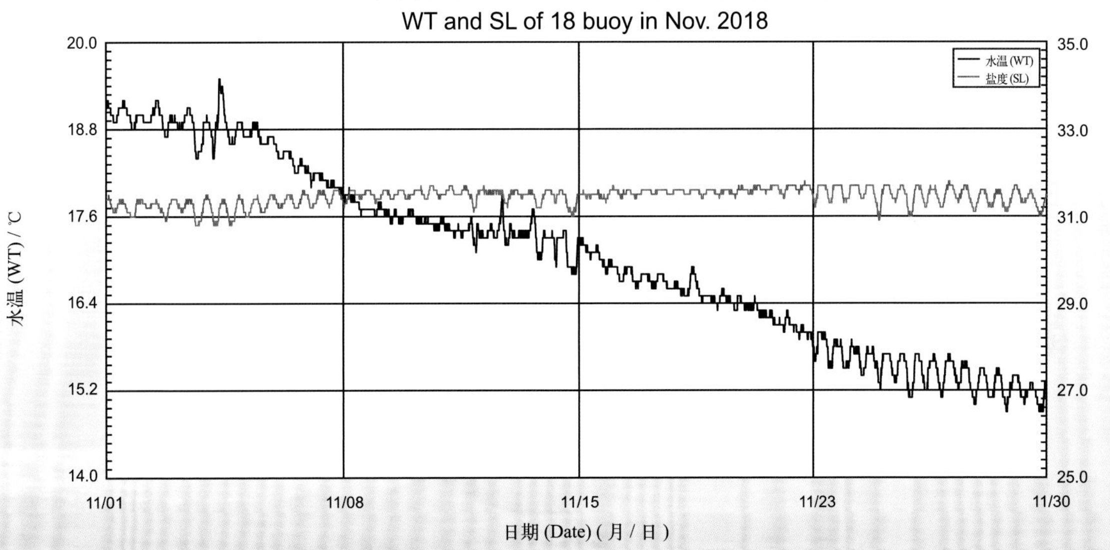

18 号浮标 2018 年 12 月水温、盐度观测数据曲线

WT and SL of 18 buoy in Dec. 2018

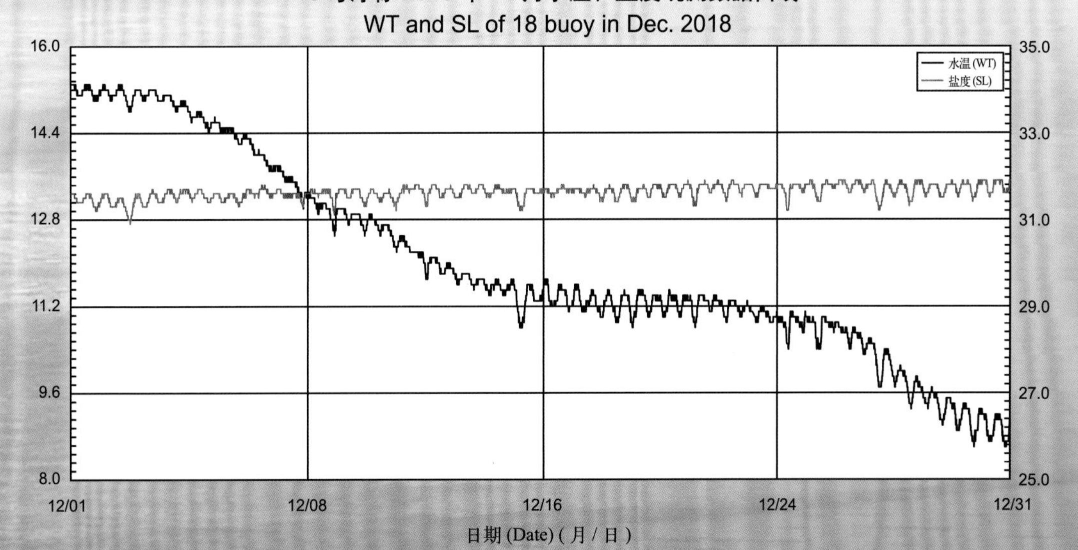

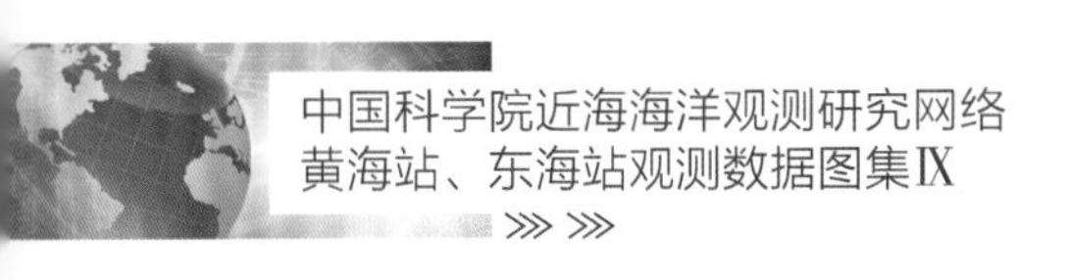

2018 年度 20 号浮标观测数据概述及曲线
（水温和盐度）

2018 年， 20 号浮标共获取 352 天的水温和 291 天的盐度长序列观测数据。获取水温数据的主要区间为 1 月 14 日 02:50 至 12 月 31 日 23:50，获取盐度数据的主要区间为 1 月 14 日 02:50 至 10 月 31 日 22:40。通过对获取数据质量控制和分析，18 号浮标观测海域 2018 年度水温、盐度数据和季节数据特征如下。

年度水温平均值为 20.35℃，年度盐度平均值为 30.66；测得的年度最高水温和最低水温分别为 34.1℃和 8.1℃；测得的年度最高盐度和最低盐度分别为 33.9 和 25.6。以 2 月为冬季代表月，观测海域冬季的平均水温是 11.52℃，平均盐度是 32.72；以 5 月为春季代表月，观测海域春季的平均水温是 19.96℃，平均盐度是 30.08；以 8 月为夏季代表月，观测海域夏季的平均水温是 28.24℃，平均盐度是 29.81；以 11 月为秋季代表月，观测海域秋季的平均水温是 20.72℃。

20 号浮标布放海域月度水温、盐度变化特征与该海域的气温和降水等因素密切相关。2018 年，浮标观测的月平均水温、盐度和最高值、最低值数据参见表 19。

2018 年，20 号浮标记录到 5 次台风过程。第一次台风过程，7 月 20—24 日，受第 10 号强热带风暴“安比”的影响，20 号浮标水温数据发生下降，7 月 24 日 03:50 达到最低值 25.4℃，降幅为 2.2℃；盐度数据亦发生下降，7 月 24 日 07:50 达到最低值 29.3，降幅为 4.4。第二次台风过程，8 月 1—4 日，受第 12 号台风“云雀”的影响，20 号浮标水温数据发生下降，8 月 4 日 05:20 达到最低值 26.7℃，降幅为 3.1℃；盐度数据先上升后又发生下降，8 月 3 日 02:10 达到最高值 32.4。第三次台风过程，8 月 15—18 日，受第 18 号强热带风暴“温比亚”的影响，20 号浮标水温数据发生下降，8 月 17 日 11:00 达到最低值 25.3℃，降幅为 3.9℃；盐度数据波动较大，总体呈上升趋势，8 月 18 日 19:00 达到最高值 32.0。第四次台风过程，8 月 21—24 日，受第 19 号强台风“苏力”的影响，20 号浮标水温数据先上升后下降，8 月 21 日 15:20 达到最高值 30.2℃；盐度数据亦先上升后下降，8 月 24 日 08:30 达到最高值 30.9。第五次台风过程，10 月 4—6 日，受第 25 号超强台风“康妮”的影响，20 号浮标水温数据发生下降，10 月 6 日 01:50 达到最低值 23.5℃，降幅为 1.7℃；盐度数据发生下降，10 月 6 日 01:40 达到最低值 27.3，降幅为 5.5。

表 19　20 号浮标各月份水温、盐度观测数据

月份	水温 / ℃			盐度			备注
	平均	最高	最低	平均	最高	最低	
1	13.42	14.8	11.4	32.67	33.9	28.2	缺测 13 天数据
2	11.52	14.0	8.1	32.72	33.9	28.3	
3	12.50	16.2	10.8	30.92	33.2	28.0	
4	15.37	21.0	12.6	30.41	31.8	28.2	
5	19.96	24.1	16.5	30.08	31.9	28.0	
6	23.56	25.5	20.8	30.33	32.1	28.0	
7	27.67	34.1	24.8	30.68	33.7	29.2	记录 1 次台风
8	28.24	31.6	25.3	29.81	32.4	27.5	记录 3 次台风
9	27.27	31.5	25.2	29.41	32.6	25.6	
10	22.88	25.8	20.8	30.59	32.8	26.8	记录 1 次台风
11	20.72	22.4	19.1	—	—	—	缺测盐度数据
12	18.09	20.4	14.3	—	—	—	缺测盐度数据

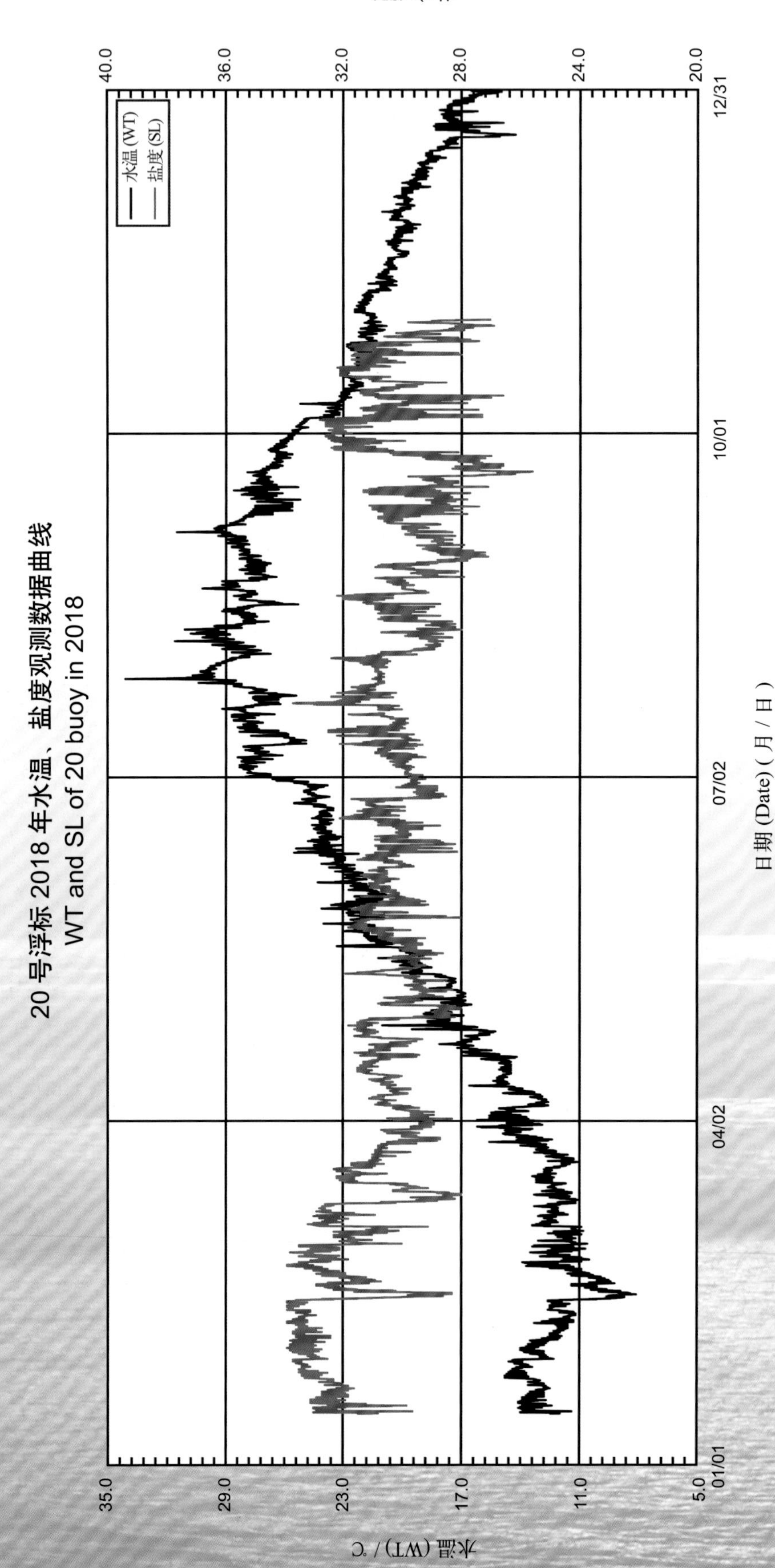
20 号浮标 2018 年水温、盐度观测数据曲线
WT and SL of 20 buoy in 2018
水温 (WT)
盐度 (SL)
水温 (WT) / ℃
盐度 (SL)
日期 (Date) (月 / 日)
35.0
29.0
23.0
17.0
11.0
5.0
40.0
36.0
32.0
28.0
24.0
20.0
01/01
04/02
07/02
10/01
12/31

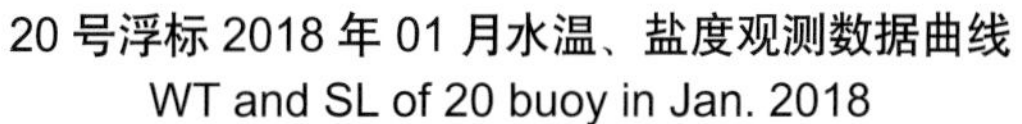

20 号浮标 2018 年 01 月水温、盐度观测数据曲线
WT and SL of 20 buoy in Jan. 2018

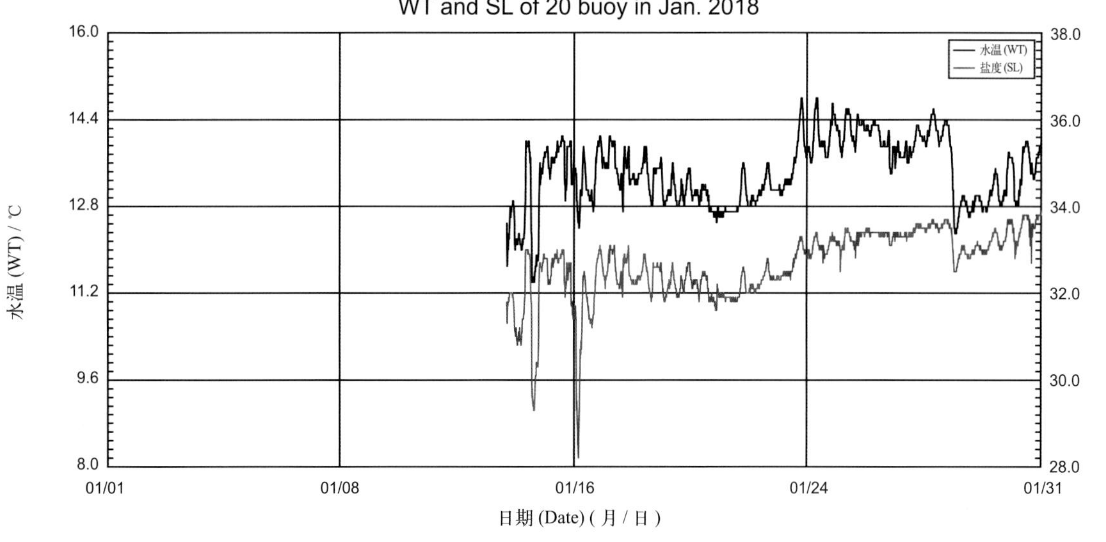

20 号浮标 2018 年 02 月水温、盐度观测数据曲线
WT and SL of 20 buoy in Feb. 2018

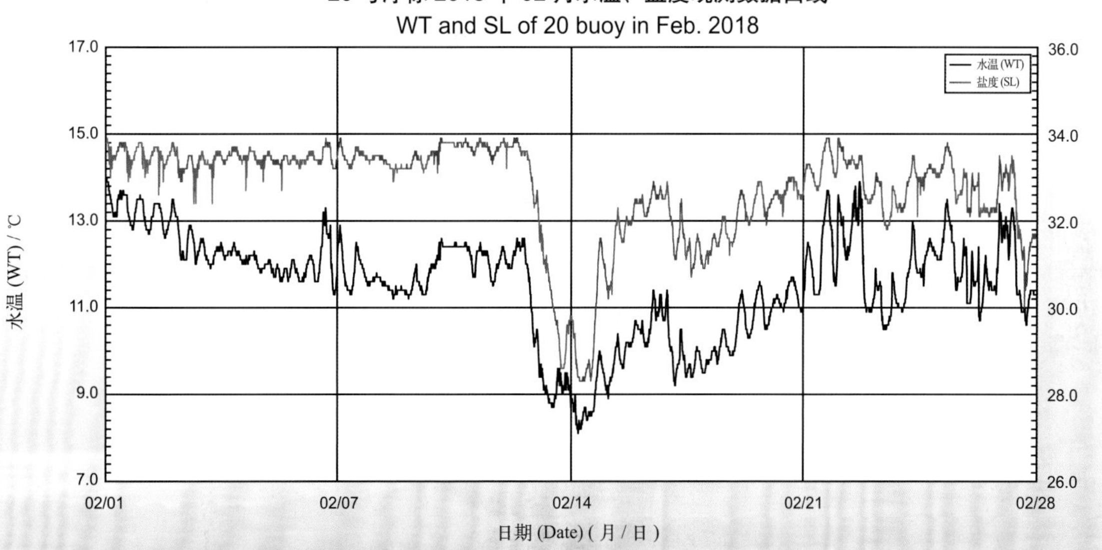

20 号浮标 2018 年 03 月水温、盐度观测数据曲线
WT and SL of 20 buoy in Mar. 2018

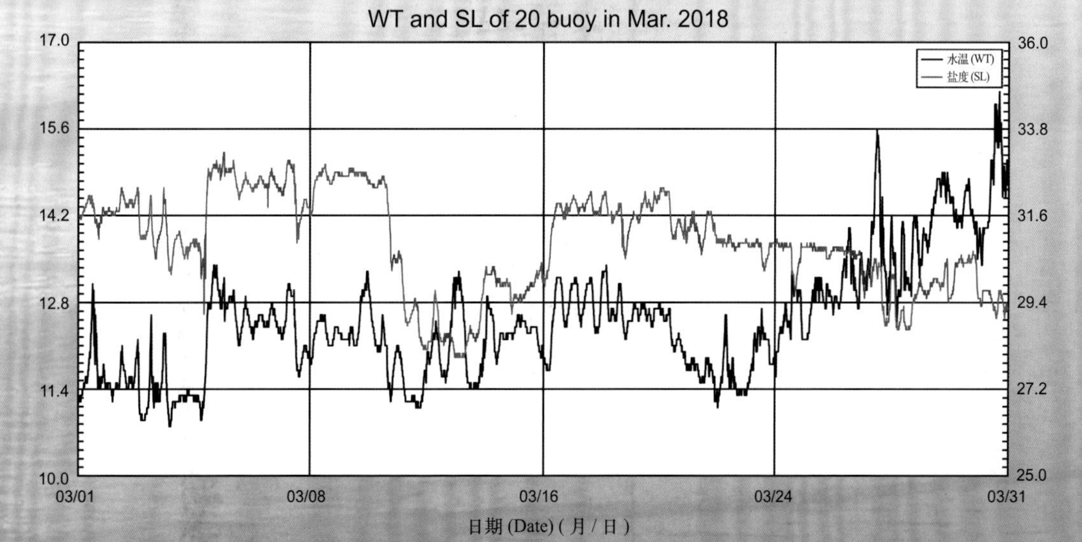

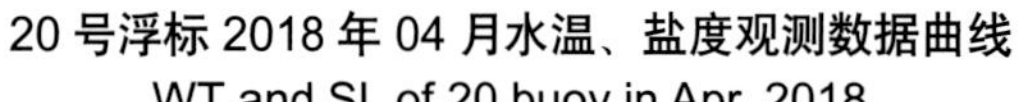

20 号浮标 2018 年 04 月水温、盐度观测数据曲线
WT and SL of 20 buoy in Apr. 2018

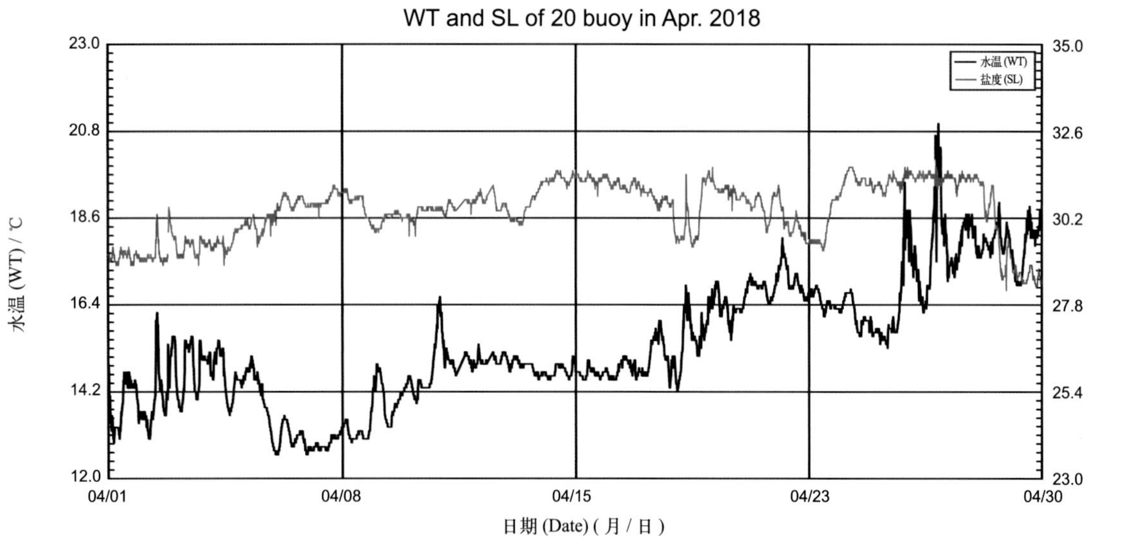

20 号浮标 2018 年 05 月水温、盐度观测数据曲线
WT and SL of 20 buoy in May 2018

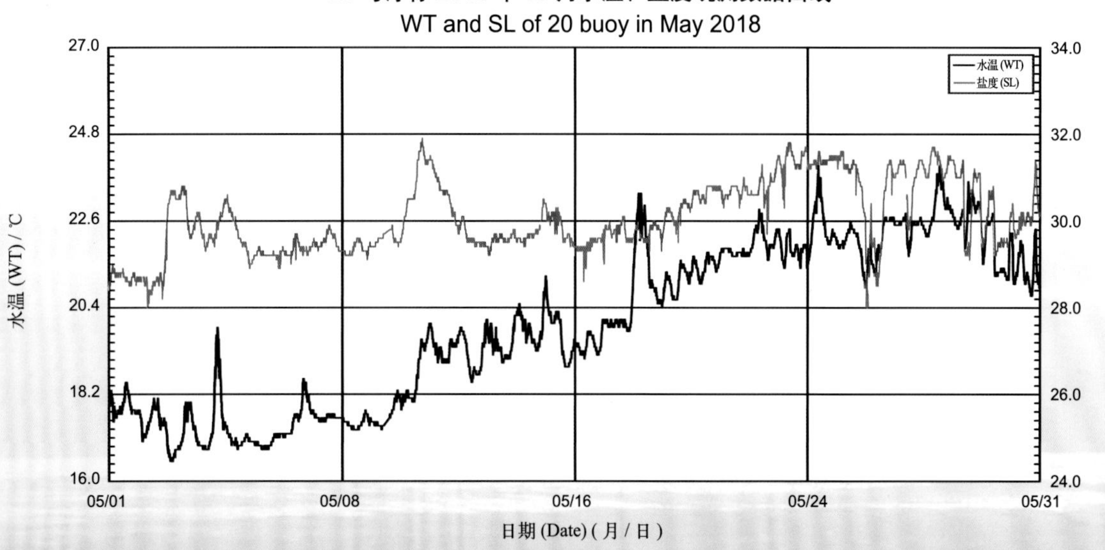

20 号浮标 2018 年 06 月水温、盐度观测数据曲线
WT and SL of 20 buoy in Jun. 2018

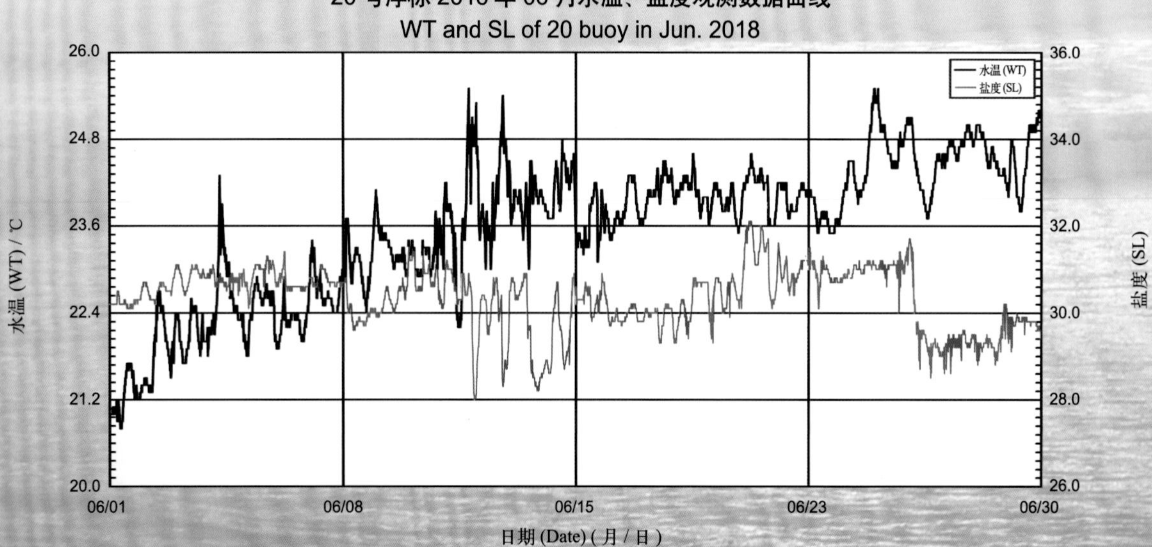

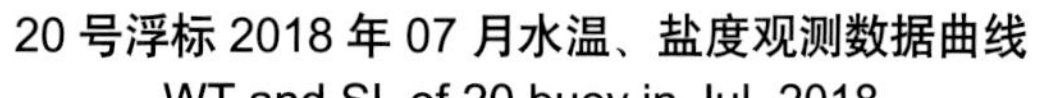

20 号浮标 2018 年 07 月水温、盐度观测数据曲线

WT and SL of 20 buoy in Jul. 2018

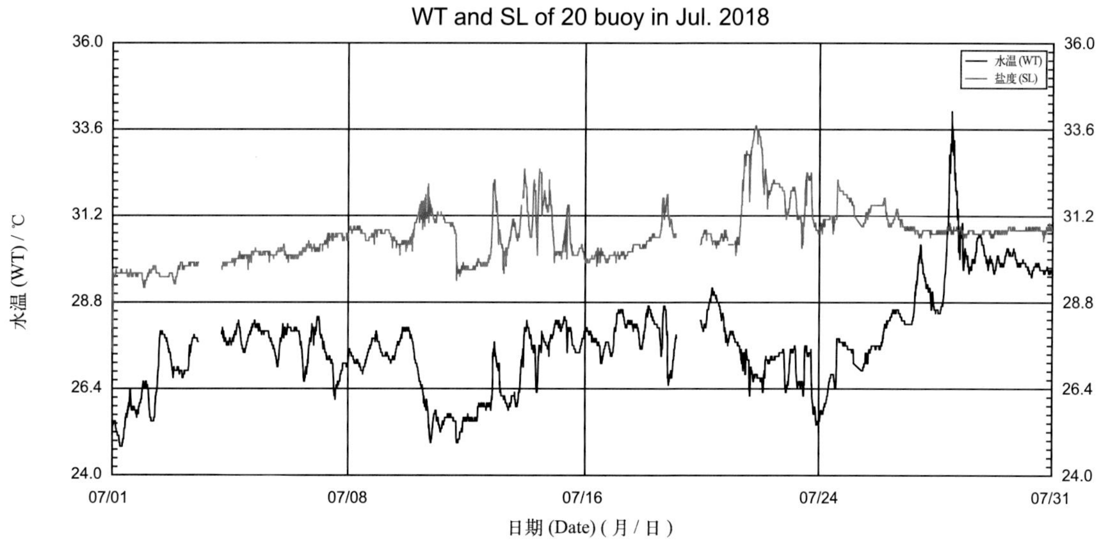

20 号浮标 2018 年 08 月水温、盐度观测数据曲线

WT and SL of 20 buoy in Aug. 2018

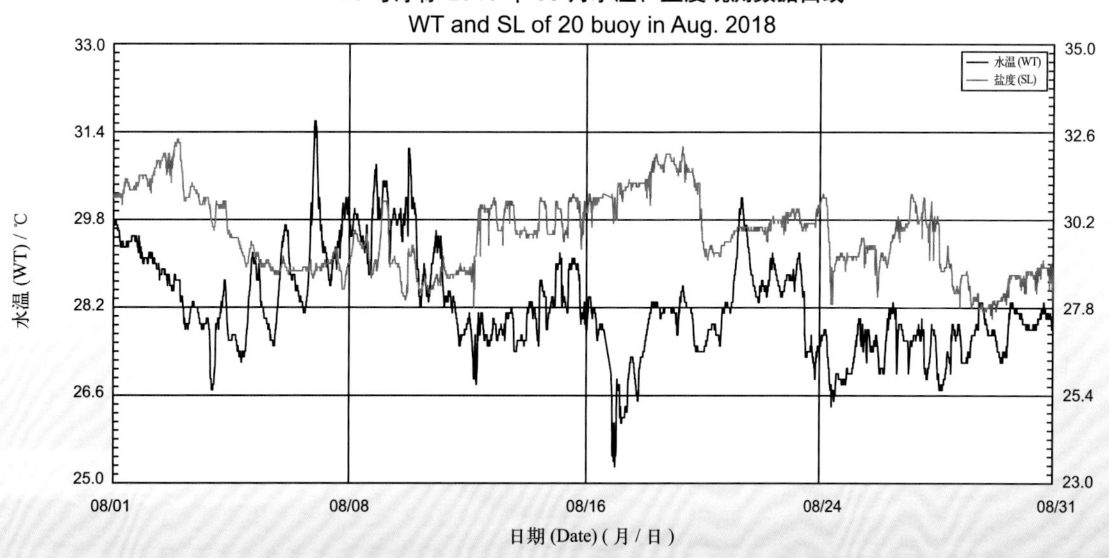

20 号浮标 2018 年 09 月水温、盐度观测数据曲线

WT and SL of 20 buoy in Sep. 2018

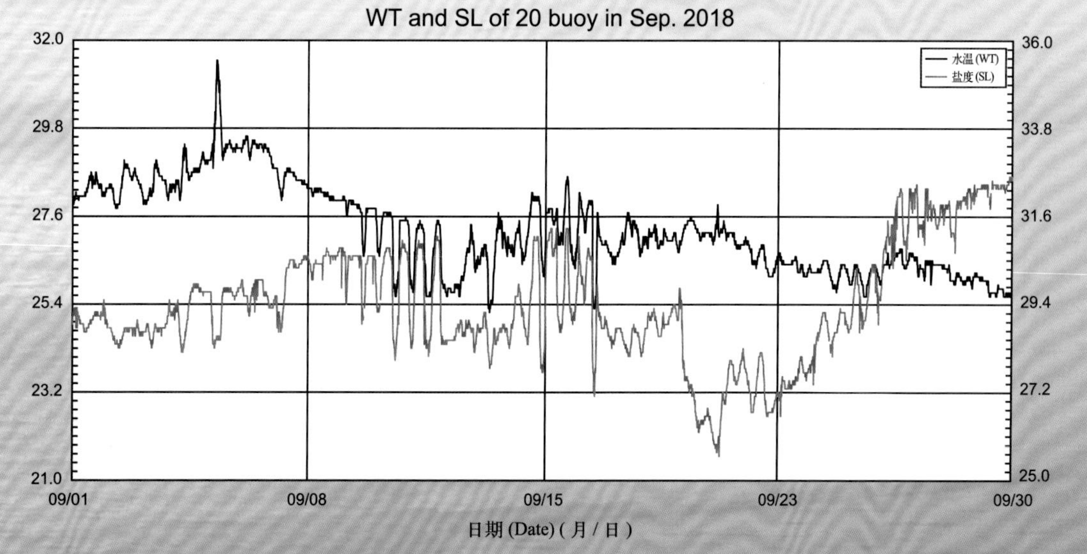

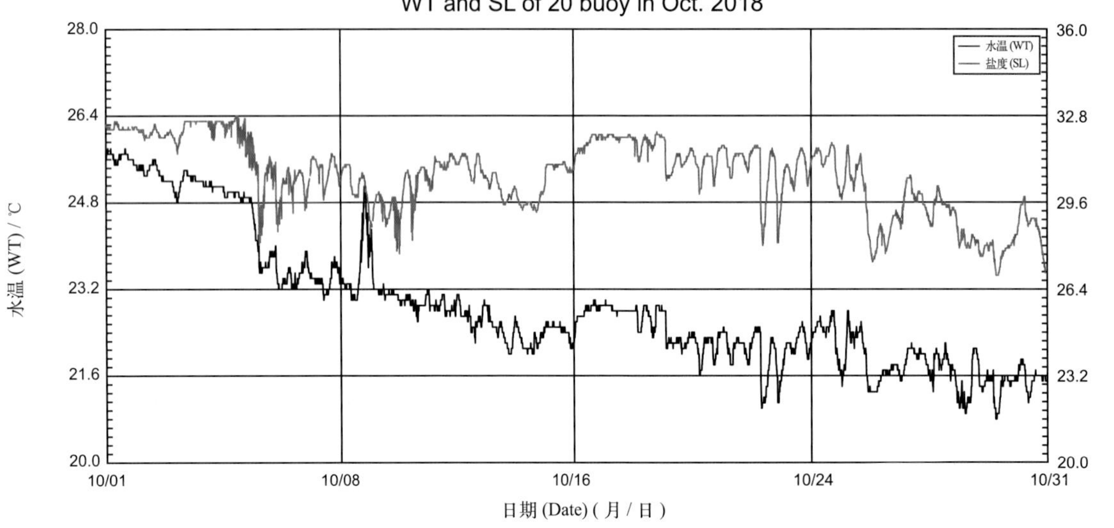
20 号浮标 2018 年 10 月水温、盐度观测数据曲线
WT and SL of 20 buoy in Oct. 2018
水温 (WT)
盐度 (SL)
28.0
26.4
24.8
23.2
21.6
20.0
36.0
32.8
29.6
26.4
23.2
20.0
水温 (WT) / ℃
盐度 (SL)
10/01
10/08
10/16
10/24
10/31
日期 (Date) (月 / 日)

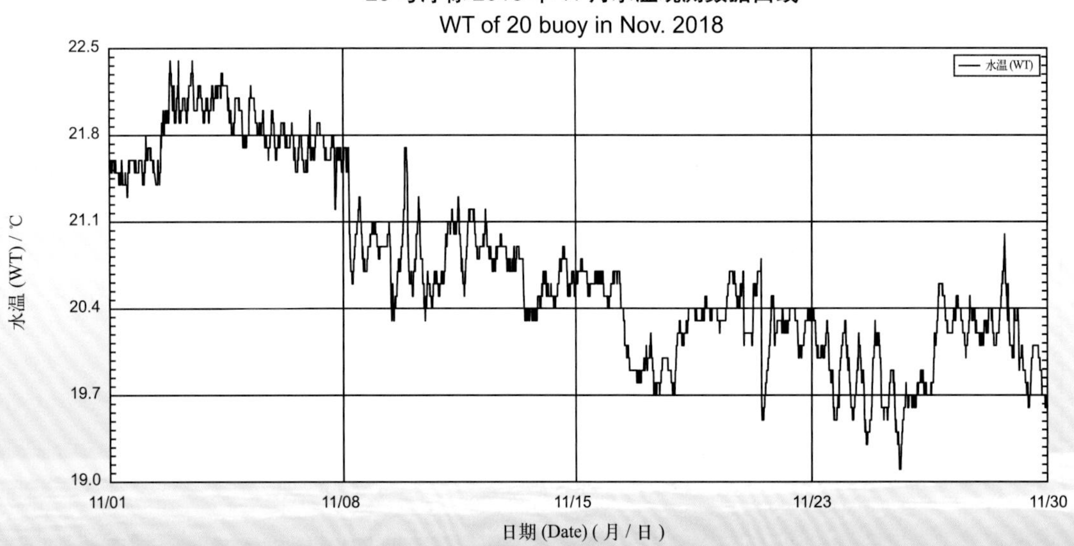
20 号浮标 2018 年 11 月水温观测数据曲线
WT of 20 buoy in Nov. 2018
水温 (WT)
22.5
21.8
21.1
20.4
19.7
19.0
水温 (WT) / ℃
11/01
11/08
11/15
11/23
11/30
日期 (Date) (月 / 日)

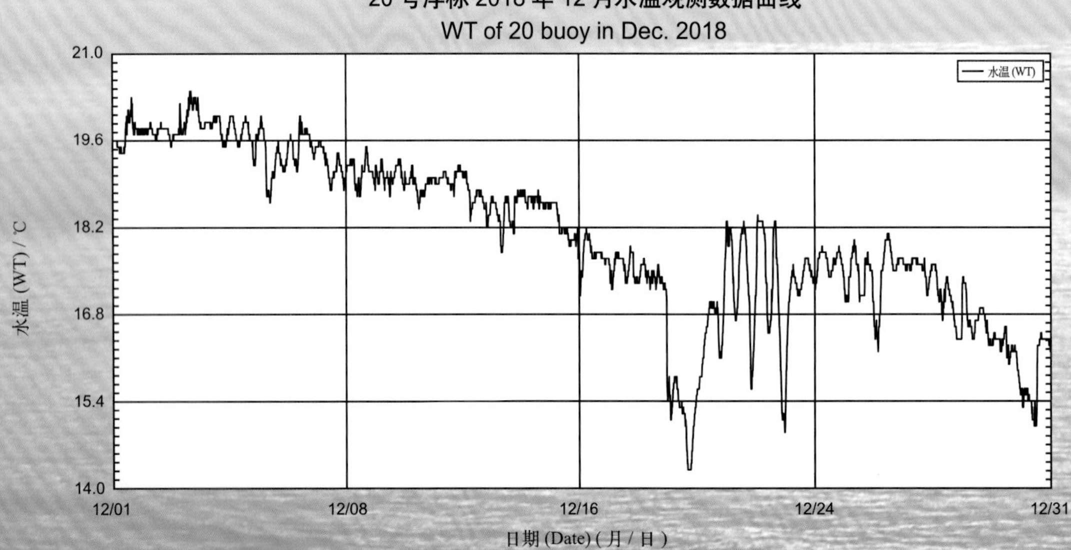
20 号浮标 2018 年 12 月水温观测数据曲线
WT of 20 buoy in Dec. 2018
水温 (WT)
21.0
19.6
18.2
16.8
15.4
14.0
水温 (WT) / ℃
12/01
12/08
12/16
12/24
12/31
日期 (Date) (月 / 日)

2018 年度 01 号浮标观测数据概述及曲线
（有效波高和有效波周期）

2018 年，01 号浮标共获取 365 天的有效波高和有效波周期长序列观测数据。通过对获取数据质量控制和分析，01 号浮标观测海域 2018 年度有效波高、有效波周期数据和季节数据特征如下。

年度有效波高平均值为 0.72 m，年度有效波周期平均值为 4.49 s；测得的年度最大有效波高为 3.7 m（8 月 20 日），对应的有效波周期为 8.6 s，当时有效波高不小于 2 m 的海浪持续了 13.5 h（8 月 20—21 日）；测得的年度最长有效波周期为 12.4 s（9 月 17 日）。以 2 月为冬季代表月，观测海域冬季的平均有效波高是 0.75 m，平均有效波周期是 4.21 s；以 5 月为春季代表月，观测海域春季的平均有效波高是 0.56 m，平均有效波周期是 4.51 s；以 8 月为夏季代表月，观测海域夏季的平均有效波高是 0.74 m，平均有效波周期是 4.96 s；以 11 月为秋季代表月，观测海域秋季的平均有效波高是 0.66 m，平均有效波周期是 4.08 s。

2018 年，01 号浮标观测海域有效波高、有效波周期的月平均值、最大值和最小值数据参见表 20。

2018 年，01 号浮标获取到有效波高不小于 2 m 的海浪过程共有 22 次，记录到 1 次寒潮过程和 2 次台风过程。寒潮期间的最大有效波高为 2.2 m（12 月 26 日 08:00），对应的有效波周期为 6.2 s。第一次台风过程，受第 18 号强热带风暴“温比亚”的影响，获取到的最大有效波高为 3.7 m（8 月 20 日 13:30），对应的有效波周期为 7.3 s。第二次台风过程，受第 19 号强台风“苏力”的影响，获取到的最大有效波高为 1.6 m（8 月 23 日 21:30），对应的有效波周期为 5.1 s。

表 20　01 号浮标各月份有效波高、有效波周期观测数据

月份	有效波高 / m			有效波周期 / s			备注
	平均	最大	最小	平均	最大	最小	
1	0.86	2.3	0.2	4.28	6.7	2.4	记录 4 次有效波高不小于 2 m 过程
2	0.75	2.3	0.1	4.21	7.2	2.3	记录 1 次有效波高不小于 2 m 过程
3	0.80	2.4	0.1	4.37	6.1	2.7	记录 3 次有效波高不小于 2 m 过程
4	0.69	2.3	0.1	4.55	7.7	2.4	记录 2 次有效波高不小于 2 m 过程
5	0.56	1.5	0.1	4.51	7.4	2.3	
6	0.62	2.2	0.1	4.53	9.9	2.4	记录 1 次有效波高不小于 2 m 过程
7	0.75	2.0	0.1	5.37	11.6	2.4	记录 1 次有效波高不小于 2 m 过程
8	0.74	3.7	0.1	4.96	9.0	2.4	记录 2 次有效波高不小于 2 m 过程，记录 2 次台风
9	0.61	1.6	0.2	4.69	12.4	2.5	
10	0.71	2.1	0.1	4.04	6.8	2.4	记录 3 次有效波高不小于 2 m 过程
11	0.66	2.2	0.1	4.08	9.2	2.5	记录 2 次有效波高不小于 2 m 过程
12	0.89	2.2	0.2	4.28	6.5	2.8	记录 3 次有效波高不小于 2 m 过程，记录 1 次寒潮

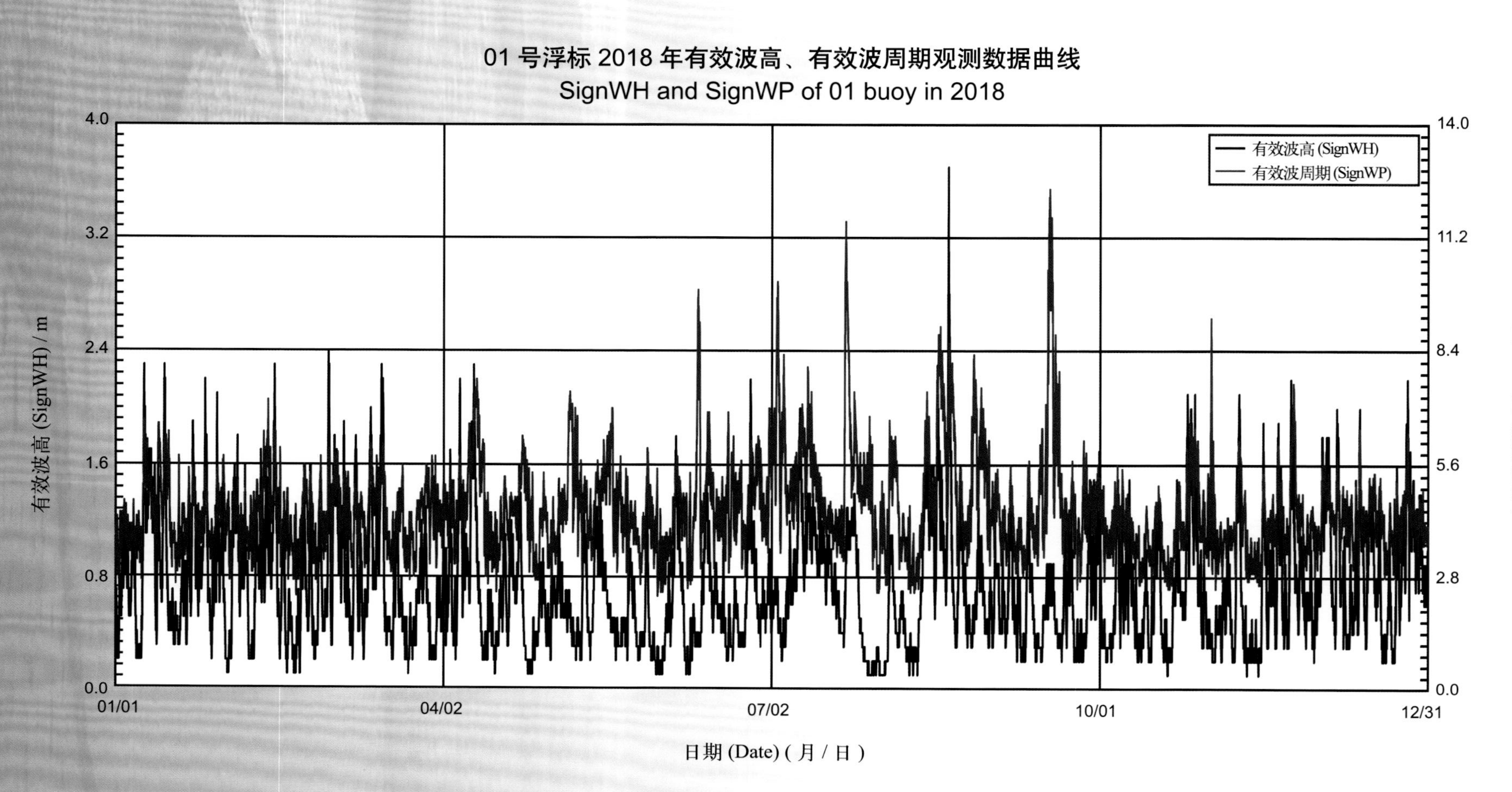
01 号浮标 2018 年有效波高、有效波周期观测数据曲线
SignWH and SignWP of 01 buoy in 2018
有效波高 (SignWH)
有效波周期 (SignWP)
有效波高 (SignWH) / m
有效波周期 (SignWP) / s
日期 (Date) (月 / 日)
4.0
3.2
2.4
1.6
0.8
0.0
14.0
11.2
8.4
5.6
2.8
0.0
01/01
04/02
07/02
10/01
12/31

01 号浮标 2018 年 01 月有效波高、有效波周期观测数据曲线
SignWH and SignWP of 01 buoy in Jan. 2018

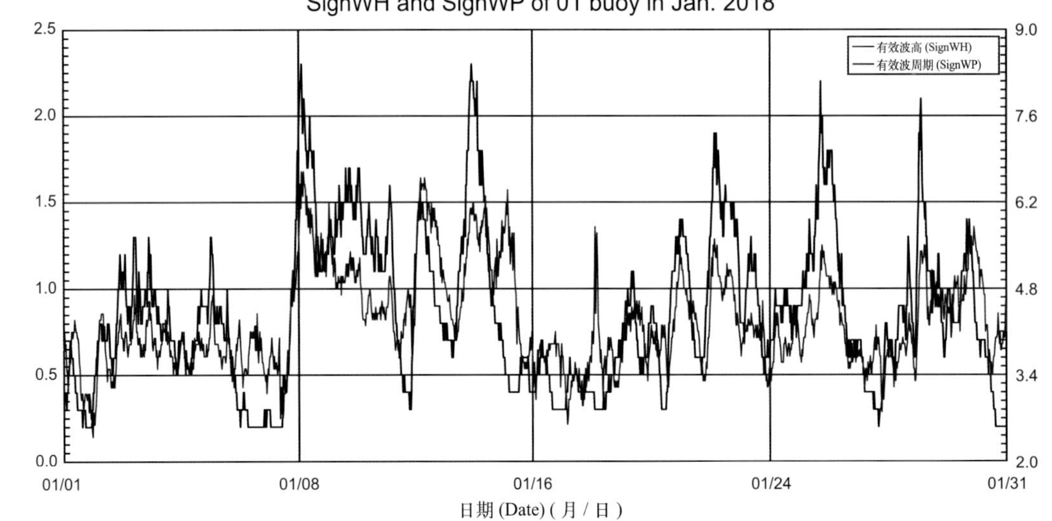

01 号浮标 2018 年 02 月有效波高、有效波周期观测数据曲线
SignWH and SignWP of 01 buoy in Feb. 2018

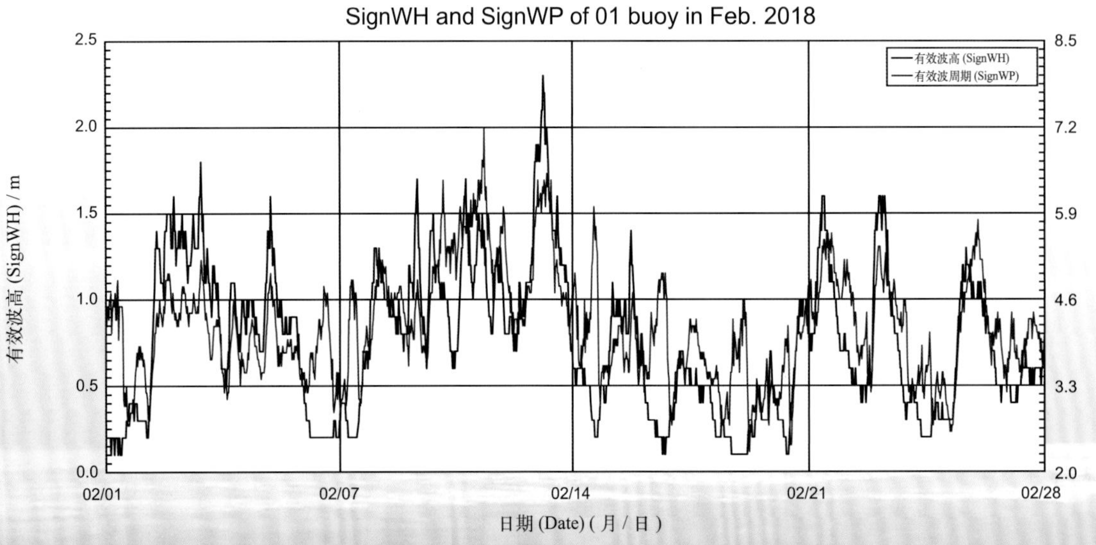

01 号浮标 2018 年 03 月有效波高、有效波周期观测数据曲线
SignWH and SignWP of 01 buoy in Mar. 2018

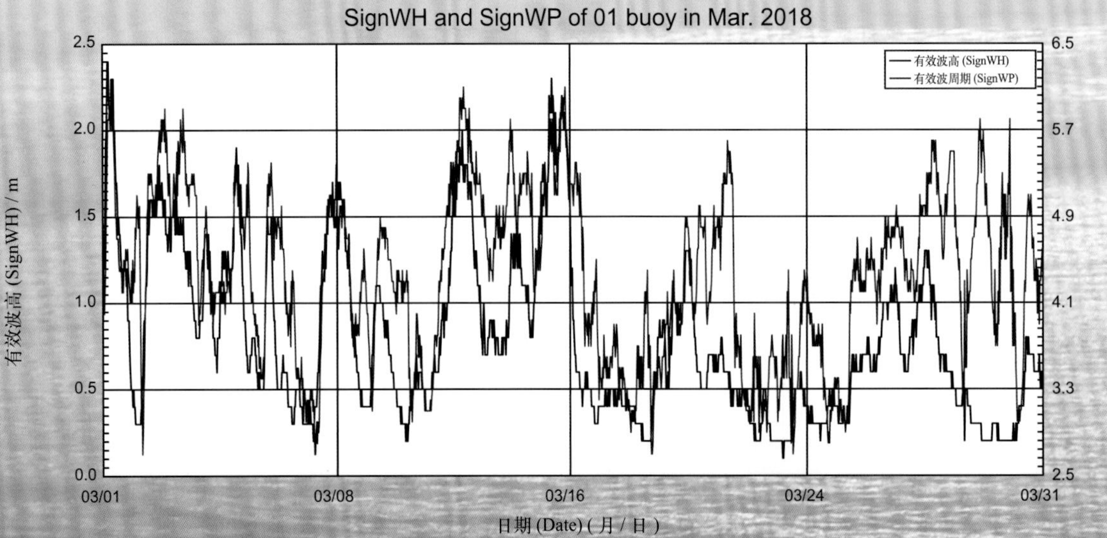

01 号浮标 2018 年 04 月有效波高、有效波周期观测数据曲线
SignWH and SignWP of 01 buoy in Apr. 2018

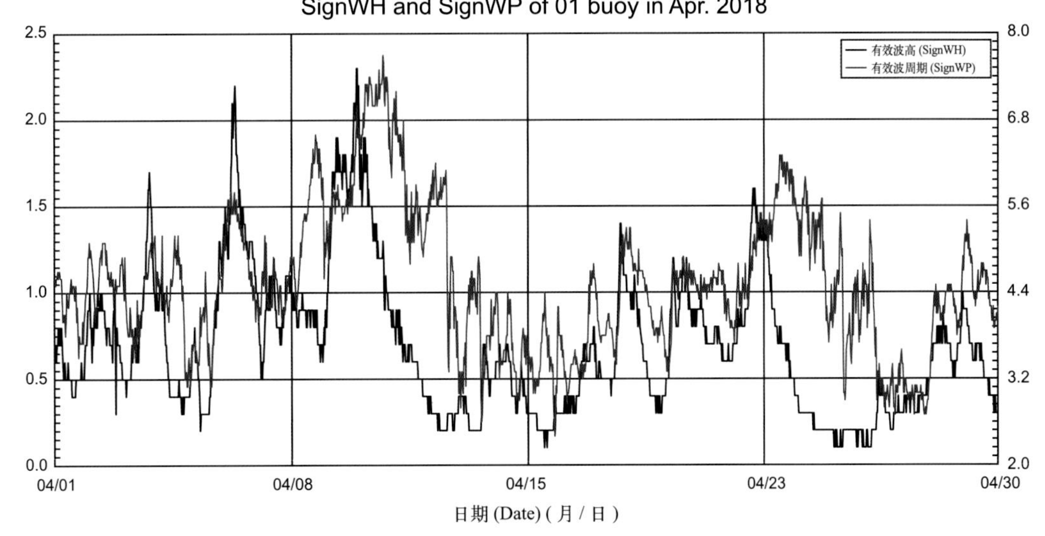

01 号浮标 2018 年 05 月有效波高、有效波周期观测数据曲线
SignWH and SignWP of 01 buoy in May 2018

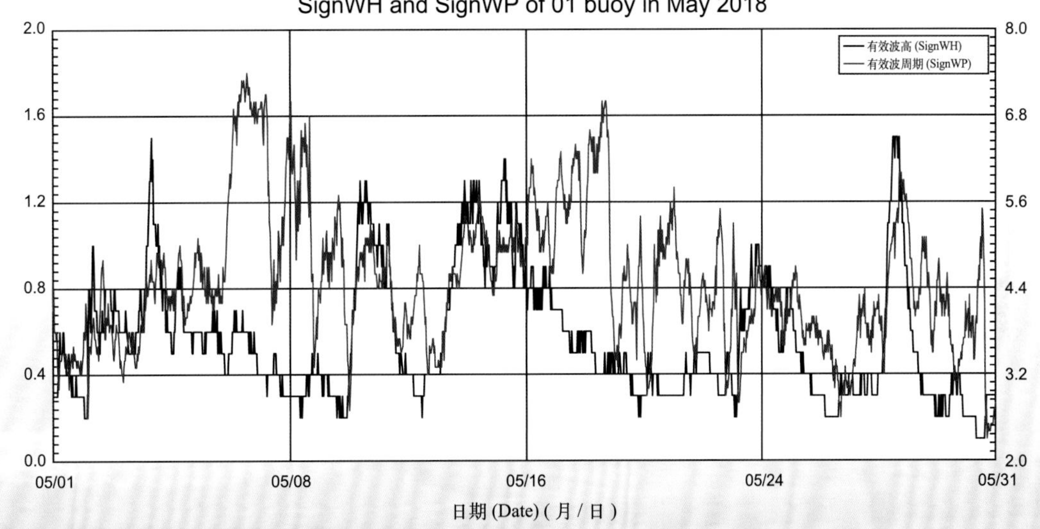

01 号浮标 2018 年 06 月有效波高、有效波周期观测数据曲线
SignWH and SignWP of 01 buoy in Jun. 2018

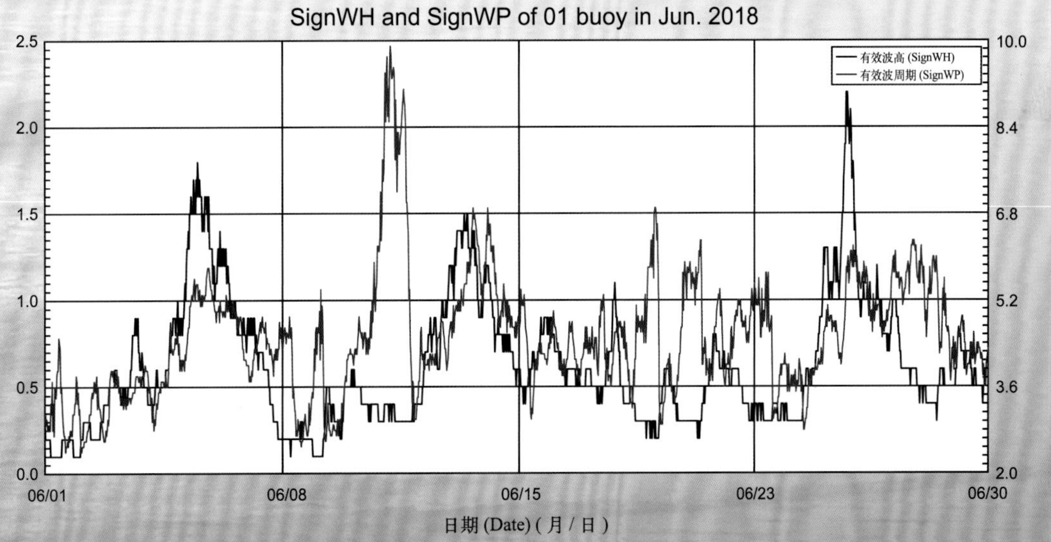

01 号浮标 2018 年 07 月有效波高、有效波周期观测数据曲线
SignWH and SignWP of 01 buoy in Jul. 2018

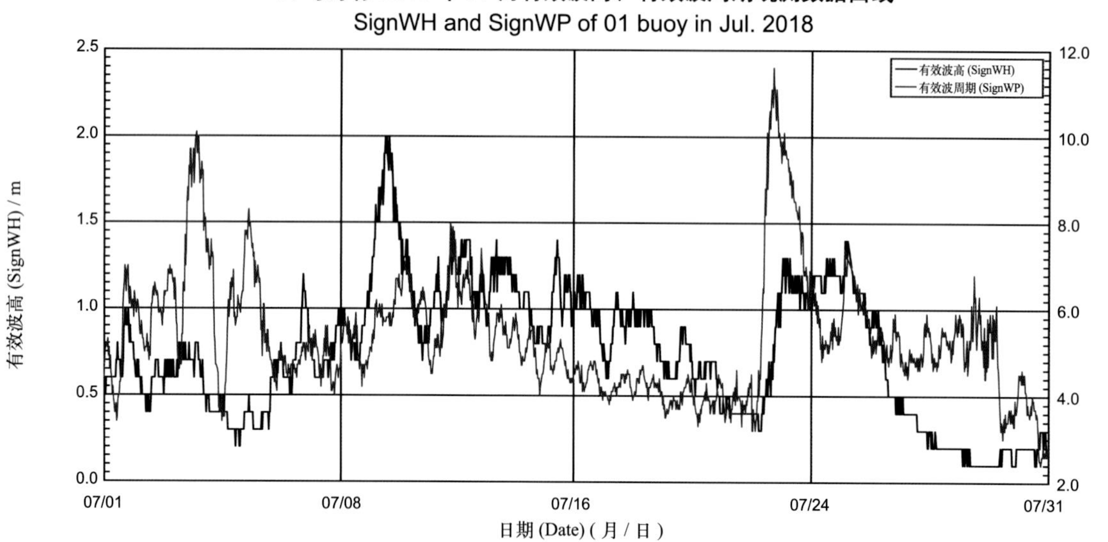

01 号浮标 2018 年 08 月有效波高、有效波周期观测数据曲线
SignWH and SignWP of 01 buoy in Aug. 2018

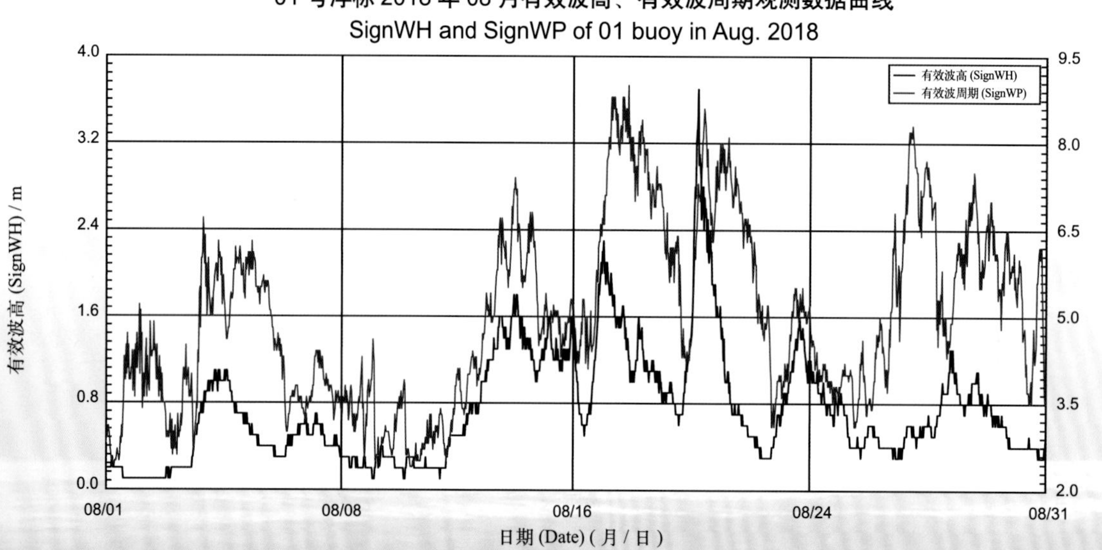

01 号浮标 2018 年 09 月有效波高、有效波周期观测数据曲线
SignWH and SignWP of 01 buoy in Sep. 2018

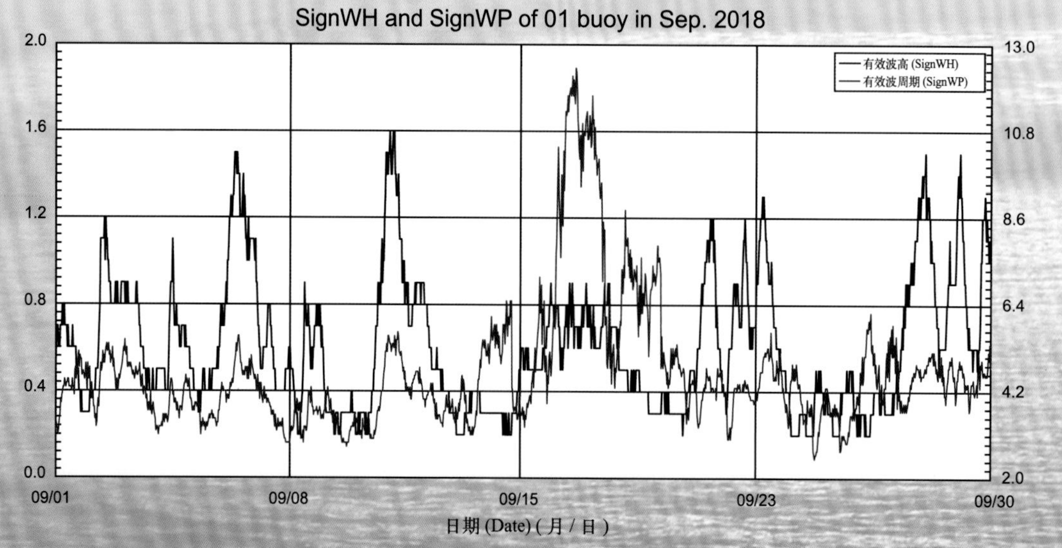

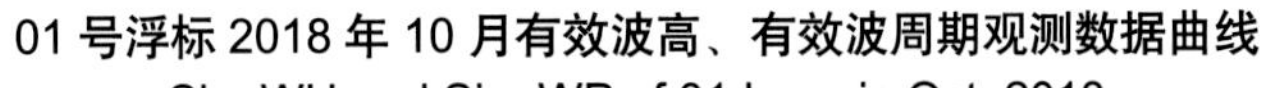

01 号浮标 2018 年 10 月有效波高、有效波周期观测数据曲线
SignWH and SignWP of 01 buoy in Oct. 2018

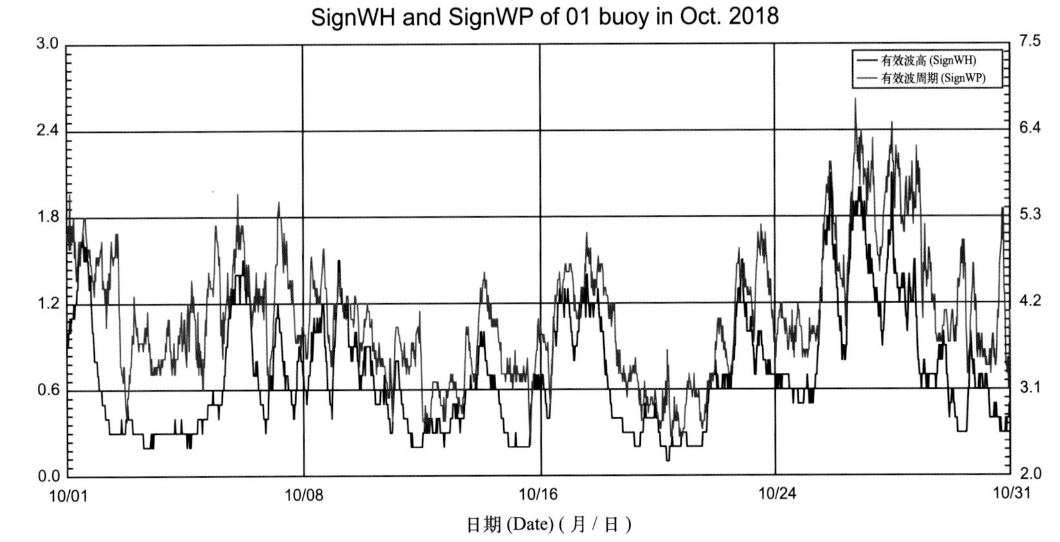

01 号浮标 2018 年 11 月有效波高、有效波周期观测数据曲线
SignWH and SignWP of 01 buoy in Nov. 2018

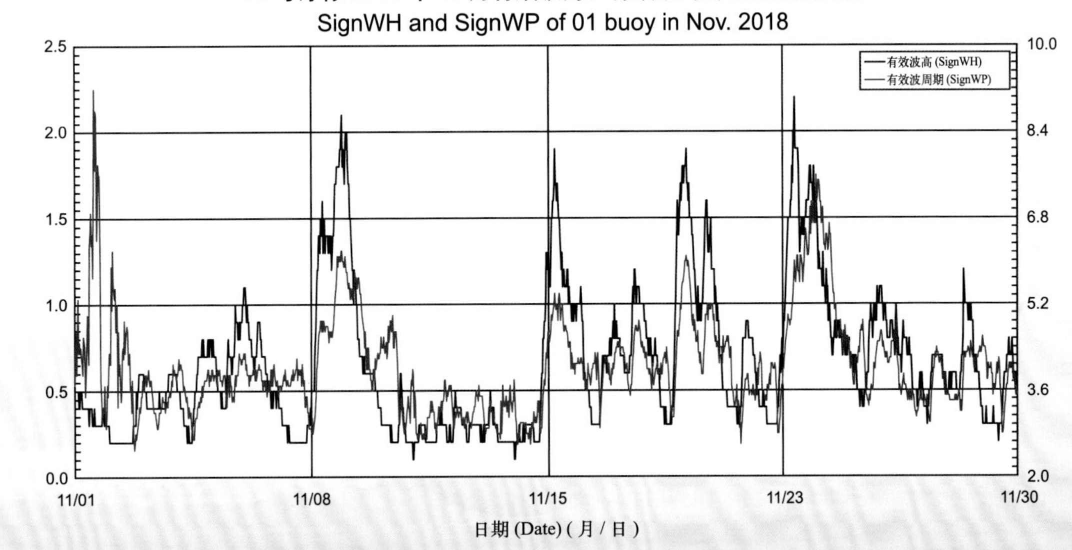

01 号浮标 2018 年 12 月有效波高、有效波周期观测数据曲线
SignWH and SignWP of 01 buoy in Dec. 2018

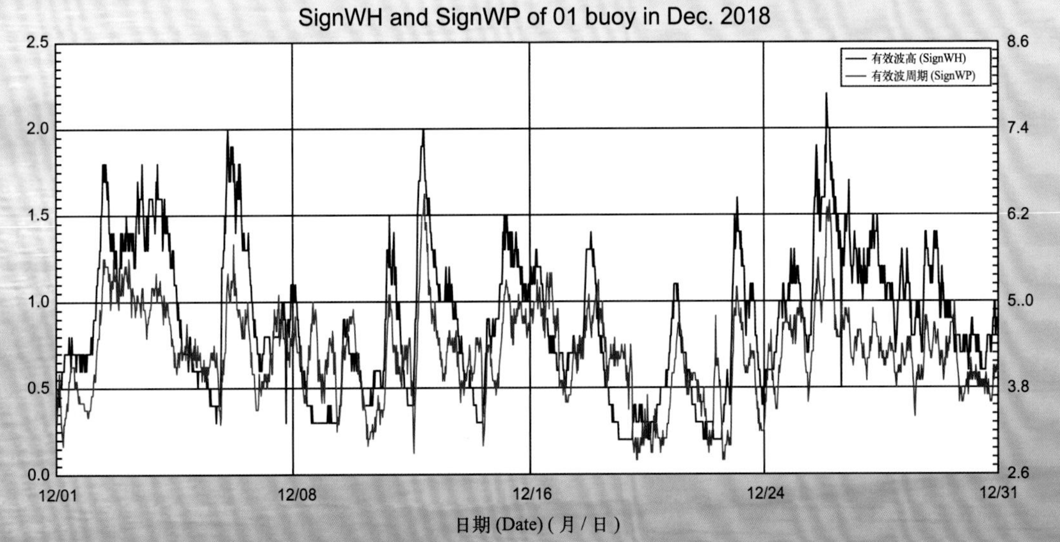

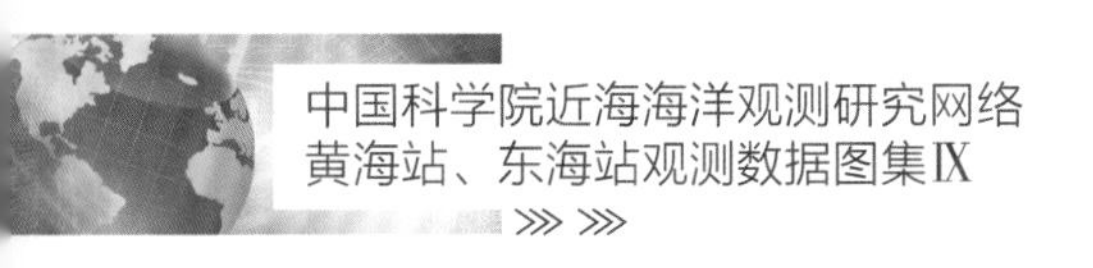

2018年度06号浮标观测数据概述及曲线
（有效波高和有效波周期）

2018年，06号浮标共获取365天的有效波高和有效波周期长序列观测数据。通过对获取数据质量控制和分析，06号浮标观测海域2018年度有效波高、有效波周期数据和季节数据特征如下。

年度有效波高平均值为1.31 m，年度有效波周期平均值为6.61 s；测得的年度最大有效波高为6.8 m（10月5日），对应的有效波周期为8.6 s，当时有效波高不小于4 m以上的海浪持续了27.5 h（10月5—6日）；测得的年度最长有效波周期为14.6 s（8月22日）。以2月为冬季代表月，观测海域冬季的平均有效波高是1.24 m，平均有效波周期是6.01 s；以5月为春季代表月，观测海域春季的平均有效波高是1.10 m，平均有效波周期是6.21 s；以8月为夏季代表月，观测海域夏季的平均有效波高是1.70 m，平均有效波周期是7.36 s；以11月为秋季代表月，观测海域秋季的平均有效波高是1.11 m，平均有效波周期是6.07 s。

2018年，06号浮标观测海域有效波高、有效波周期的月平均值、最大值和最小值数据参见表21。

2018年，06号浮标获取到有效波高不小于4 m的灾害性海浪过程共有8次，记录到5次台风过程。第一次台风过程，受第10号强热带风暴“安比”的影响，获取到的最大有效波高为6.6 m（7月22日05:30），对应的有效波周期为11.0 s。第二次台风过程，受第12号台风“云雀”的影响，获取到的最大有效波高为3.0 m（8月3日02:30），对应的有效波周期为8.6 s。第三次台风过程，受第18号强热带风暴“温比亚”的影响，获取到的最大有效波高为4.6 m（8月17日10:00），对应的有效波周期为8.4 s。第四次台风过程，受第19号强台风“苏力”的影响，获取到的最大有效波高为4.8 m（8月22日18:00），对应的有效波周期为11.4 s。第五次台风过程，受第25号超强台风“康妮”的影响，获取到的最大有效波高为6.8m（10月5日19:00），对应的有效波周期为9.8 s。

表 21　06 号浮标各月份有效波高、有效波周期观测数据

月份	有效波高 / m			有效波周期 / s			备注
	平均	最大	最小	平均	最大	最小	
1	1.38	3.6	0.4	6.24	8.2	3.8	
2	1.24	3.0	0.3	6.01	8.2	3.7	
3	1.29	4.1	0.4	7.15	10.4	4.2	记录 1 次有效波高不小于 4 m 过程
4	1.04	3.2	0.3	6.20	9.9	3.9	
5	1.10	2.9	0.3	6.21	9.8	3.8	
6	1.00	2.4	0.3	6.36	10.3	3.8	
7	1.38	6.6	0.3	7.08	12.4	4.5	记录 2 次有效波高不小于 4 m 过程，记录 1 次台风
8	1.70	5.0	0.3	7.36	14.6	4.3	记录 3 次有效波高不小于 4 m 过程，记录 3 次台风
9	1.43	4.5	0.3	7.56	14.0	3.8	记录 1 次有效波高不小于 4 m 过程
10	1.33	6.8	0.5	6.74	14.0	3.9	记录 1 次有效波高不小于 4 m 过程，记录 1 次台风
11	1.11	3.1	0.4	6.07	10.4	4.0	
12	1.62	3.7	0.5	6.30	8.5	3.9	

06 号浮标 2018 年有效波高、有效波周期观测数据曲线
SignWH and SignWP of 06 buoy in 2018

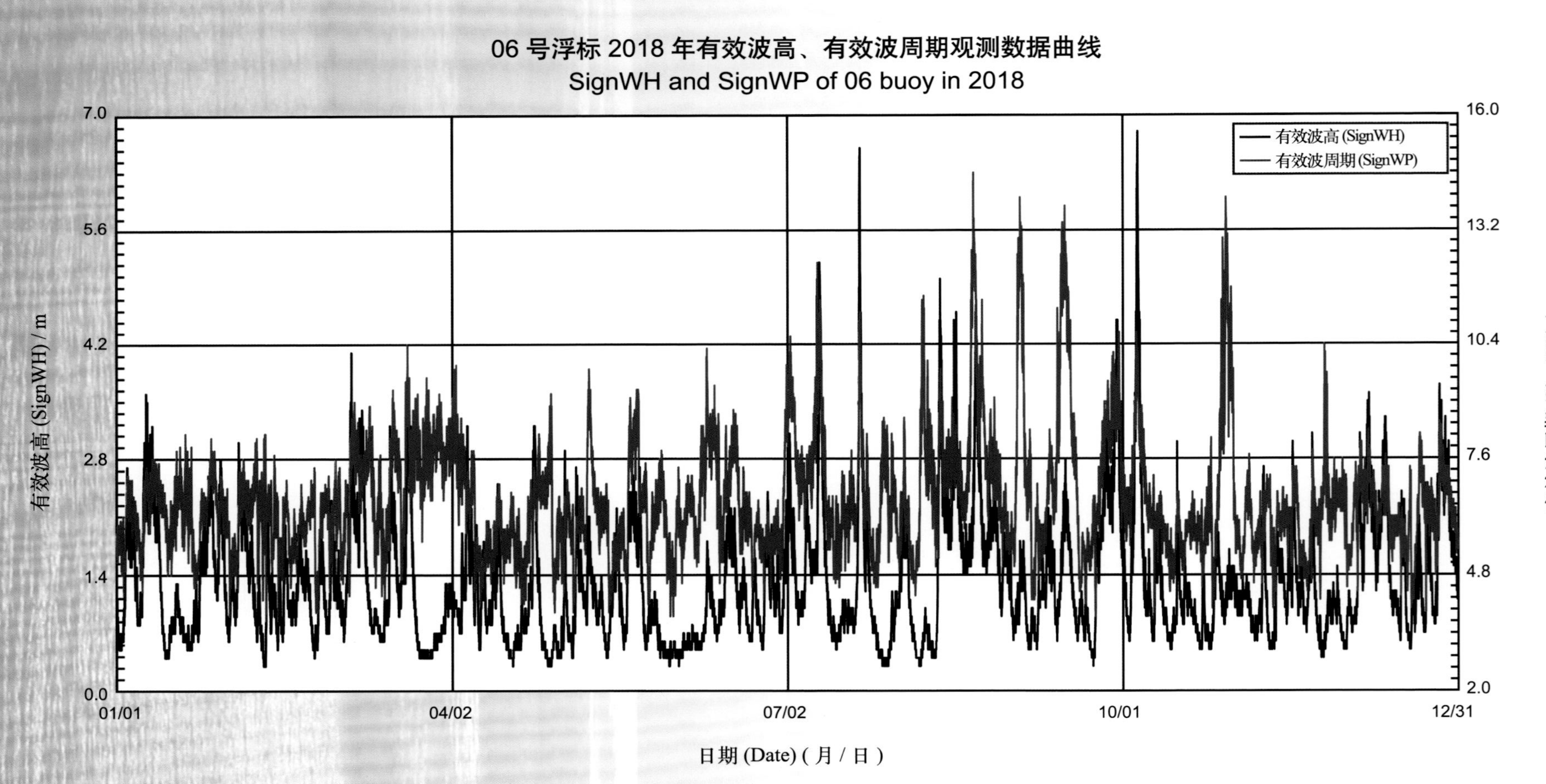

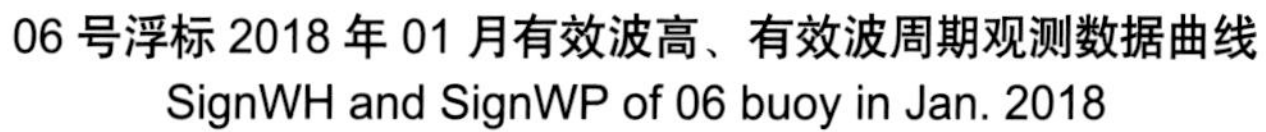

06 号浮标 2018 年 01 月有效波高、有效波周期观测数据曲线
SignWH and SignWP of 06 buoy in Jan. 2018

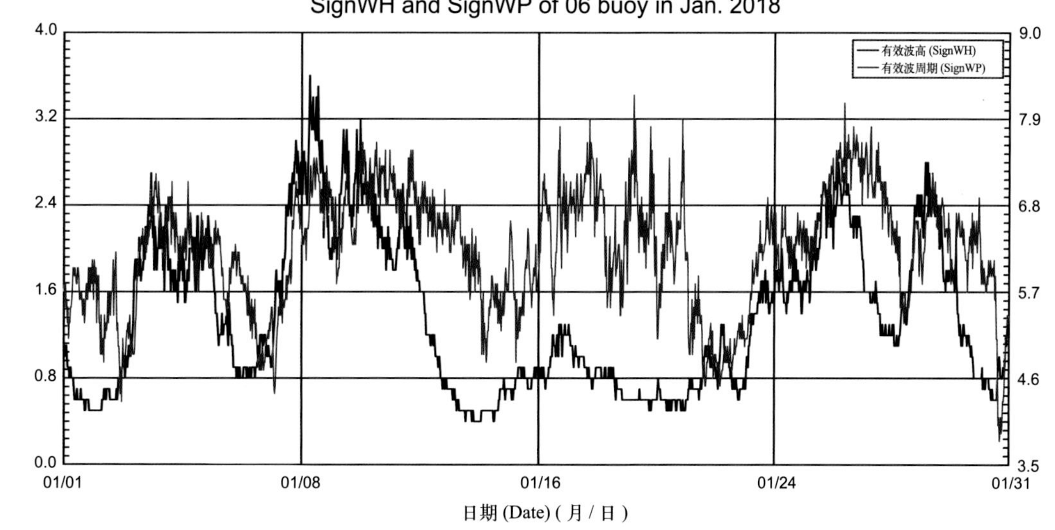

06 号浮标 2018 年 02 月有效波高、有效波周期观测数据曲线
SignWH and SignWP of 06 buoy in Feb. 2018

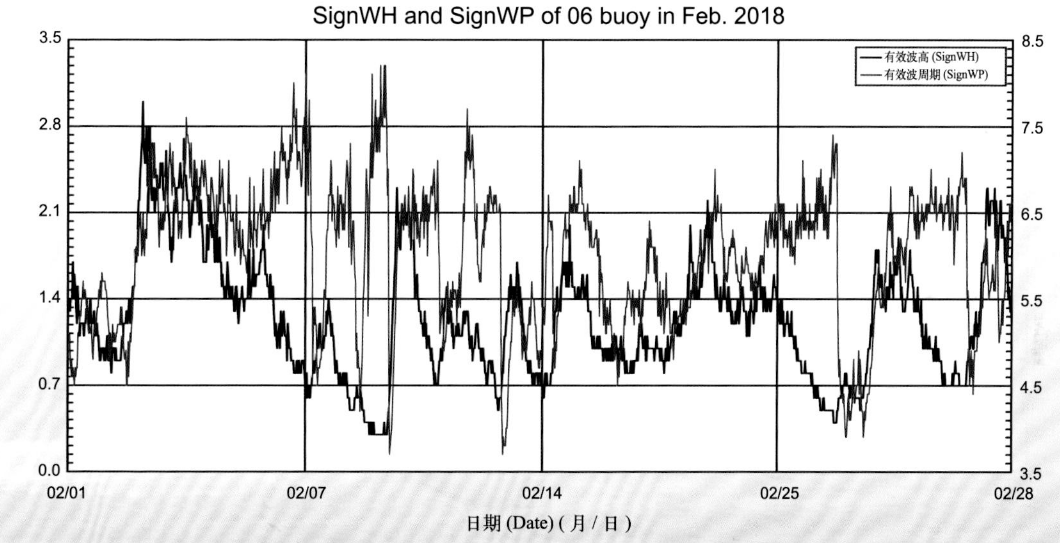

06 号浮标 2018 年 03 月有效波高、有效波周期观测数据曲线
SignWH and SignWP of 06 buoy in Mar. 2018

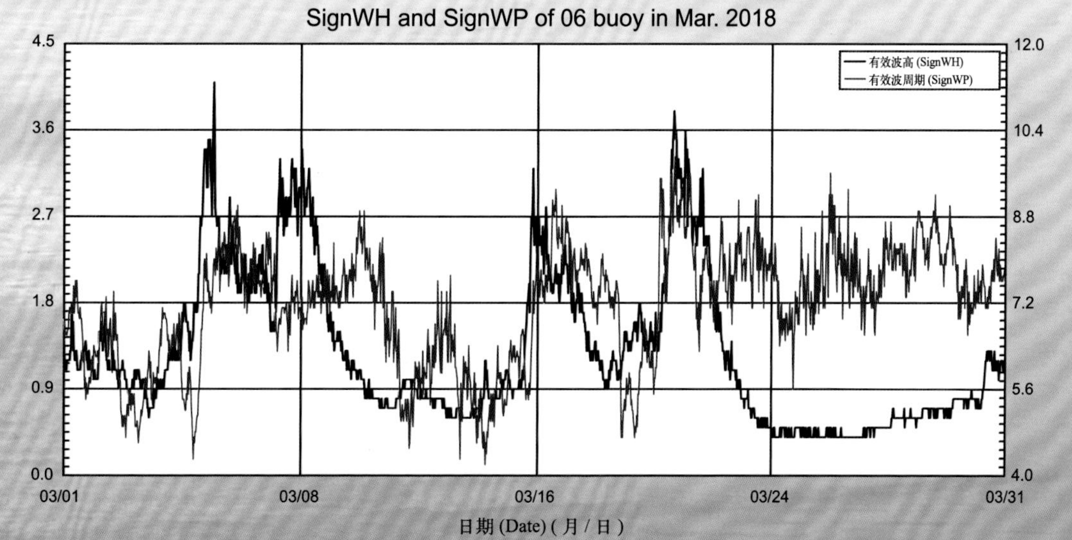

06 号浮标 2018 年 04 月有效波高、有效波周期观测数据曲线
SignWH and SignWP of 06 buoy in Apr. 2018

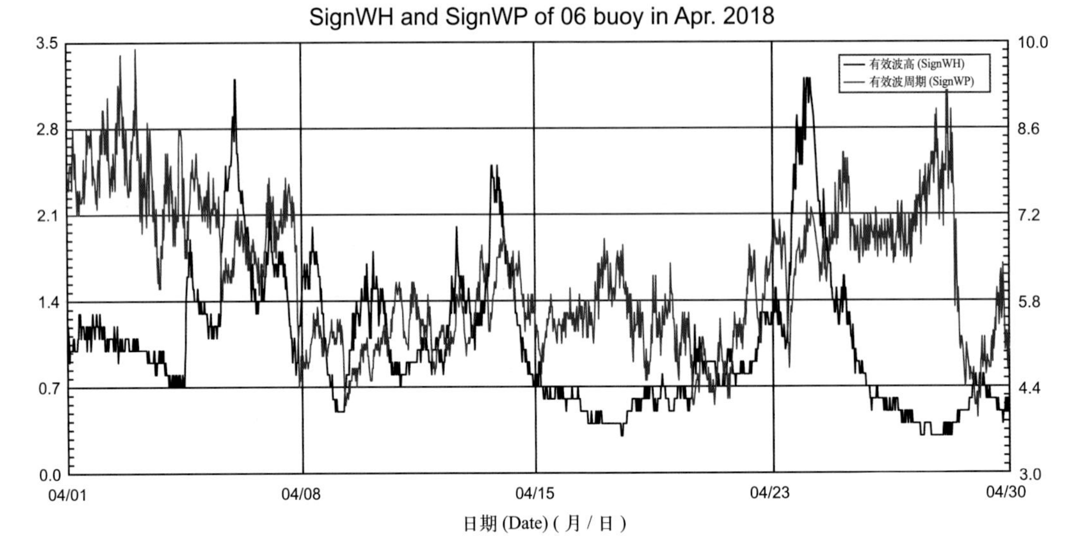

06 号浮标 2018 年 05 月有效波高、有效波周期观测数据曲线
SignWH and SignWP of 06 buoy in May 2018

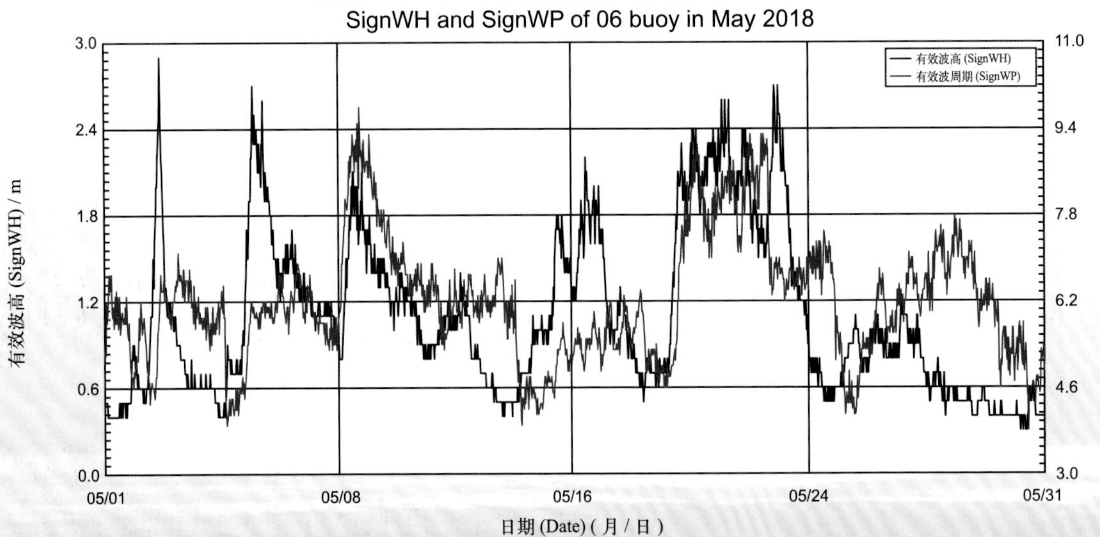

06 号浮标 2018 年 06 月有效波高、有效波周期观测数据曲线
SignWH and SignWP of 06 buoy in Jun. 2018

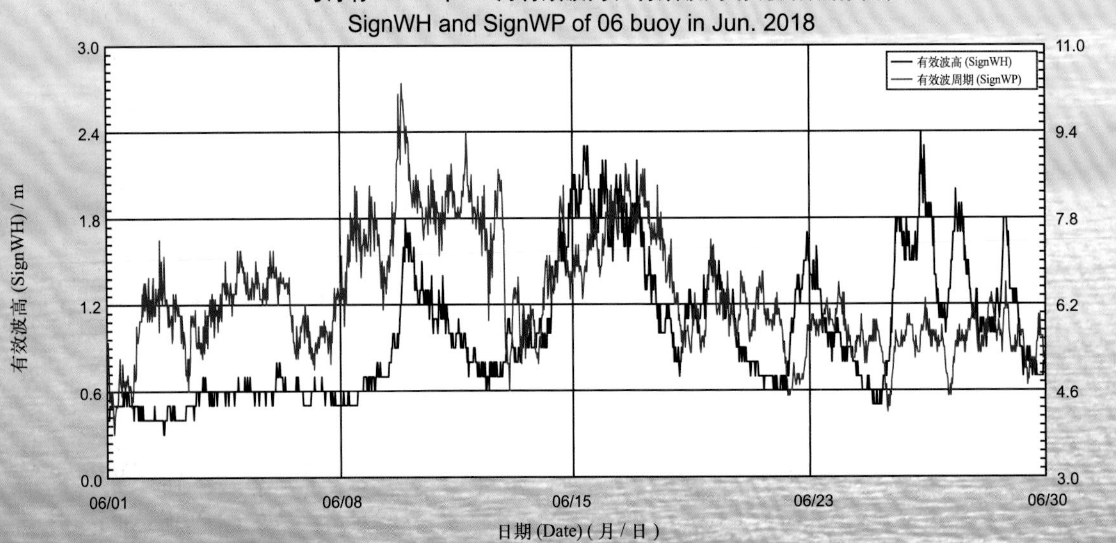

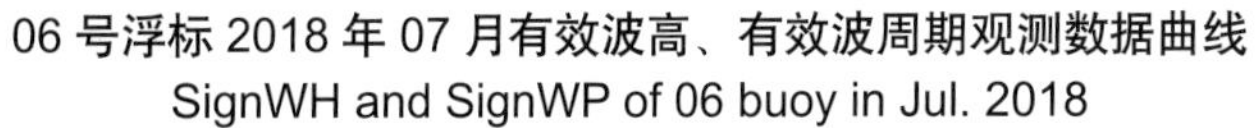

06 号浮标 2018 年 07 月有效波高、有效波周期观测数据曲线
SignWH and SignWP of 06 buoy in Jul. 2018

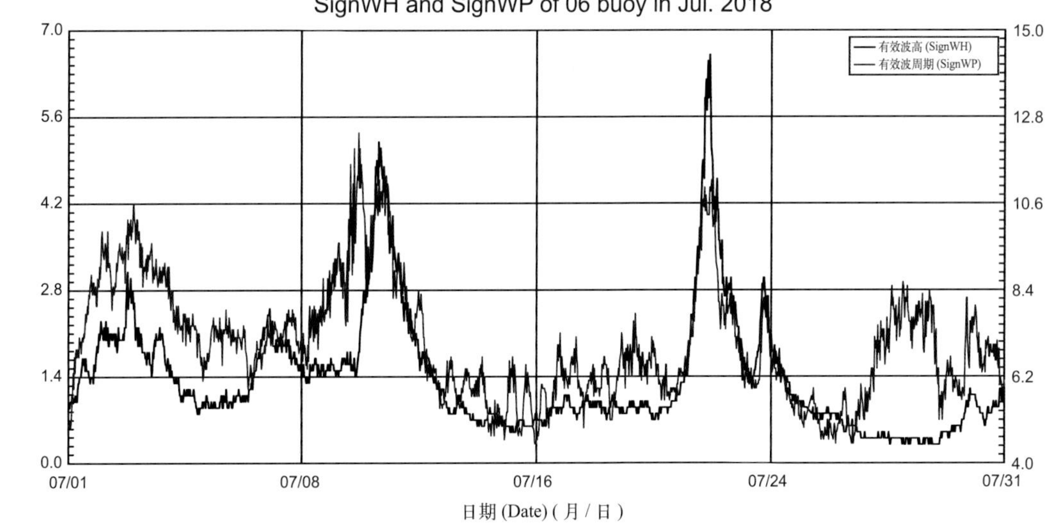

06 号浮标 2018 年 08 月有效波高、有效波周期观测数据曲线
SignWH and SignWP of 06 buoy in Aug. 2018

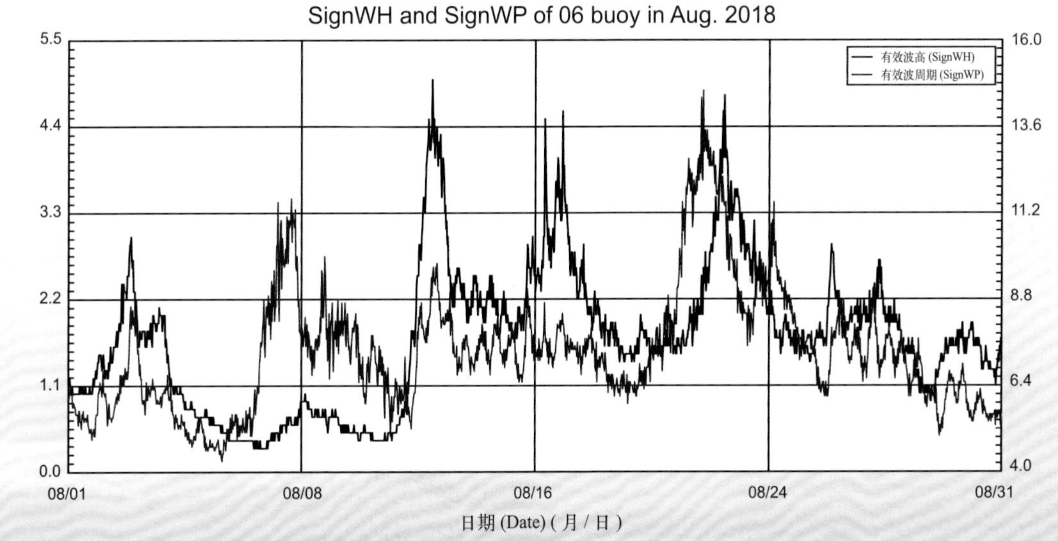

06 号浮标 2018 年 09 月有效波高、有效波周期观测数据曲线
SignWH and SignWP of 06 buoy in Sep. 2018

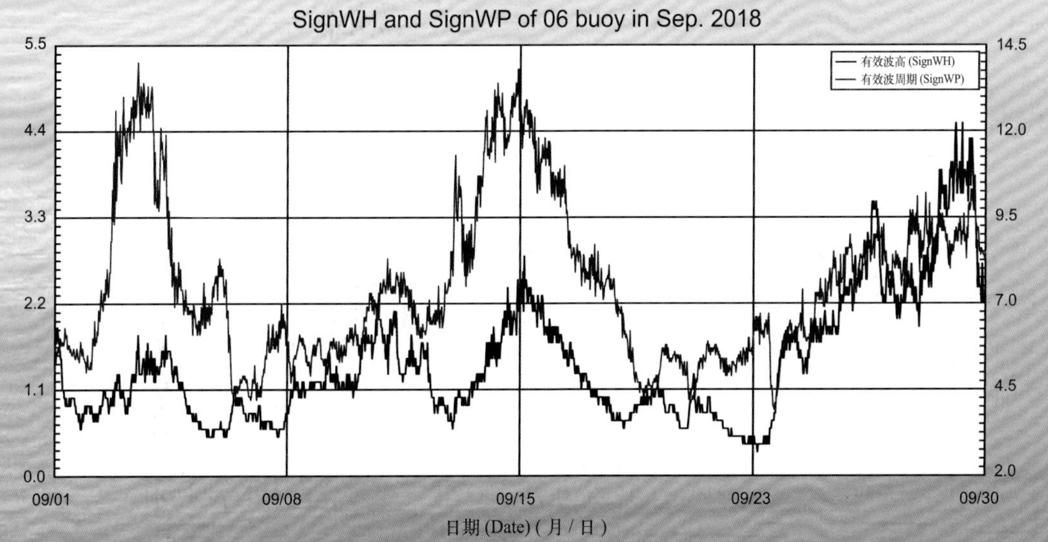

06 号浮标 2018 年 10 月有效波高、有效波周期观测数据曲线
SignWH and SignWP of 06 buoy in Oct. 2018

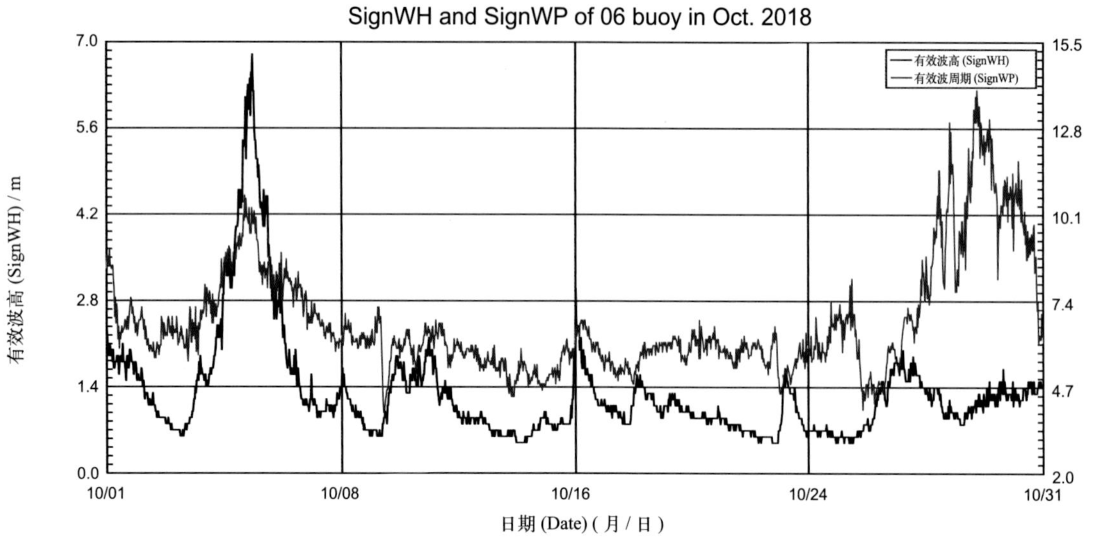

06 号浮标 2018 年 11 月有效波高、有效波周期观测数据曲线
SignWH and SignWP of 06 buoy in Nov. 2018

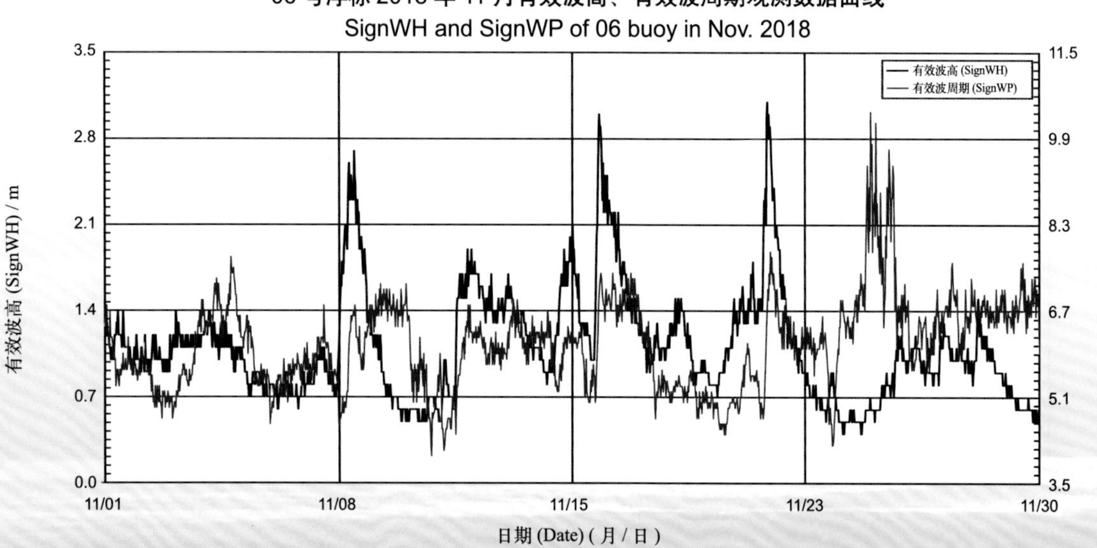

06 号浮标 2018 年 12 月有效波高、有效波周期观测数据曲线
SignWH and SignWP of 06 buoy in Dec. 2018

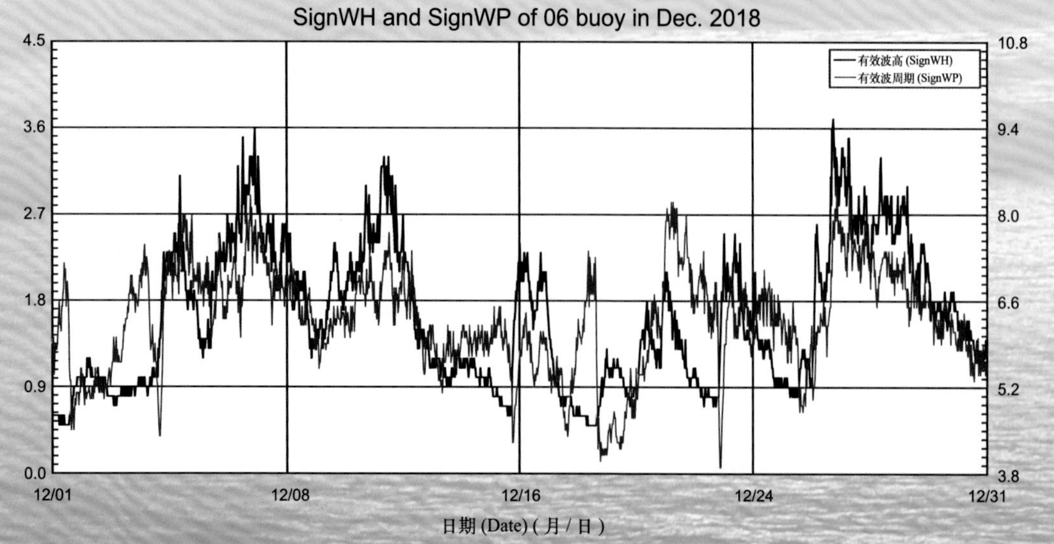

2018 年度 07 号浮标观测数据概述及曲线（有效波高和有效波周期）

2018 年，07 号浮标共获取 360 天的有效波高和有效波周期长序列观测数据。获取数据的主要区间为 1 月 1 日 00:00 至 12 月 26 日 11:30。通过对获取数据质量控制和分析，07 号浮标观测海域 2018 年度有效波高、有效波周期数据和季节数据特征如下。

年度有效波高平均值为 0.40 m，年度有效波周期平均值为 5.59 s；测得的年度最大有效波高为 2.5 m（8 月 20 日），对应的有效波周期为 7.6 s，当时有效波高不小于 2 m 以上的海浪持续了 5 h（8 月 20 日）；测得的年度最长有效波周期为 15.3 s（8 月 22 日）。以 2 月为冬季代表月，观测海域冬季的平均有效波高是 0.33 m，平均有效波周期是 5.16 s；以 5 月为春季代表月，观测海域春季的平均有效波高是 0.29 m，平均有效波周期是 5.27 s；以 8 月为夏季代表月，观测海域夏季的平均有效波高是 0.63 m，平均有效波周期是 6.03 s；以 11 月为秋季代表月，观测海域秋季的平均有效波高是 0.32 m，平均有效波周期是 5.24 s。

2018 年，07 号浮标观测海域有效波高、有效波周期的月平均值、最大值和最小值数据参见表 22。

2018 年，07 号浮标获取到有效波高不小于 2 m 的海浪过程共有 4 次，记录到 1 次寒潮过程和 3 次台风过程。寒潮期间的最大有效波高为 1.5 m（1 月 26 日 01:30），对应的有效波周期为 7.4 s。第一次台风过程，受第 18 号强热带风暴“温比亚”的影响，获取到的最大有效波高为 2.4 m（8 月 17 日 17:00），对应的有效波周期为 8.8 s。第二次台风过程，受第 19 号强台风“苏力”的影响，获取到的最大有效波高为 2.5 m（8 月 20 日 13:00），对应的有效波周期为 7.6 s。第三次台风过程，受第 25 号超强台风“康妮”的影响，获取到的最大有效波高为 2.1 m（10 月 6 日 07:30），对应的有效波周期为 8.3 s。

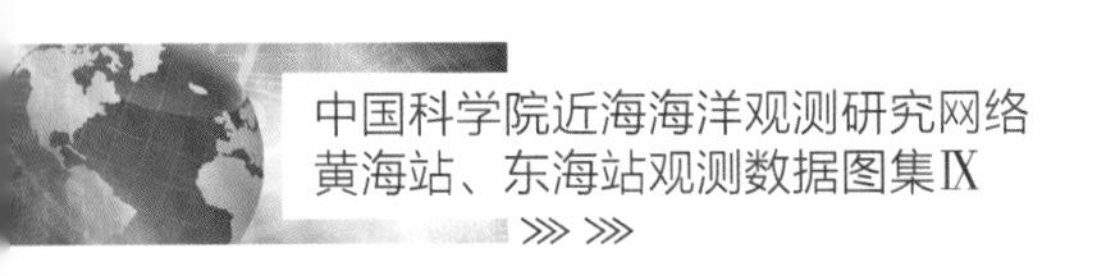

表22　07号浮标各月份有效波高、有效波周期观测数据

月份	有效波高 / m			有效波周期 / s			备注
	平均	最大	最小	平均	最大	最小	
1	0.36	1.5	0.0	5.72	9.7	0.0	记录1次寒潮
2	0.33	1.4	0.0	5.16	8.1	0.0	
3	0.41	1.8	0.0	5.44	9.1	0.0	
4	0.39	2.1	0.0	5.40	9.4	0.0	记录1次有效波高不小于2 m过程
5	0.29	0.8	0.0	5.27	8.3	0.0	
6	0.31	1.2	0.0	5.73	11.7	0.0	
7	0.59	1.8	0.0	6.33	11.9	0.0	
8	0.63	2.5	0.0	6.03	12.7	0.0	记录2次有效波高不小于2 m过程，记录2次台风
9	0.42	1.4	0.1	6.50	15.3	3.0	
10	0.35	2.1	0.0	4.90	12.3	0.0	记录1次有效波高不小于2 m过程，记录1次台风
11	0.32	1.1	0.0	5.24	13.9	0.0	
12	0.45	1.7	0.0	5.29	8.8	0.0	缺测5天数据

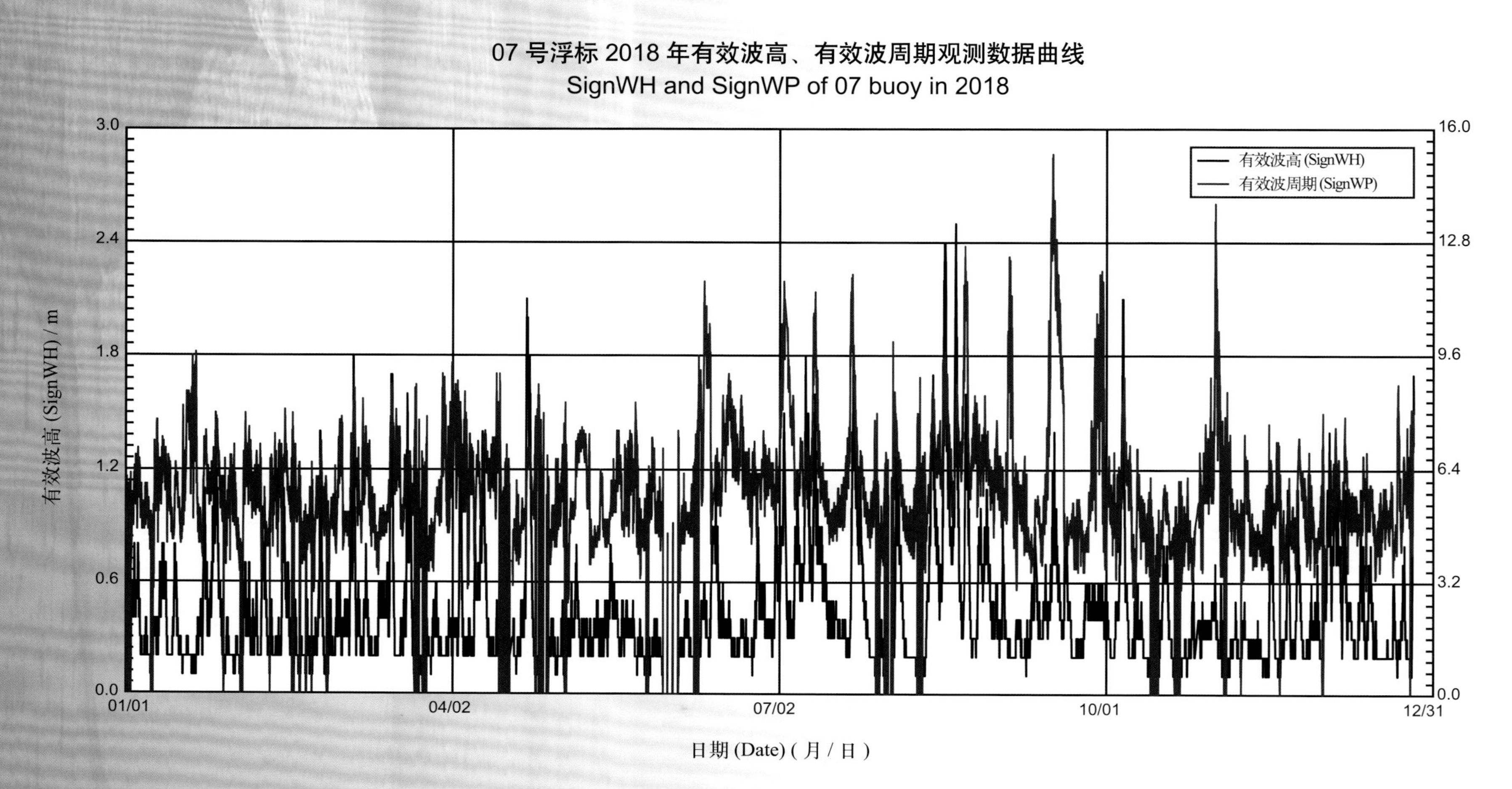
07 号浮标 2018 年有效波高、有效波周期观测数据曲线
SignWH and SignWP of 07 buoy in 2018
有效波高 (SignWH)
有效波周期 (SignWP)
有效波高 (SignWH) / m
有效波周期 (SignWP) / s
日期 (Date) (月 / 日)
3.0
2.4
1.8
1.2
0.6
0.0
16.0
12.8
9.6
6.4
3.2
0.0
01/01
04/02
07/02
10/01
12/31

07 号浮标 2018 年 01 月有效波高、有效波周期观测数据曲线
SignWH and SignWP of 07 buoy in Jan. 2018

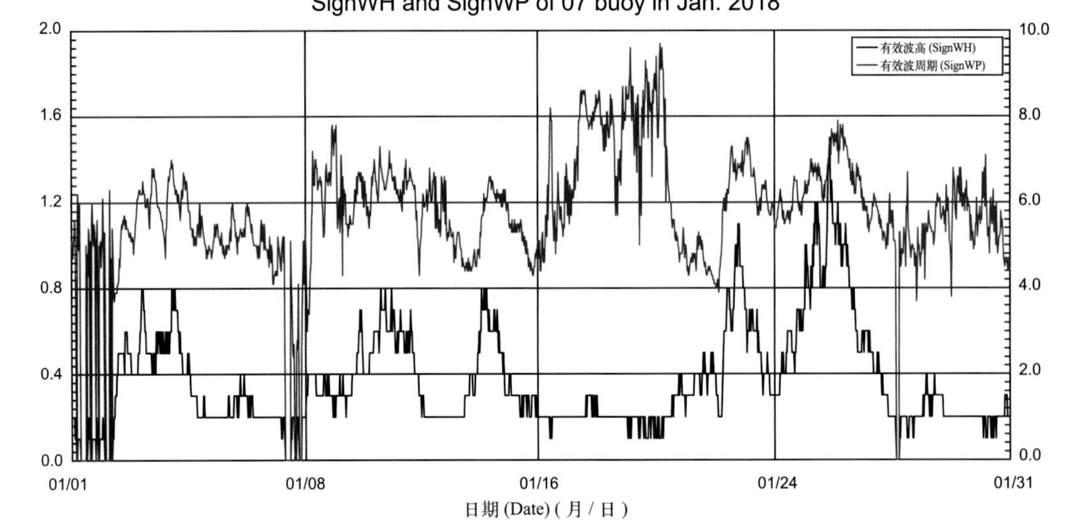

07 号浮标 2018 年 02 月有效波高、有效波周期观测数据曲线
SignWH and SignWP of 07 buoy in Feb. 2018

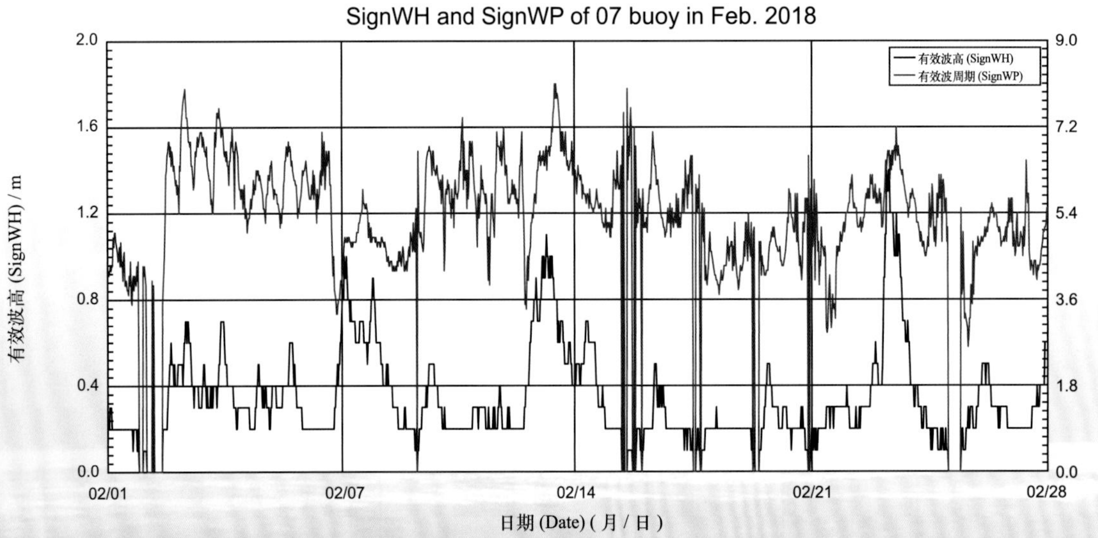

07 号浮标 2018 年 03 月有效波高、有效波周期观测数据曲线
SignWH and SignWP of 07 buoy in Mar. 2018

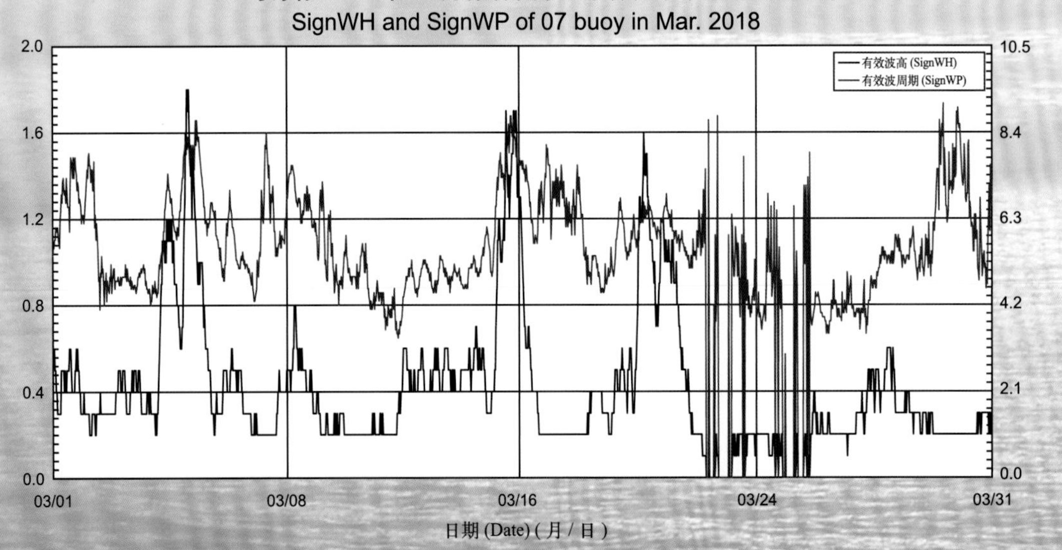

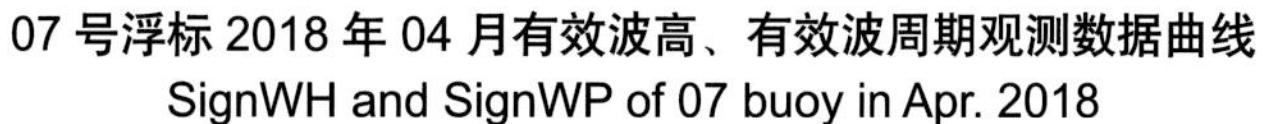

07 号浮标 2018 年 04 月有效波高、有效波周期观测数据曲线
SignWH and SignWP of 07 buoy in Apr. 2018

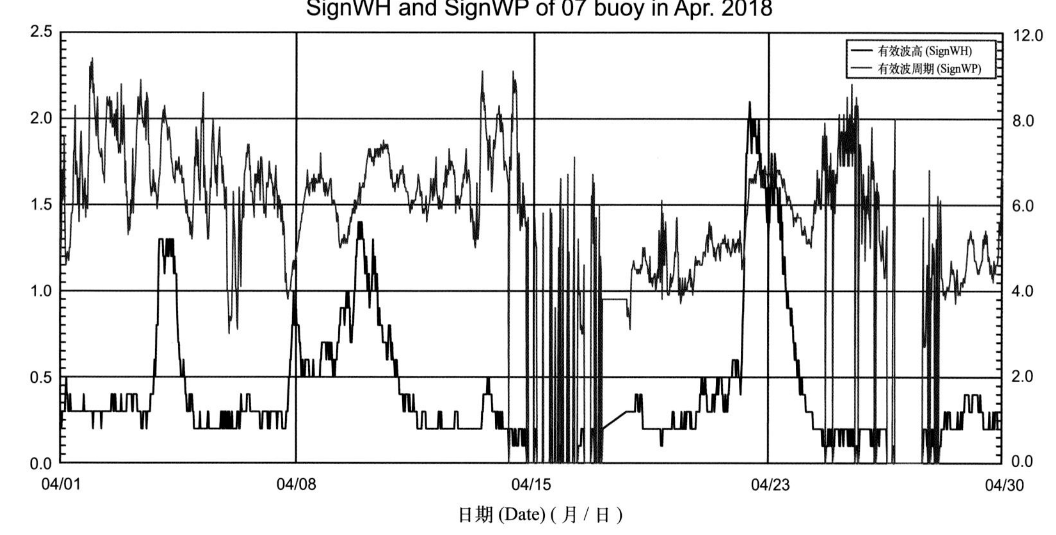

07 号浮标 2018 年 05 月有效波高、有效波周期观测数据曲线
SignWH and SignWP of 07 buoy in May 2018

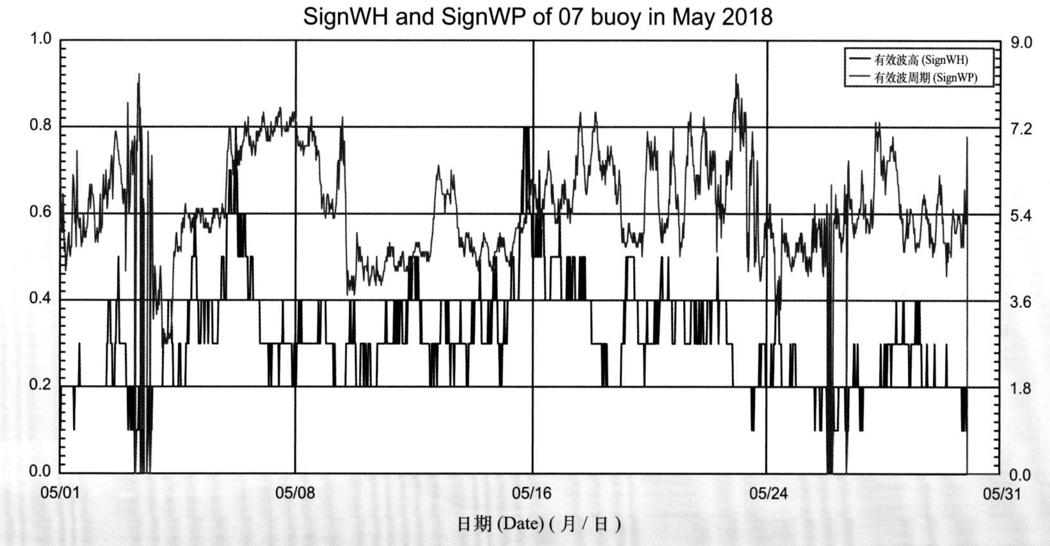

07 号浮标 2018 年 06 月有效波高、有效波周期观测数据曲线
SignWH and SignWP of 07 buoy in Jun. 2018

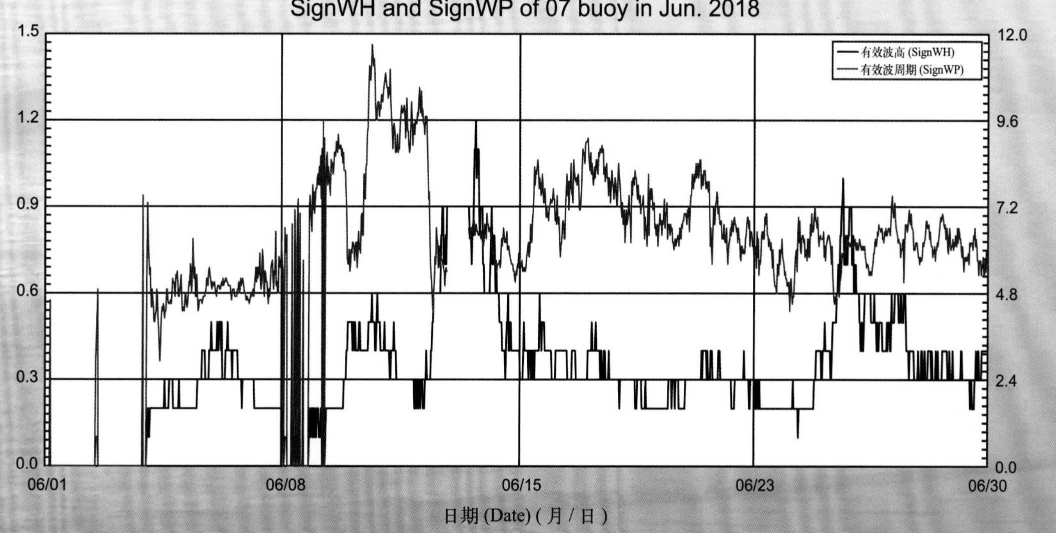

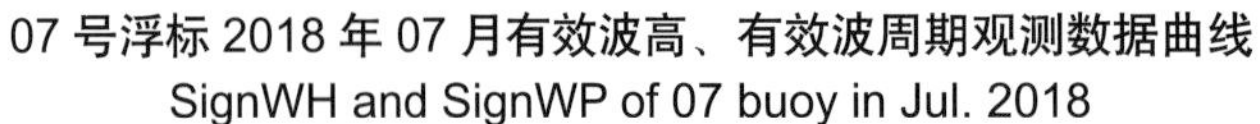

07 号浮标 2018 年 07 月有效波高、有效波周期观测数据曲线
SignWH and SignWP of 07 buoy in Jul. 2018

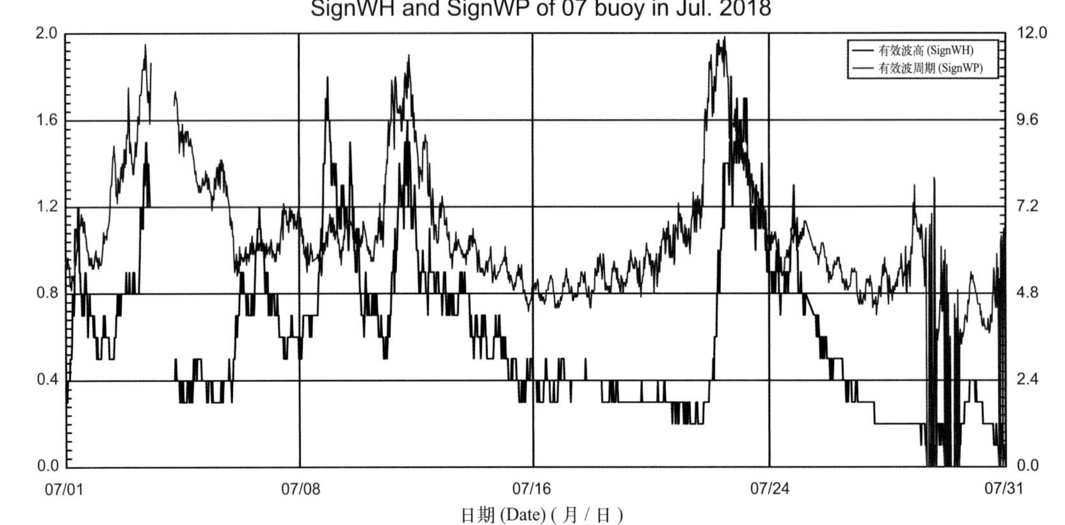

07 号浮标 2018 年 08 月有效波高、有效波周期观测数据曲线
SignWH and SignWP of 07 buoy in Aug. 2018

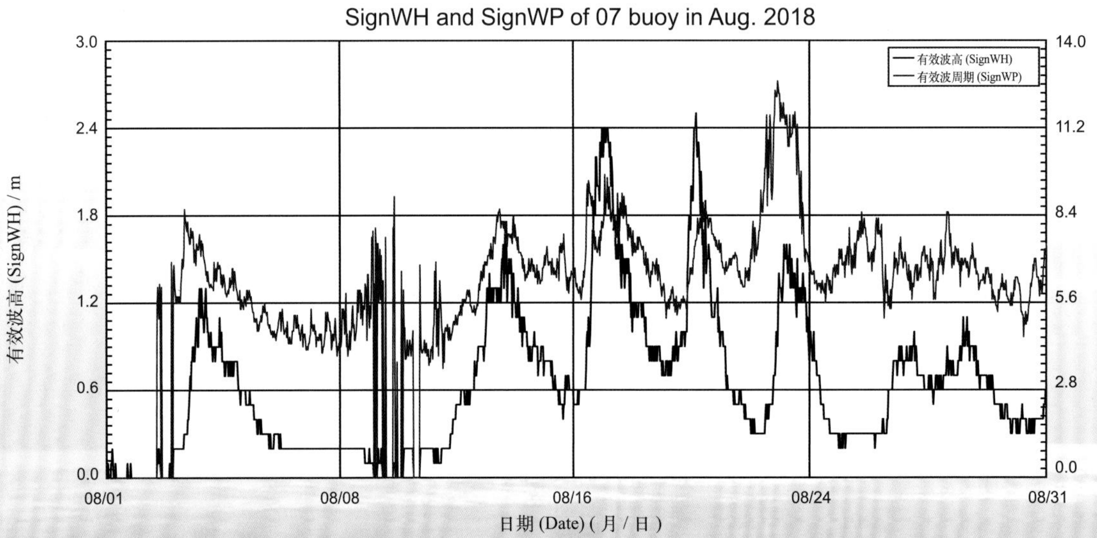

07 号浮标 2018 年 09 月有效波高、有效波周期观测数据曲线
SignWH and SignWP of 07 buoy in Sep. 2018

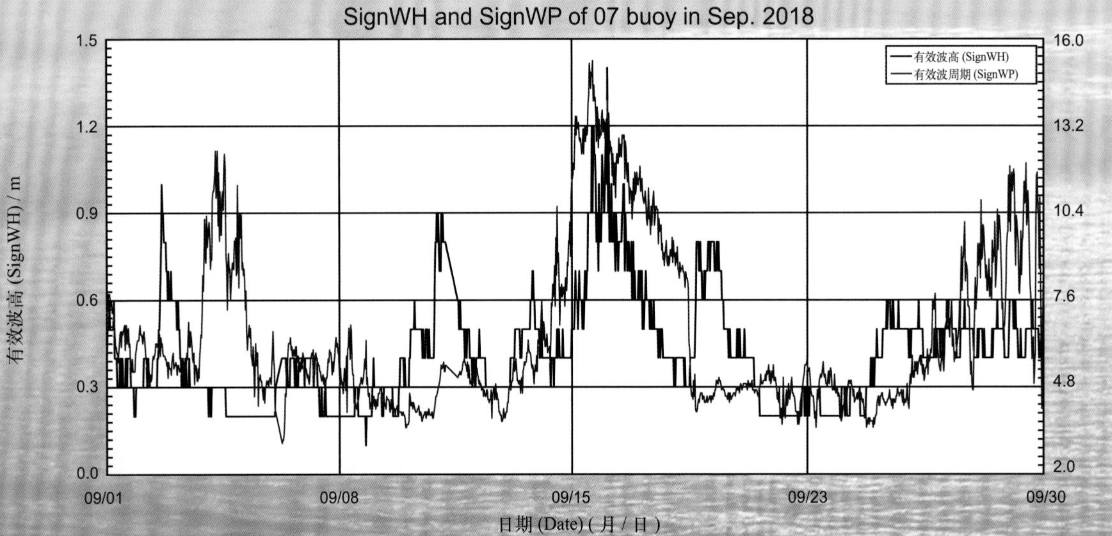

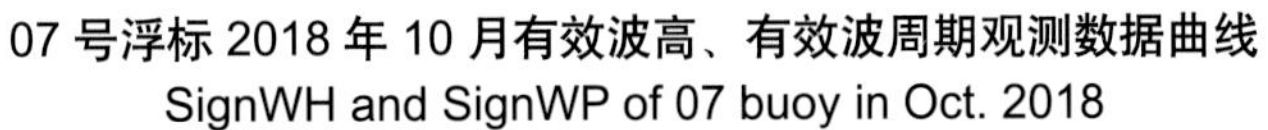
07 号浮标 2018 年 10 月有效波高、有效波周期观测数据曲线
SignWH and SignWP of 07 buoy in Oct. 2018

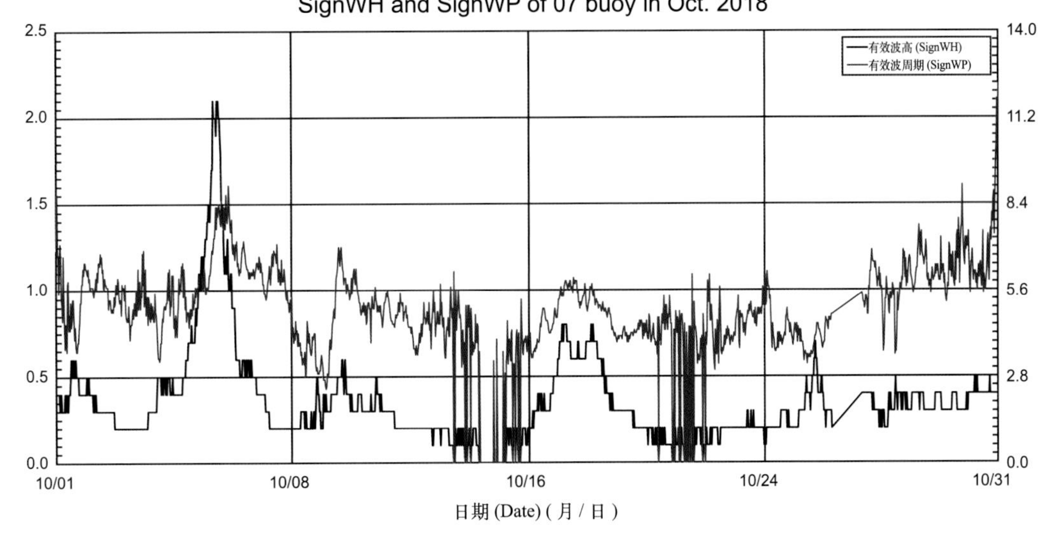

07 号浮标 2018 年 11 月有效波高、有效波周期观测数据曲线
SignWH and SignWP of 07 buoy in Nov. 2018

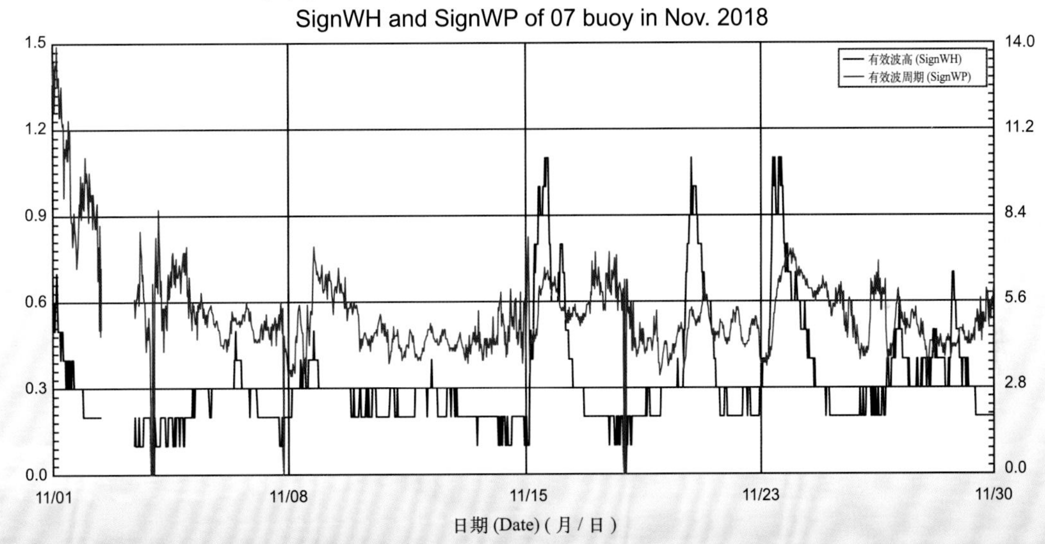

07 号浮标 2018 年 12 月有效波高、有效波周期观测数据曲线
SignWH and SignWP of 07 buoy in Dec. 2018

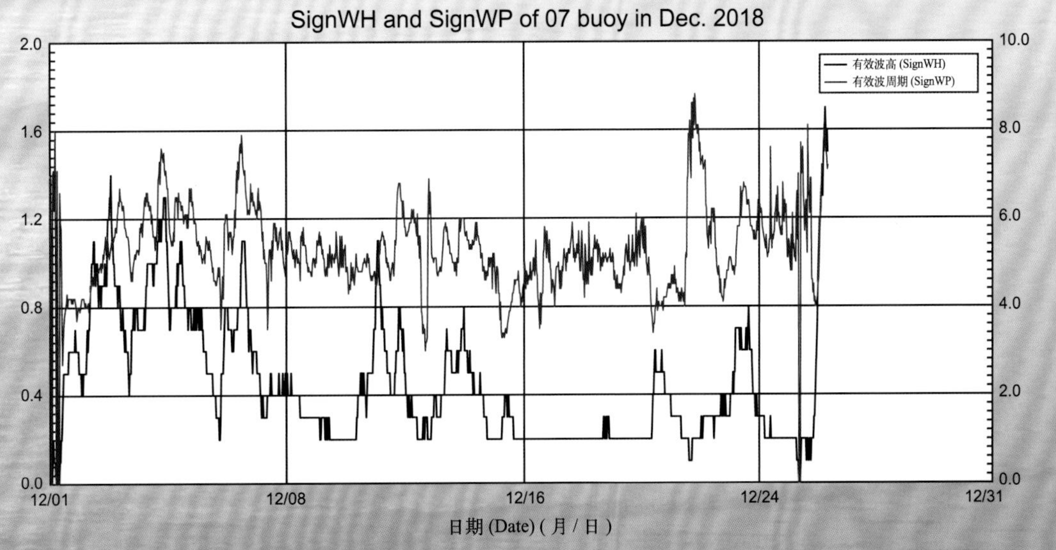

2018 年度 09 号浮标观测数据概述及曲线
(有效波高和有效波周期)

2018 年，09 号浮标共获取 365 天的有效波高和有效波周期长序列观测数据。通过对获取数据质量控制和分析，09 号浮标观测海域 2018 年度有效波高、有效波周期数据和季节数据特征如下。

年度有效波高平均值为 0.56 m，年度有效波周期平均值为 4.84 s；测得的年度最大有效波高为 3.5 m（7 月 23 日），对应的有效波周期为 7.6 s，当时有效波高不小于 4 m 以上的海浪持续了 20.5 h（7 月 23 日）；测得的年度最长有效波周期为 13.7 s（8 月 22 日）。以 2 月为冬季代表月，观测海域冬季的平均有效波高是 0.69 m，平均有效波周期是 4.52 s；以 5 月为春季代表月，观测海域春季的平均有效波高是 0.51 m，平均有效波周期是 4.88 s；以 8 月为夏季代表月，观测海域夏季的平均有效波高是 0.88 m，平均有效波周期是 5.47 s；以 11 月为秋季代表月，观测海域秋季的平均有效波高是 0.41 m，平均有效波周期是 4.35 s。

2018 年，09 号浮标观测海域有效波高、有效波周期的月平均值、最大值和最小值数据参见表 23。

2018 年，09 号浮标获取到有效波高不小于 2 m 的海浪过程共有 4 次，记录到 4 次台风过程。第一次台风过程，受第 10 号强热带风暴“安比”的影响，获取到的最大有效波高为 3.5 m（7 月 23 日 12:00），对应的有效波周期为 7.7 s。第二次台风过程，受第 18 号强热带风暴“温比亚”的影响，获取到的最大有效波高为 3.0 m（8 月 20 日 02:00），对应的有效波周期为 7.0 s。第三次台风过程，受第 19 号强台风“苏力”的影响，获取到的最大有效波高为 1.6 m（8 月 23 日 15:30），对应的有效波周期为 10.3 s。第四次台风过程，受第 25 号超强台风“康妮”的影响，获取到的最大有效波高为 1.7 m（10 月 6 日 13:30），对应的有效波周期为 10.2 s。

表23　09号浮标各月份有效波高、有效波周期观测数据

月份	有效波高 / m			有效波周期 / s			备注
	平均	最大	最小	平均	最大	最小	
1	0.39	1.6	0.0	4.25	7.6	0.0	
2	0.69	2.2	0.2	4.52	6.6	2.9	记录1次有效波高不小于2 m过程
3	0.59	1.5	0.1	4.75	8.3	2.8	
4	0.55	1.5	0.1	4.85	8.0	2.4	
5	0.51	1.4	0.1	4.88	7.6	2.6	
6	0.52	1.4	0.1	4.69	7.5	2.7	
7	0.82	3.5	0.1	5.45	12.9	2.8	记录1次有效波高不小于2 m过程，记录1次台风
8	0.88	3.0	0.0	5.47	11.0	0.0	记录2次有效波高不小于2 m过程，记录2次台风
9	0.50	1.3	0.1	5.53	13.7	2.5	
10	0.38	1.7	0.1	4.61	12.4	2.4	记录1次台风
11	0.41	1.4	0.1	4.35	10.7	2.5	
12	0.45	1.7	0.0	4.18	7.1	0.0	

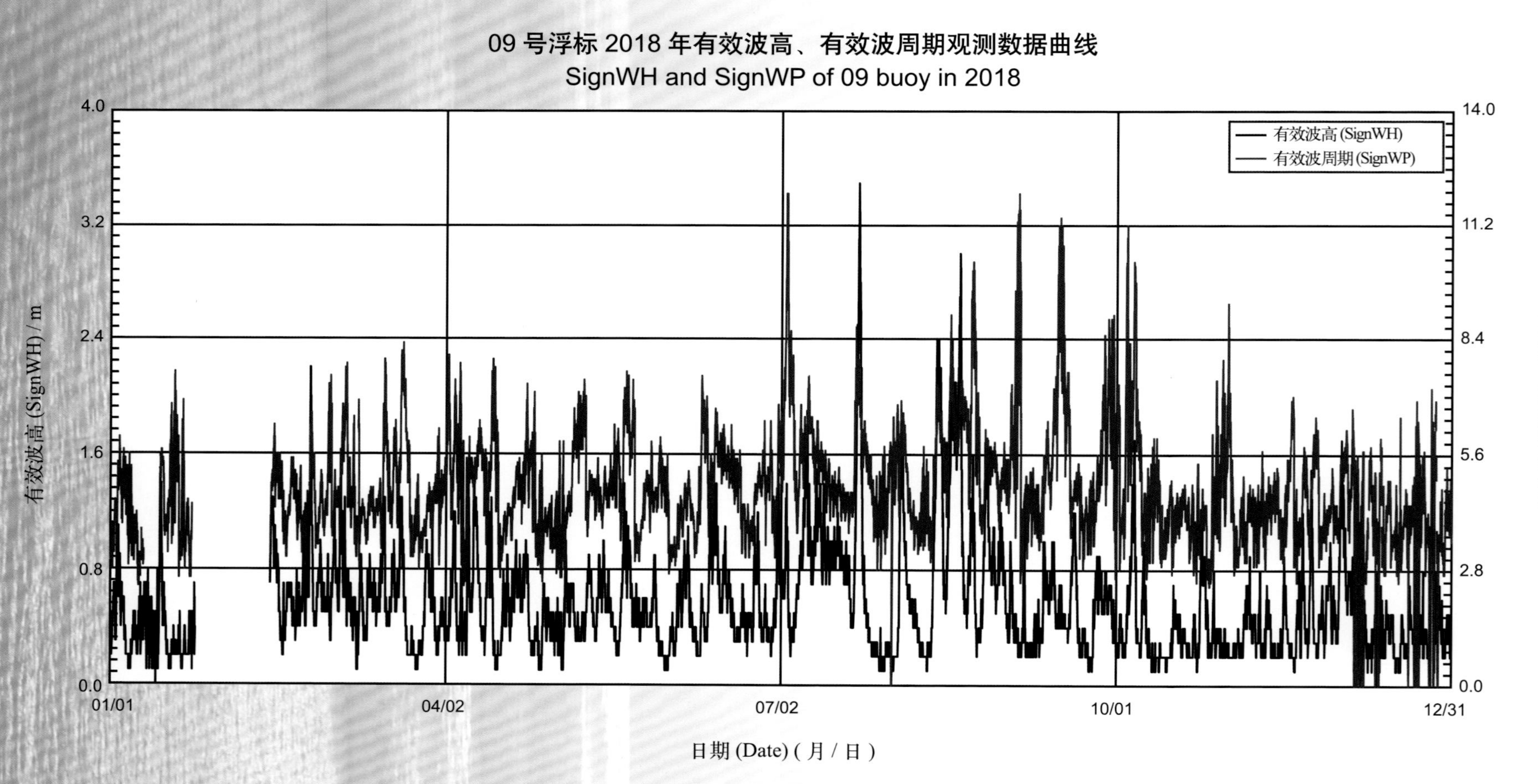
09 号浮标 2018 年有效波高、有效波周期观测数据曲线
SignWH and SignWP of 09 buoy in 2018
有效波高 (SignWH)
有效波周期 (SignWP)
有效波高 (SignWH) / m
有效波周期 (SignWP) / s
日期 (Date) (月 / 日)
4.0
3.2
2.4
1.6
0.8
0.0
14.0
11.2
8.4
5.6
2.8
0.0
01/01
04/02
07/02
10/01
12/31

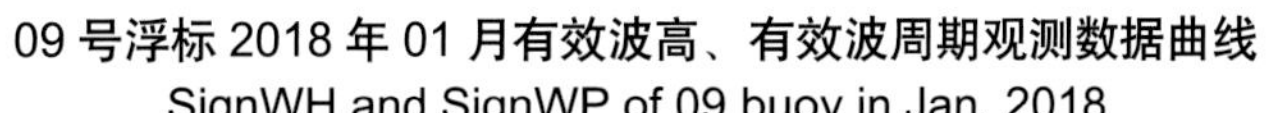

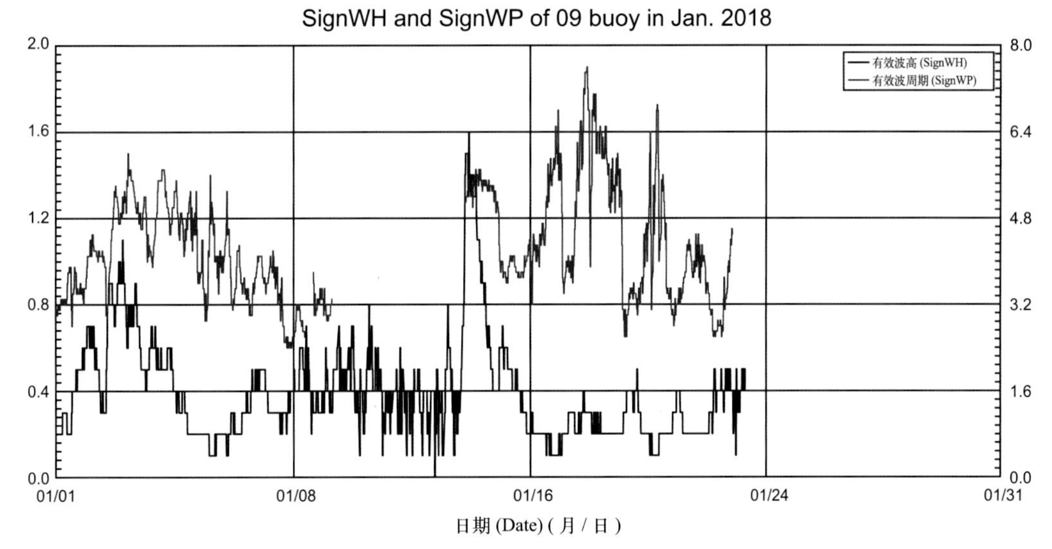

09 号浮标 2018 年 02 月有效波高、有效波周期观测数据曲线
SignWH and SignWP of 09 buoy in Feb. 2018

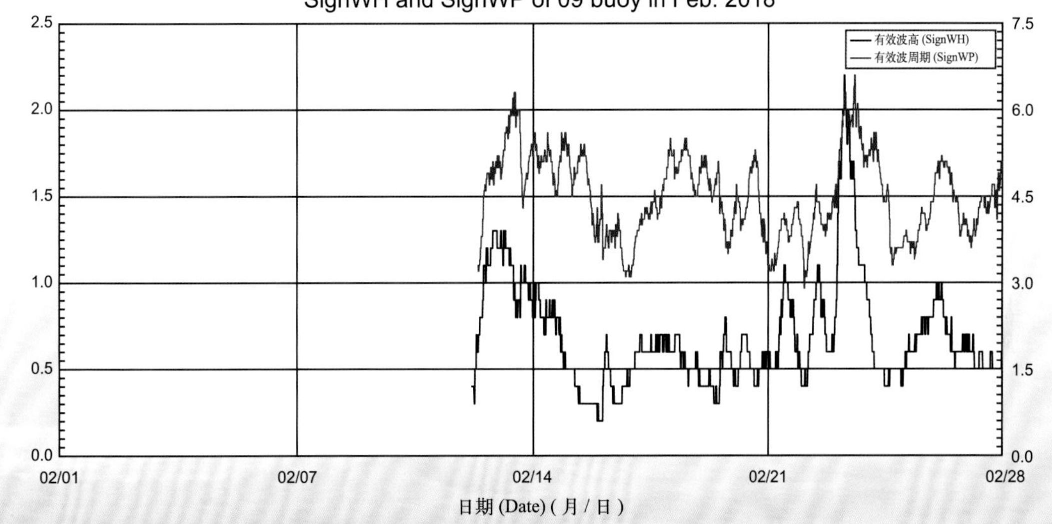

09 号浮标 2018 年 03 月有效波高、有效波周期观测数据曲线
SignWH and SignWP of 09 buoy in Mar. 2018

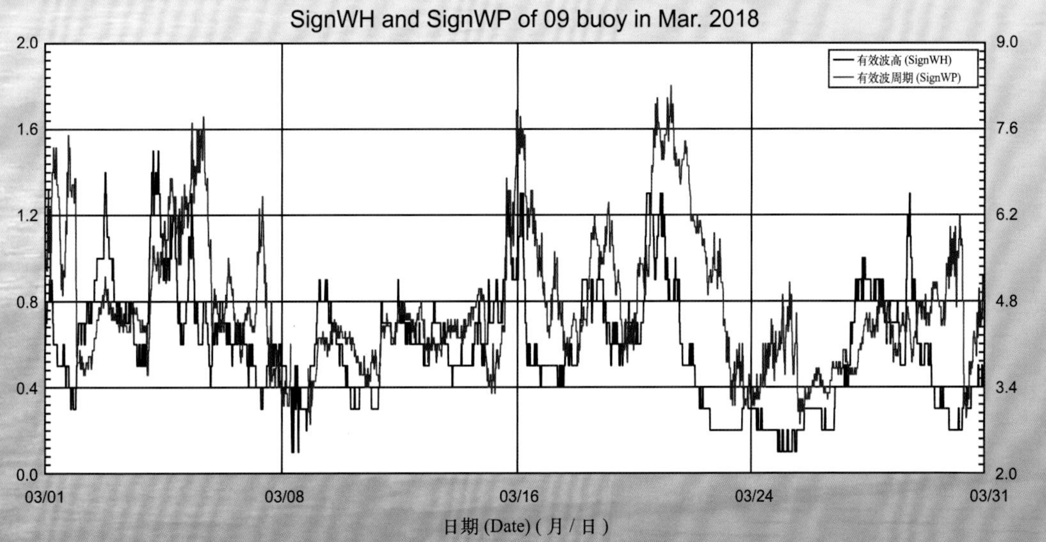

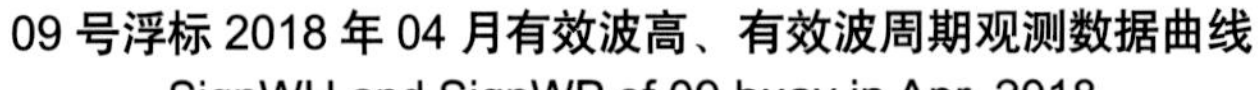

09 号浮标 2018 年 04 月有效波高、有效波周期观测数据曲线
SignWH and SignWP of 09 buoy in Apr. 2018

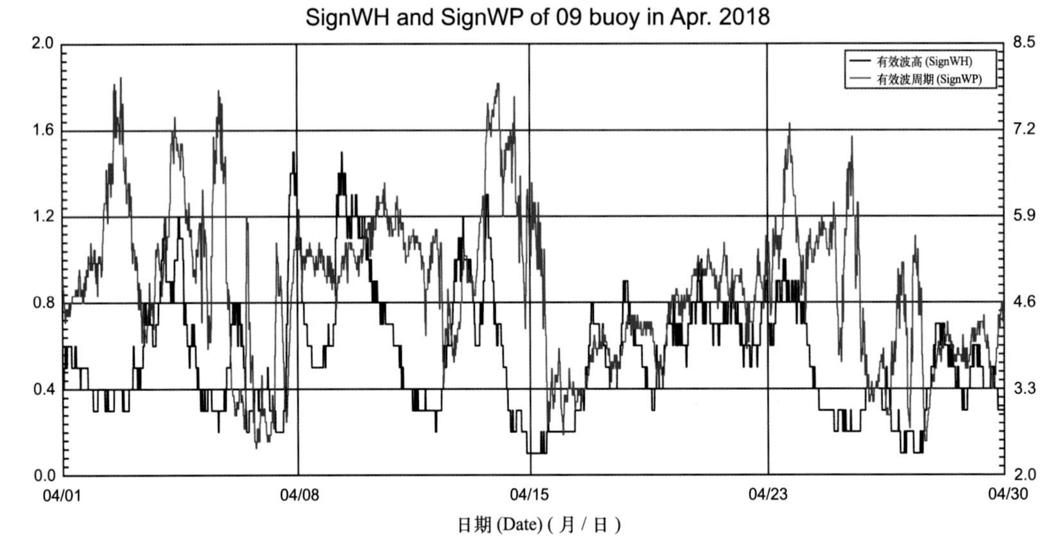

09 号浮标 2018 年 05 月有效波高、有效波周期观测数据曲线
SignWH and SignWP of 09 buoy in May 2018

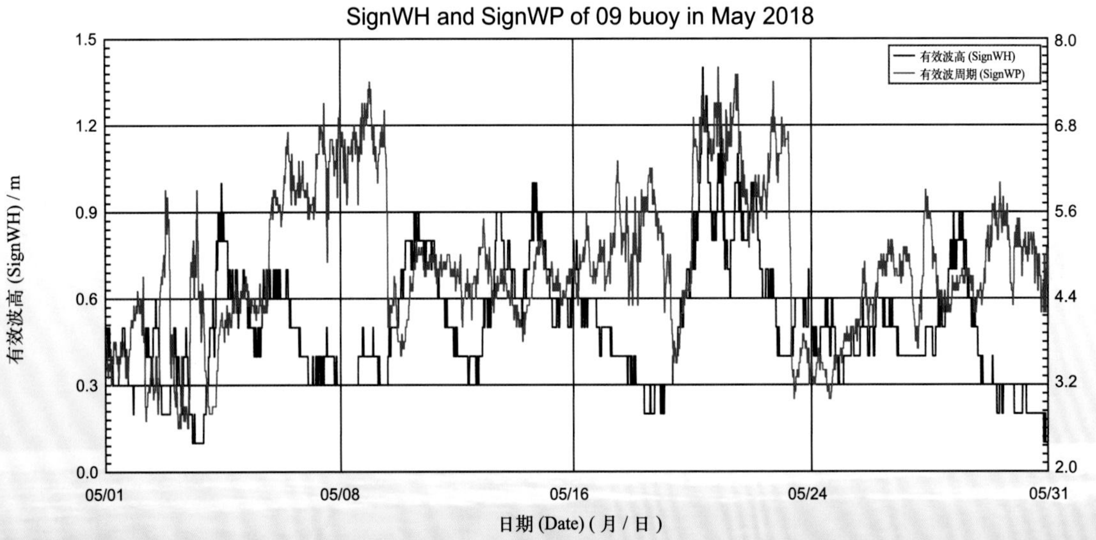

09 号浮标 2018 年 06 月有效波高、有效波周期观测数据曲线
SignWH and SignWP of 09 buoy in Jun. 2018

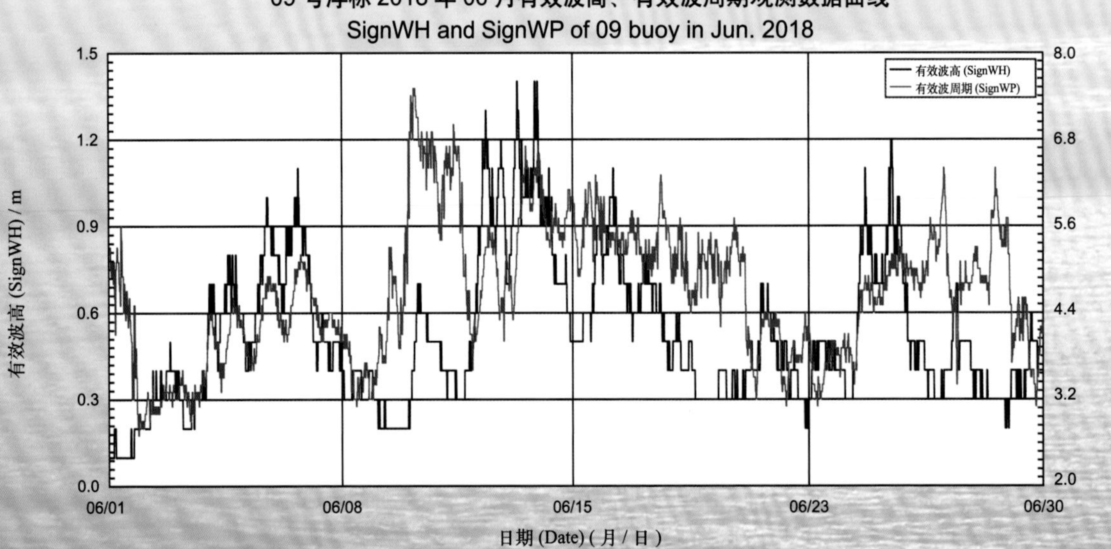

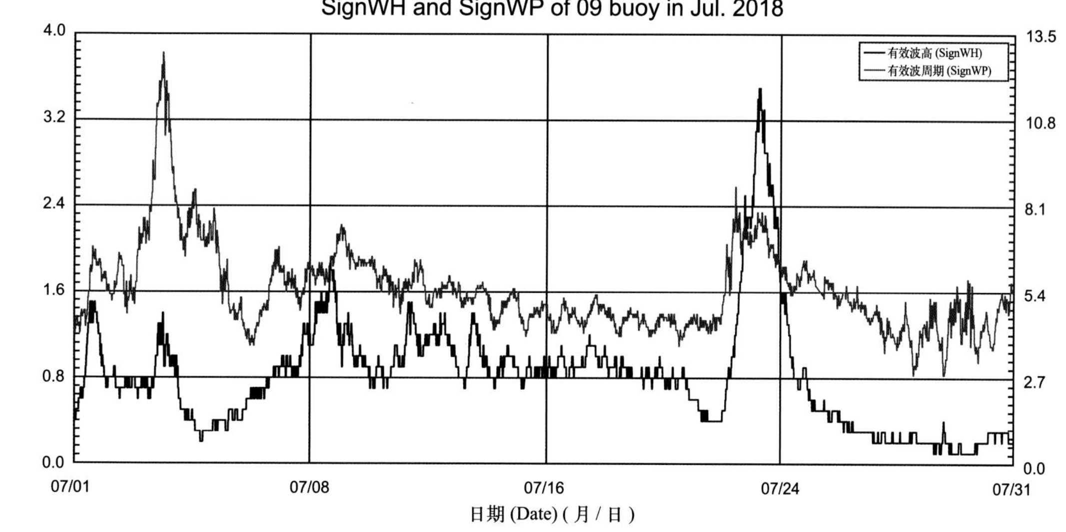

09 号浮标 2018 年 08 月有效波高、有效波周期观测数据曲线

SignWH and SignWP of 09 buoy in Aug. 2018

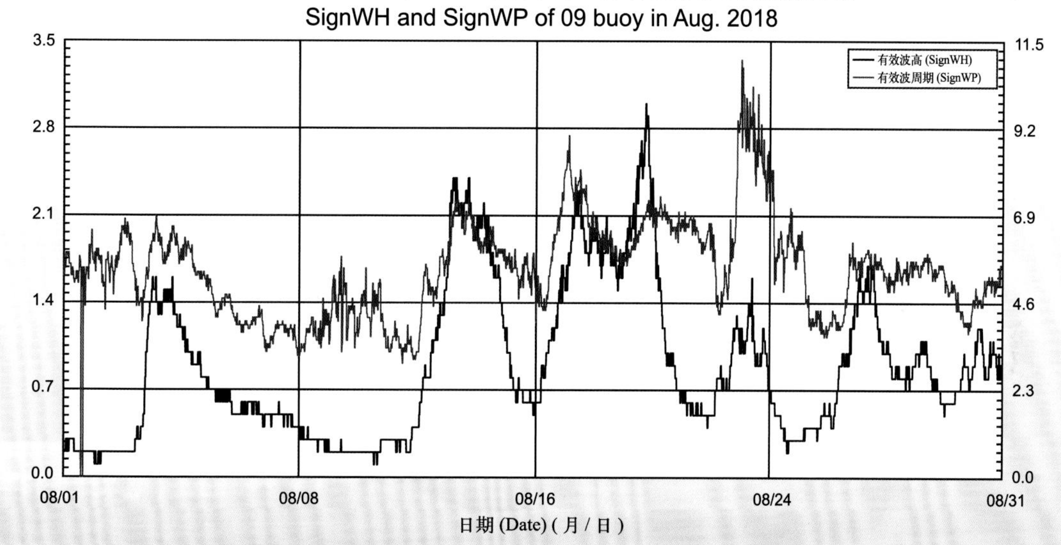

09 号浮标 2018 年 09 月有效波高、有效波周期观测数据曲线

SignWH and SignWP of 09 buoy in Sep. 2018

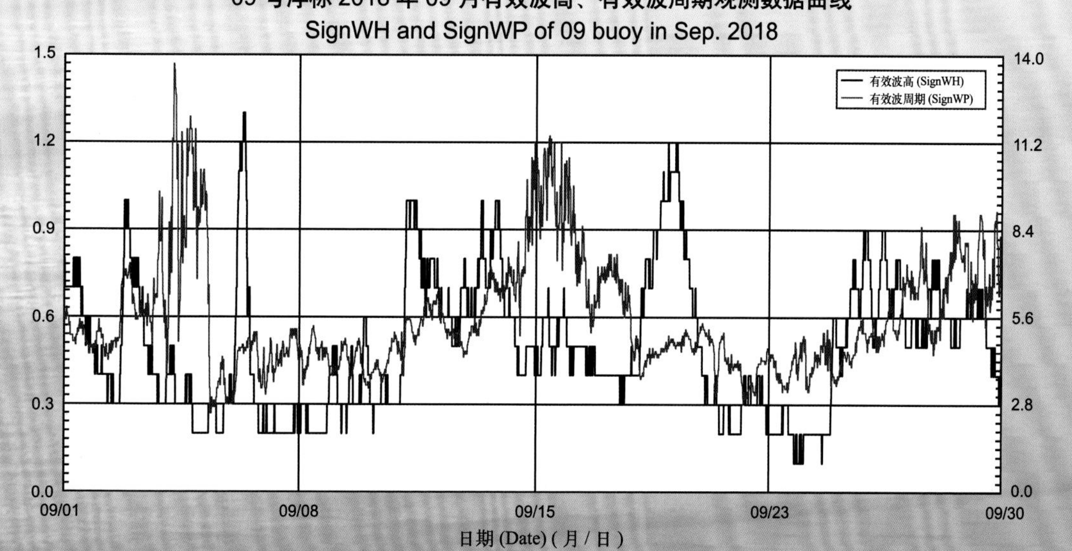

09 号浮标 2018 年 10 月有效波高、有效波周期观测数据曲线
SignWH and SignWP of 09 buoy in Oct. 2018

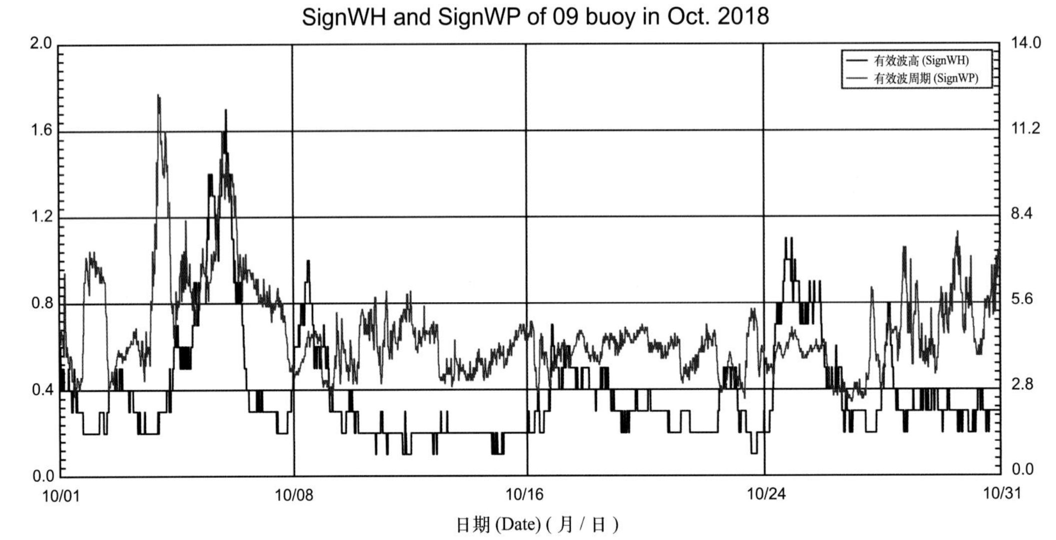

09 号浮标 2018 年 11 月有效波高、有效波周期观测数据曲线
SignWH and SignWP of 09 buoy in Nov. 2018

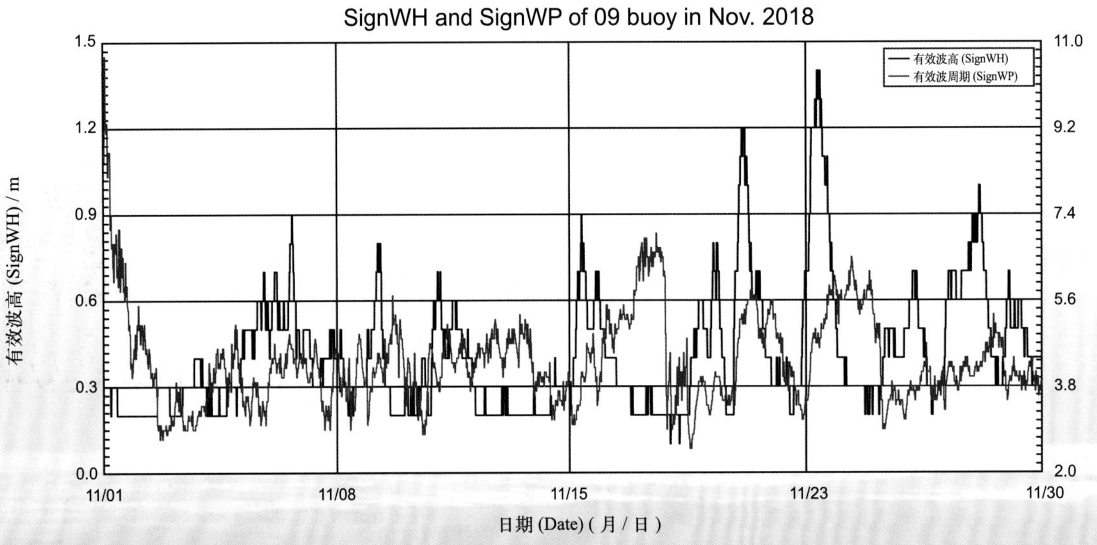

09 号浮标 2018 年 12 月有效波高、有效波周期观测数据曲线
SignWH and SignWP of 09 buoy in Dec. 2018

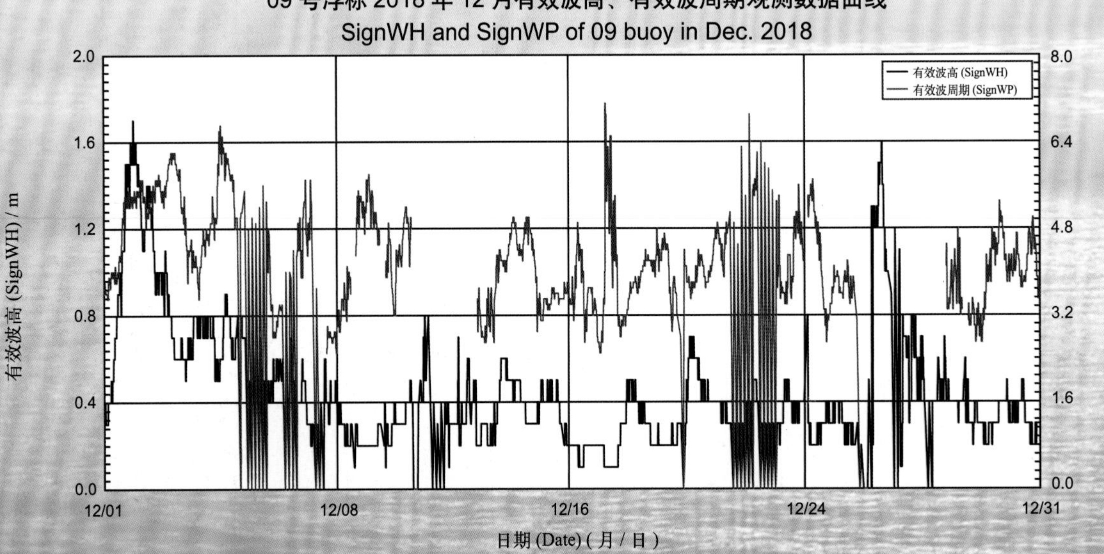

2018 年度 17 号浮标观测数据概述及曲线（有效波高和有效波周期）

2018 年，17 号浮标共获取 365 天的有效波高和有效波周期长序列观测数据。通过对获取数据质量控制和分析，17 号浮标观测海域 2018 年度有效波高、有效波周期数据和季节数据特征如下。

年度有效波高平均值为 0.69 m，年度有效波周期平均值为 5.23 s；测得的年度最大有效波高为 3.4 m（8 月 20 日），对应的有效波周期为 6.9 s，当时有效波高不小于 3 m 以上的海浪持续了 2.3 h（8 月 20 日）；测得的年度最长有效波周期为 14.7 s（9 月 16 日）。以 2 月为冬季代表月，观测海域冬季的平均有效波高是 0.71 m，平均有效波周期是 4.62 s；以 5 月为春季代表月，观测海域春季的平均有效波高是 0.57 m，平均有效波周期是 5.15 s；以 8 月为夏季代表月，观测海域夏季的平均有效波高是 1.00 m，平均有效波周期是 6.14 s；以 11 月为秋季代表月，观测海域秋季的平均有效波高是 0.51 m，平均有效波周期是 5.00 s。

2018 年，17 号浮标观测海域有效波高、有效波周期的月平均值、最大值和最小值数据参见表 24。

2018 年，17 号浮标获取到有效波高不小于 2 m 的海浪过程共有 17 次，记录到 1 次寒潮过程和 4 次台风过程。寒潮期间的最大有效波高为 1.6 m（1 月 25 日 23:00），对应的有效波周期为 5.3 s。第一次台风过程，受第 10 号强热带风暴“安比”的影响，获取到的最大有效波高为 3.2 m（7 月 23 日 09:30），对应的有效波周期为 8.0 s。第二次台风过程，受第 18 号强热带风暴“温比亚”的影响，获取到的最大有效波高为 3.4 m（8 月 20 日 04:00），对应的有效波周期为 6.9 s。第三次台风过程，受第 19 号强台风“苏力”的影响，获取到的最大有效波高为 1.9 m（8 月 23 日 13:00），对应的有效波周期为 9.5 s。第四次台风过程，受第 25 号超强台风“康妮”的影响，获取到的最大有效波高为 2.2 m（10 月 6 日 07:30），对应的有效波周期为 8.1 s。

表 24　17 号浮标各月份有效波高、有效波周期观测数据

月份	有效波高 / m			有效波周期 / s			备注
	平均	最大	最小	平均	最大	最小	
1	0.68	2.2	0.1	4.56	9.0	2.8	记录 2 次有效波高不小于 2 m 过程，记录 1 次寒潮
2	0.71	2.4	0.1	4.62	8.4	2.9	记录 2 次有效波高不小于 2 m 过程
3	0.73	2.3	0.1	5.04	8.0	3.3	记录 2 次有效波高不小于 2 m 过程
4	0.69	2.5	0.1	5.19	8.4	3.1	记录 2 次有效波高不小于 2 m 过程
5	0.57	1.4	0.1	5.15	8.0	3.1	
6	0.57	1.7	0.1	5.40	9.6	3.0	
7	0.94	3.2	0.1	6.14	12.1	3.3	记录 3 次有效波高不小于 2 m 过程，记录 1 次台风
8	1.00	3.4	0.1	6.14	11.4	3.2	记录 3 次有效波高不小于 2 m 过程，记录 2 次台风
9	0.62	2.1	0.1	6.10	14.7	3.0	记录 1 次有效波高不小于 2 m 过程
10	0.58	2.2	0.1	5.15	12.8	3.0	记录 1 次有效波高不小于 2 m 过程，记录 1 次台风
11	0.51	1.9	0.1	5.00	12.9	3.2	
12	0.73	2.0	0.1	4.55	7.2	2.7	记录 1 次有效波高不小于 2 m 过程

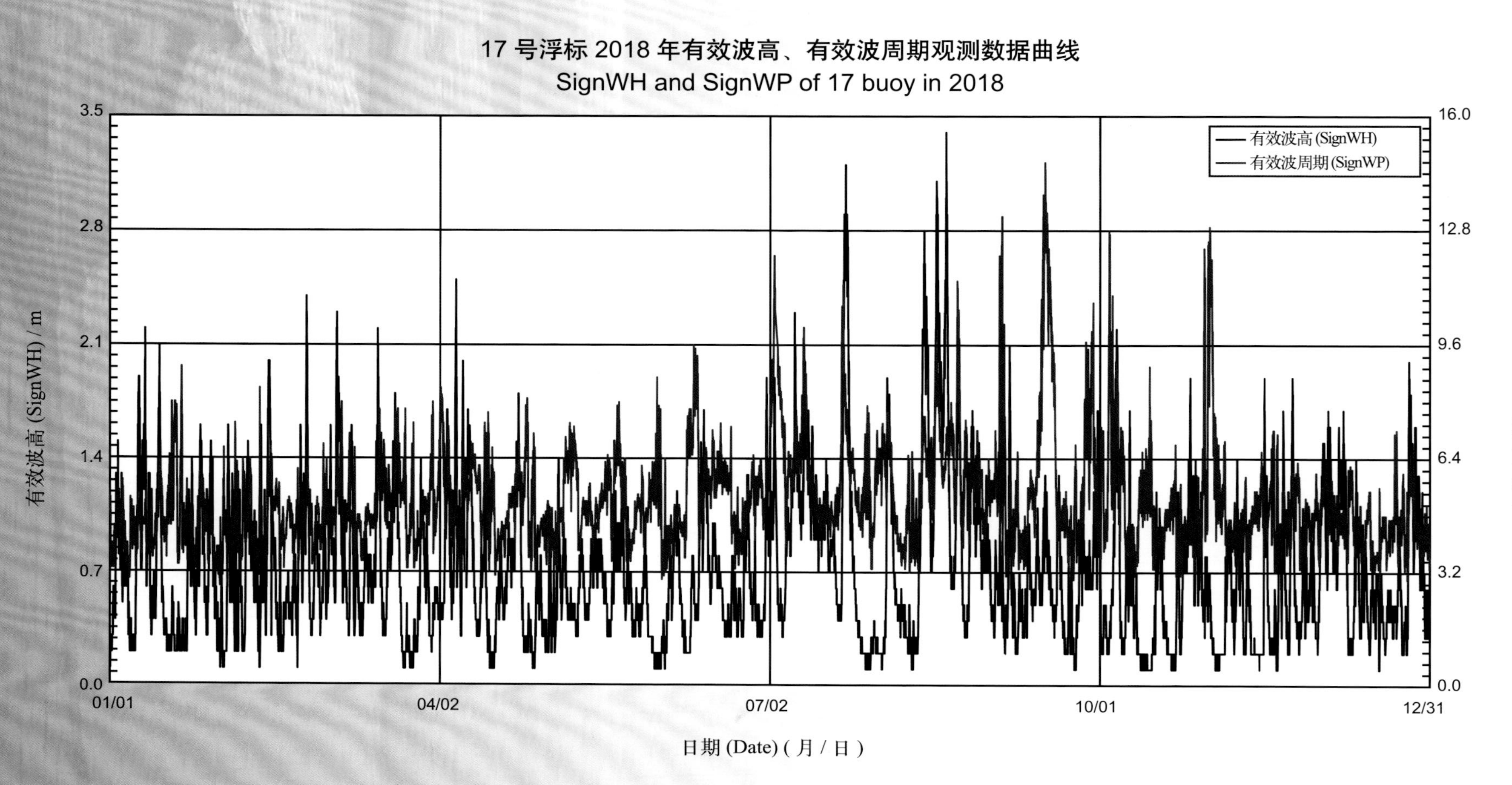
17 号浮标 2018 年有效波高、有效波周期观测数据曲线
SignWH and SignWP of 17 buoy in 2018
有效波高 (SignWH)
有效波周期 (SignWP)
有效波高 (SignWH) / m
3.5
2.8
2.1
1.4
0.7
0.0
16.0
12.8
9.6
6.4
3.2
0.0
01/01
04/02
07/02
10/01
12/31
日期 (Date) (月 / 日)

有效波周期 (SignWP) / s

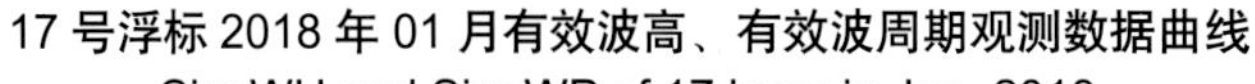

SignWH and SignWP of 17 buoy in Jan. 2018

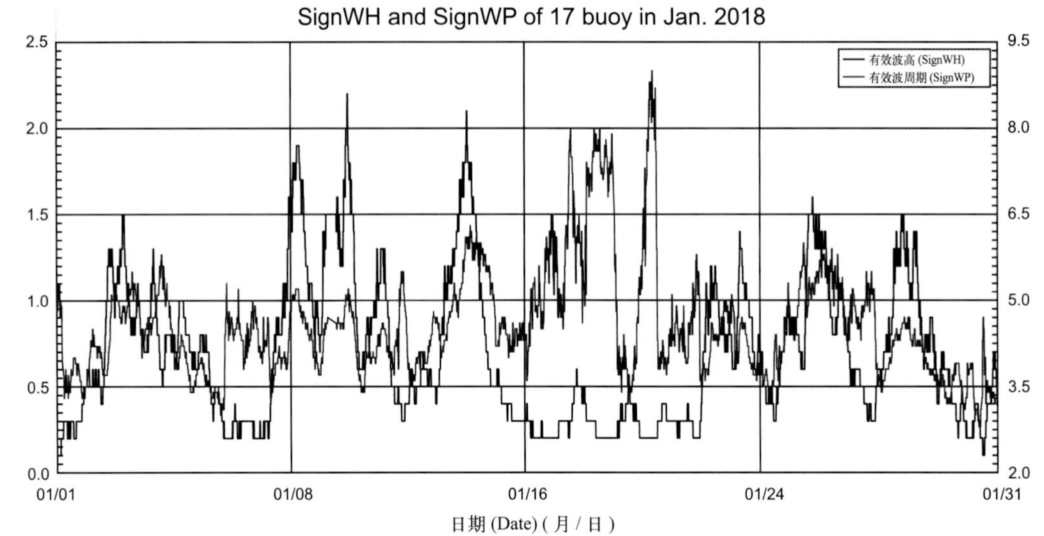

17 号浮标 2018 年 02 月有效波高、有效波周期观测数据曲线

SignWH and SignWP of 17 buoy in Feb. 2018

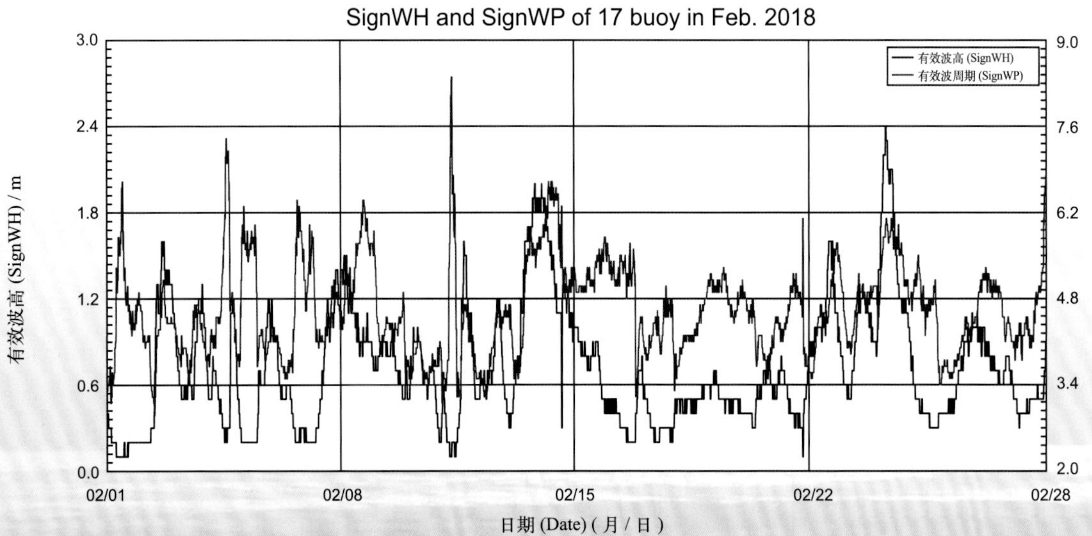

17 号浮标 2018 年 03 月有效波高、有效波周期观测数据曲线

SignWH and SignWP of 17 buoy in Mar. 2018

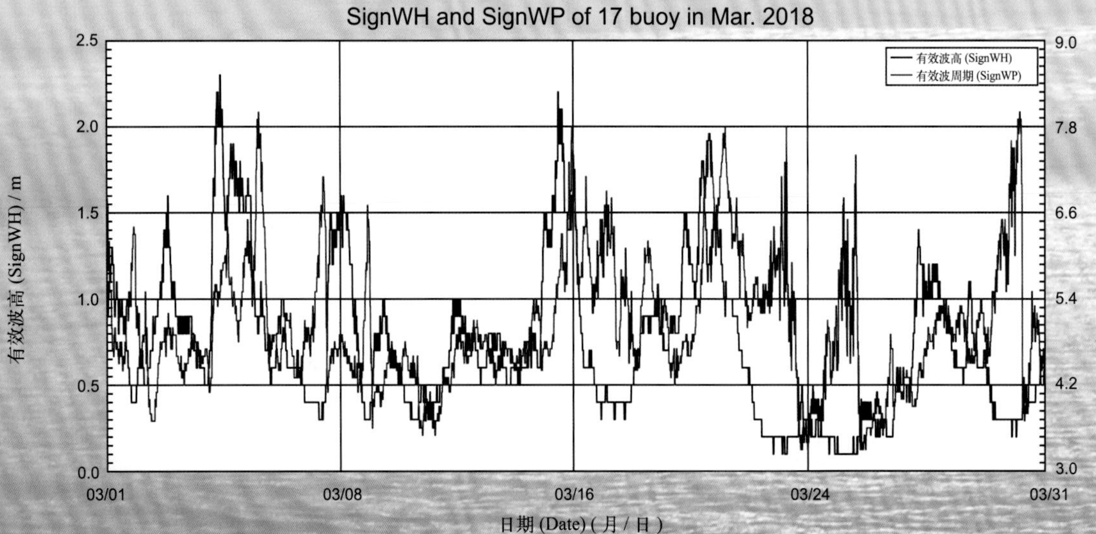

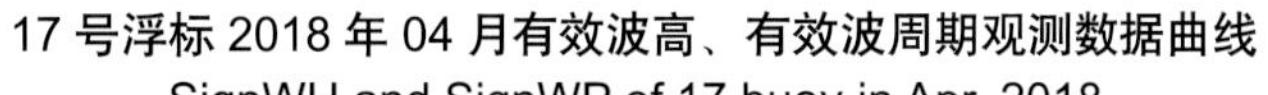

17 号浮标 2018 年 04 月有效波高、有效波周期观测数据曲线
SignWH and SignWP of 17 buoy in Apr. 2018

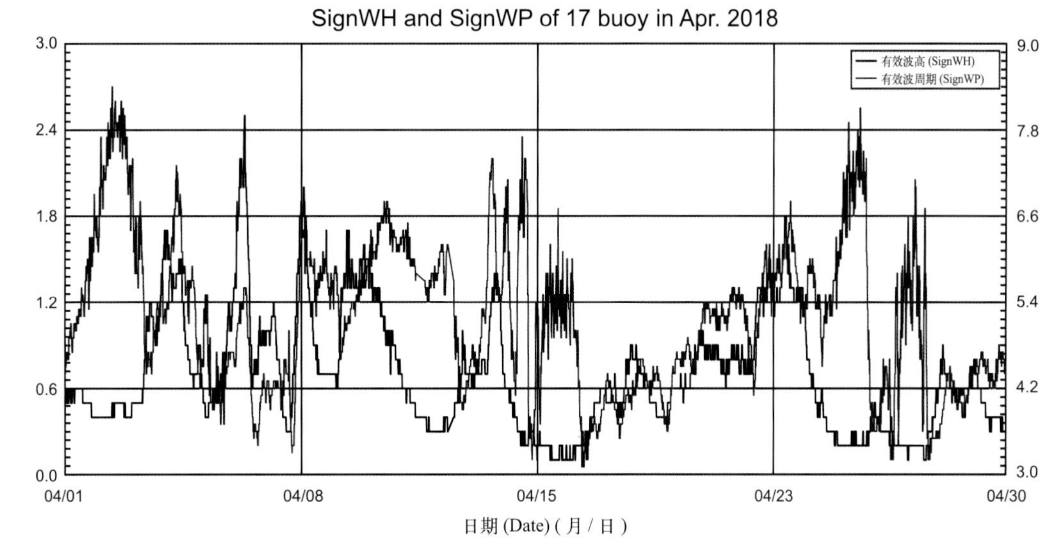

17 号浮标 2018 年 05 月有效波高、有效波周期观测数据曲线
SignWH and SignWP of 17 buoy in May 2018

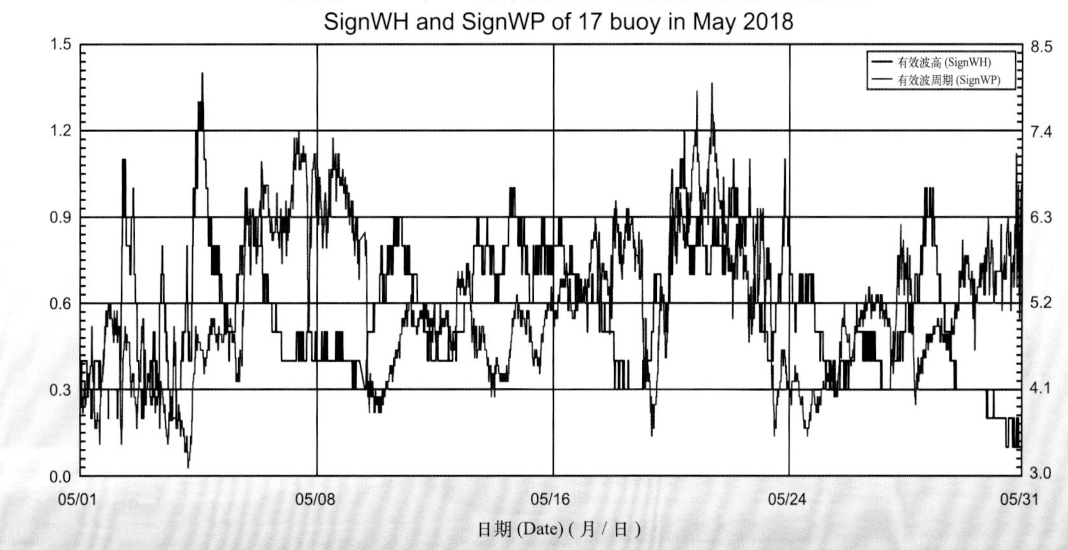

17 号浮标 2018 年 06 月有效波高、有效波周期观测数据曲线
SignWH and SignWP of 17 buoy in Jun. 2018

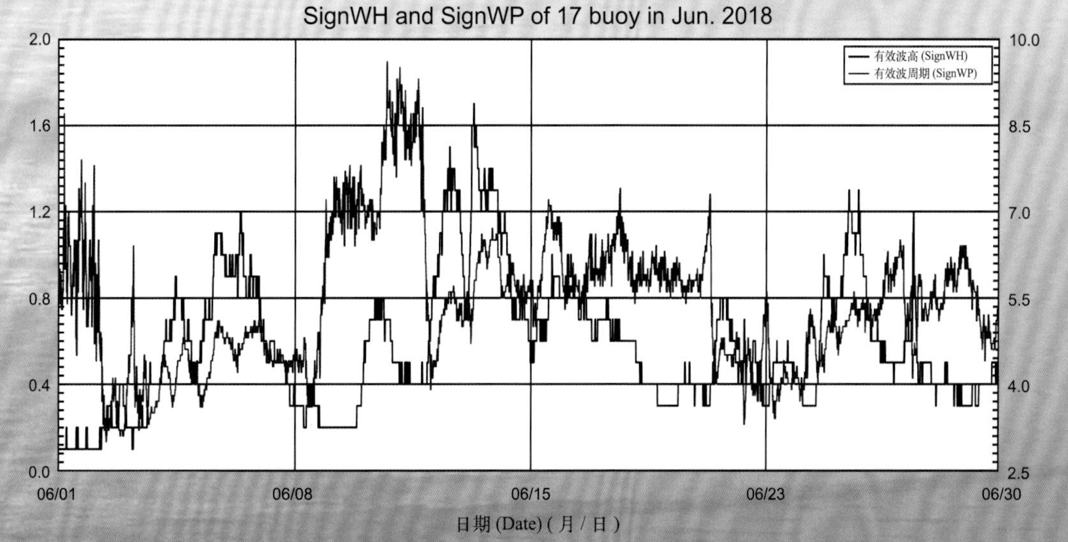

17 号浮标 2018 年 07 月有效波高、有效波周期观测数据曲线
SignWH and SignWP of 17 buoy in Jul. 2018

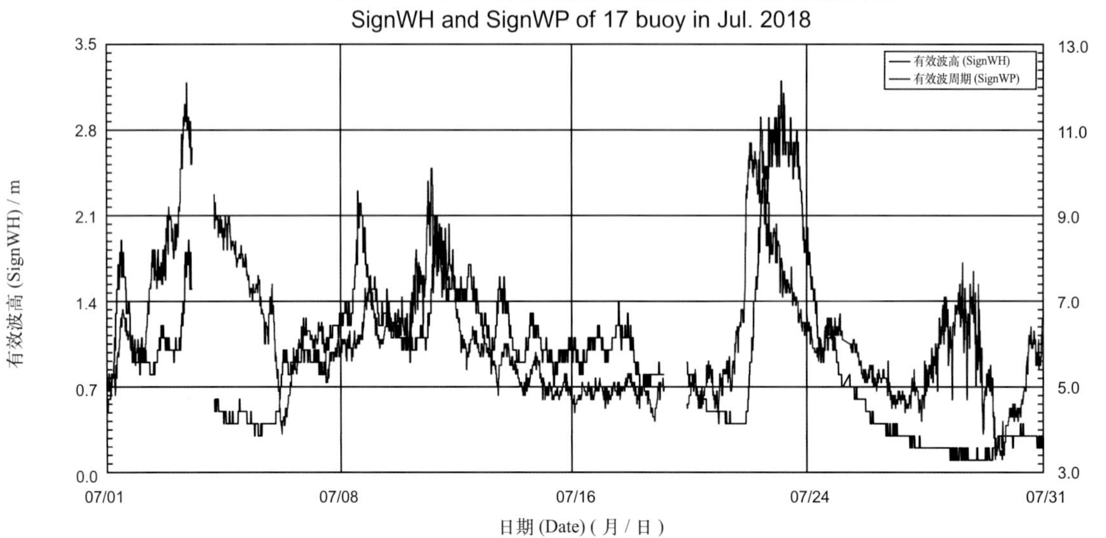

17 号浮标 2018 年 08 月有效波高、有效波周期观测数据曲线
SignWH and SignWP of 17 buoy in Aug. 2018

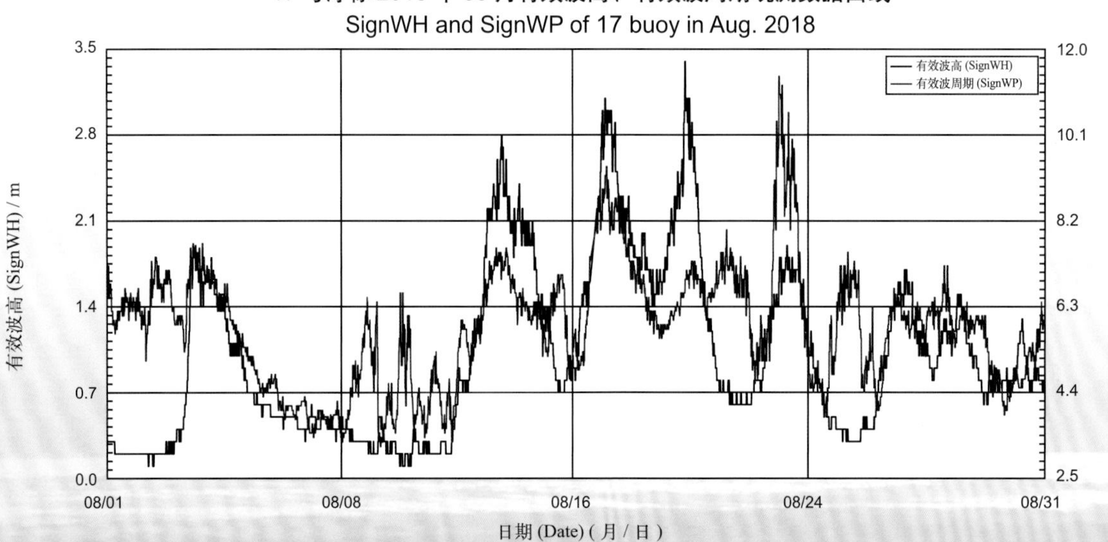

17 号浮标 2018 年 09 月有效波高、有效波周期观测数据曲线
SignWH and SignWP of 17 buoy in Sep. 2018

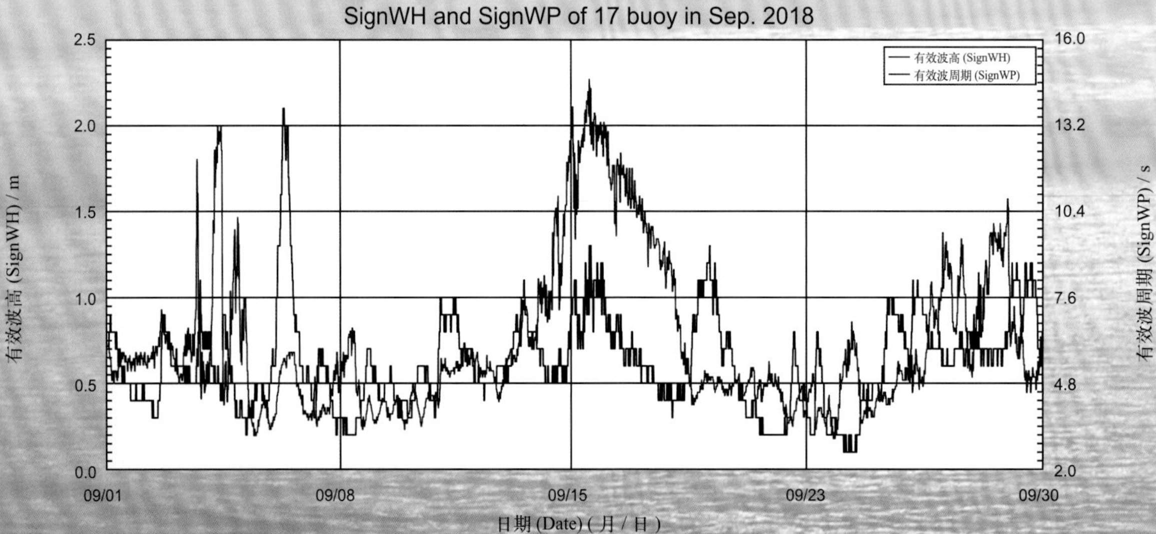

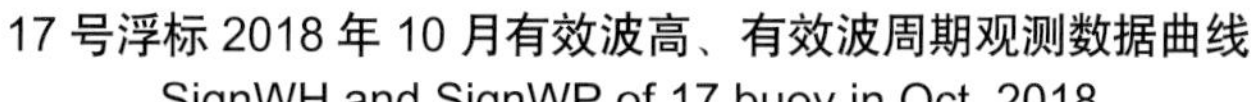

17 号浮标 2018 年 10 月有效波高、有效波周期观测数据曲线

SignWH and SignWP of 17 buoy in Oct. 2018

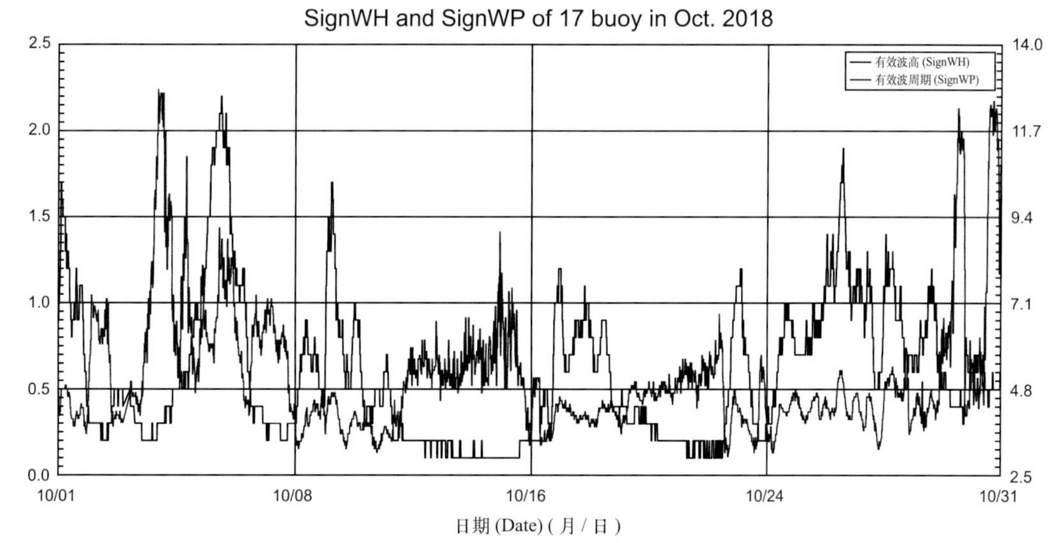

17 号浮标 2018 年 11 月有效波高、有效波周期观测数据曲线

SignWH and SignWP of 17 buoy in Nov. 2018

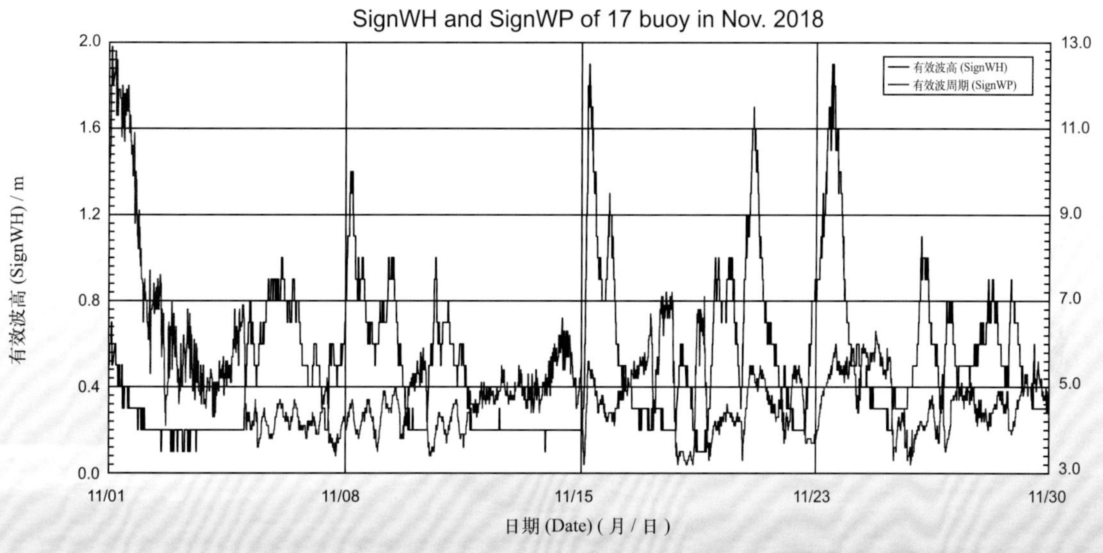

17 号浮标 2018 年 12 月有效波高、有效波周期观测数据曲线

SignWH and SignWP of 17 buoy in Dec. 2018

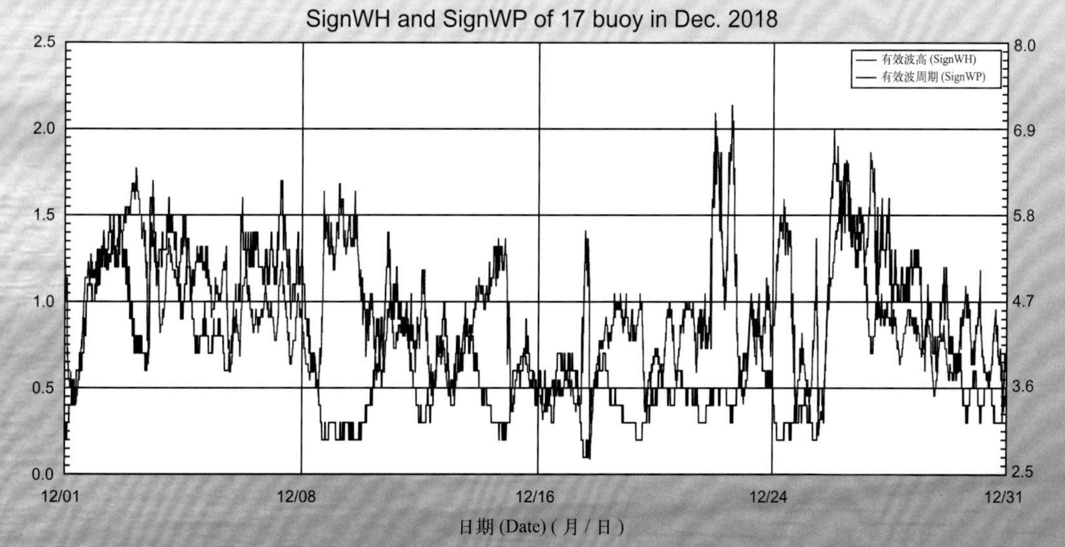

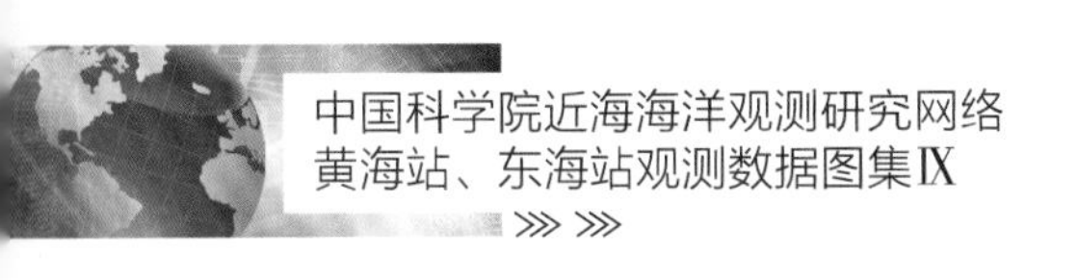

2018 年度 18 号浮标观测数据概述及曲线
(有效波高和有效波周期)

2018 年，18 号浮标共获取 365 天的有效波高和有效波周期长序列观测数据。通过对获取数据质量控制和分析，18 号浮标观测海域 2018 年度有效波高、有效波周期数据和季节数据特征如下。

年度有效波高平均值为 0.65m，年度有效波周期平均值为 4.82 s；测得的年度最大有效波高为 3.7 m（7 月 23 日），对应的有效波周期为 7.3 s，当时有效波高不小于 3 m 以上的海浪持续了 5.0 h（7 月 23 日）；测得的年度最长有效波周期为 15.0 s（10 月 4 日）。以 2 月为冬季代表月，观测海域冬季的平均有效波高是 0.70 m，平均有效波周期是 4.61 s；以 5 月为春季代表月，观测海域春季的平均有效波高是 0.49 m，平均有效波周期是 4.84 s；以 8 月为夏季代表月，观测海域夏季的平均有效波高是 0.82 m，平均有效波周期是 5.11 s；以 11 月为秋季代表月，观测海域秋季的平均有效波高是 0.58 m，平均有效波周期是 4.51 s。

2018 年，18 号浮标观测海域有效波高、有效波周期的月平均值、最大值和最小值数据参见表 25。

2018 年，18 号浮标获取到有效波高不小于 2 m 的海浪过程共有 12 次，记录到 4 次台风过程。第一次台风过程，受第 10 号强热带风暴“安比”的影响，获取到的最大有效波高为 3.7 m（7 月 23 日 12:30），对应的有效波周期为 7.3 s。第二次台风过程，受第 18 号强热带风暴“温比亚”的影响，获取到的最大有效波高为 3.3 m（8 月 19 日 23:00），对应的有效波周期为 6.8 s。第三次台风过程，受第 19 号强台风“苏力”的影响，获取到的最大有效波高为 2.1 m（8 月 23 日 04:20），对应的有效波周期为 9.2 s。第四次台风过程，受第 25 号超强台风“康妮”的影响，获取到的最大有效波高为 2.1 m（10 月 6 日 12:00），对应的有效波周期为 8.6 s。

表 25　18 号浮标各月份有效波高、有效波周期观测数据

月份	有效波高 / m			有效波周期 / s			备注
	平均	最大	最小	平均	最大	最小	
1	0.61	1.9	0.1	4.53	8.1	3.0	
2	0.70	3.4	0.1	4.61	7.0	3.0	记录 1 次有效波高不小于 2 m 过程
3	0.73	2.8	0.1	4.80	8.0	3.0	记录 2 次有效波高不小于 2 m 过程
4	0.63	2.2	0.1	4.87	7.4	3.0	记录 1 次有效波高不小于 2 m 过程
5	0.49	1.5	0.1	4.84	7.5	3.2	
6	0.52	2.0	0.1	4.59	7.4	3.0	记录 1 次有效波高不小于 2 m 过程
7	0.80	3.7	0.1	5.24	11.2	2.9	记录 1 次有效波高不小于 2 m 过程，记录 1 次台风
8	0.82	3.3	0.1	5.11	11.3	3.3	记录 3 次有效波高不小于 2 m 过程，记录 2 次台风
9	0.64	1.7	0.2	5.42	12.7	3.1	
10	0.57	2.1	0.1	4.84	15.0	2.9	记录 1 次有效波高不小于 2 m 过程，记录 1 次台风
11	0.58	1.9	0.1	4.51	9.1	2.9	
12	0.77	2.4	0.1	4.53	7.7	2.9	记录 2 次有效波高不小于 2 m 过程

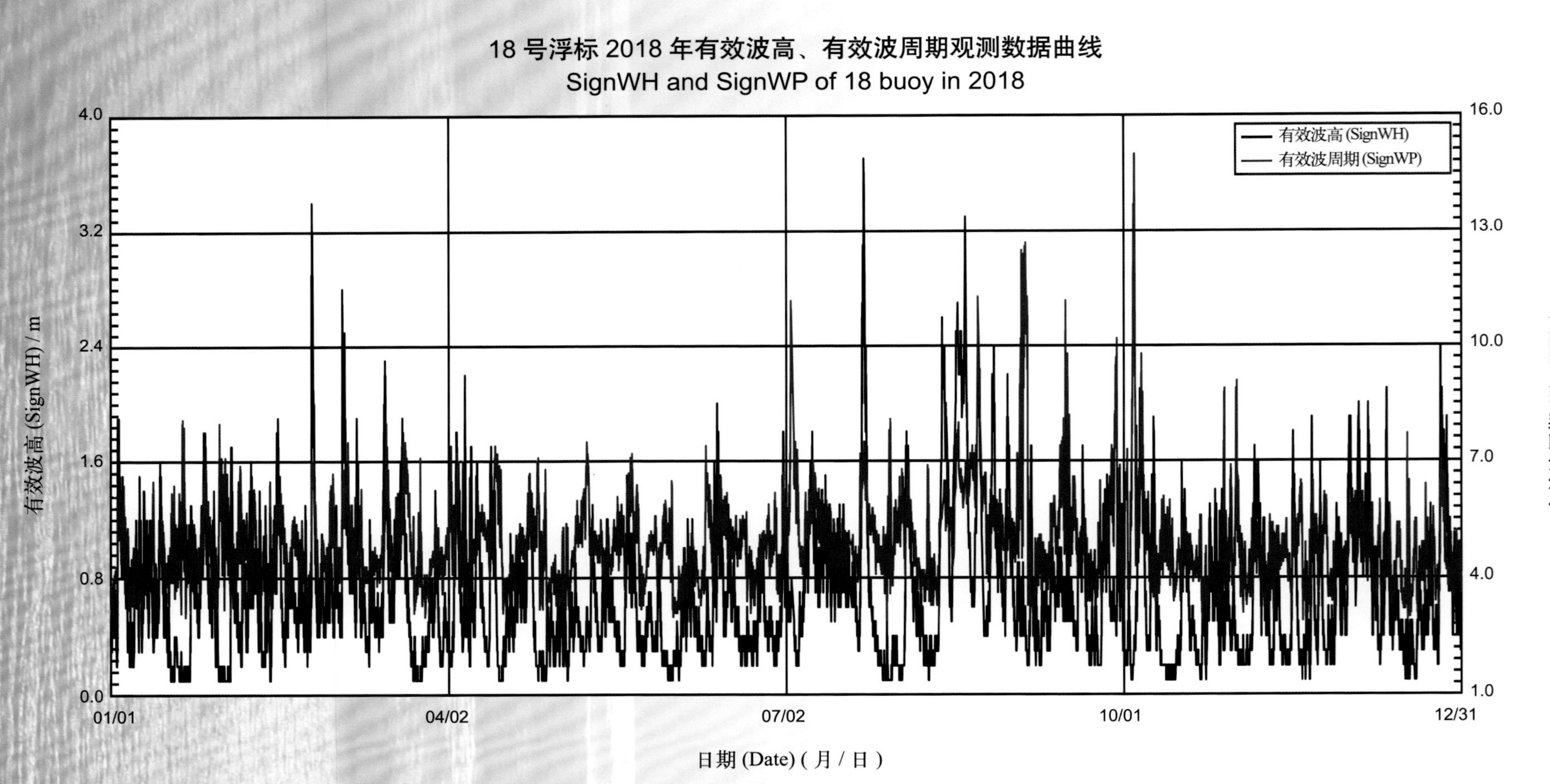
18 号浮标 2018 年有效波高、有效波周期观测数据曲线
SignWH and SignWP of 18 buoy in 2018
有效波高 (SignWH)
有效波周期 (SignWP)
有效波高 (SignWH) / m
4.0
3.2
2.4
1.6
0.8
0.0
有效波周期 (SignWP) / s
16.0
13.0
10.0
7.0
4.0
1.0
01/01
04/02
07/02
10/01
12/31
日期 (Date) (月 / 日)

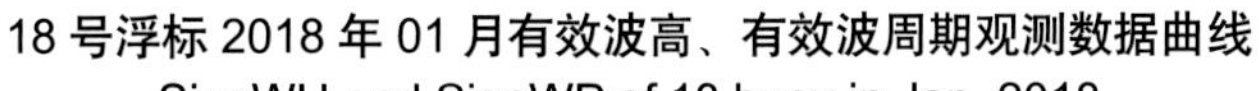

18 号浮标 2018 年 01 月有效波高、有效波周期观测数据曲线

SignWH and SignWP of 18 buoy in Jan. 2018

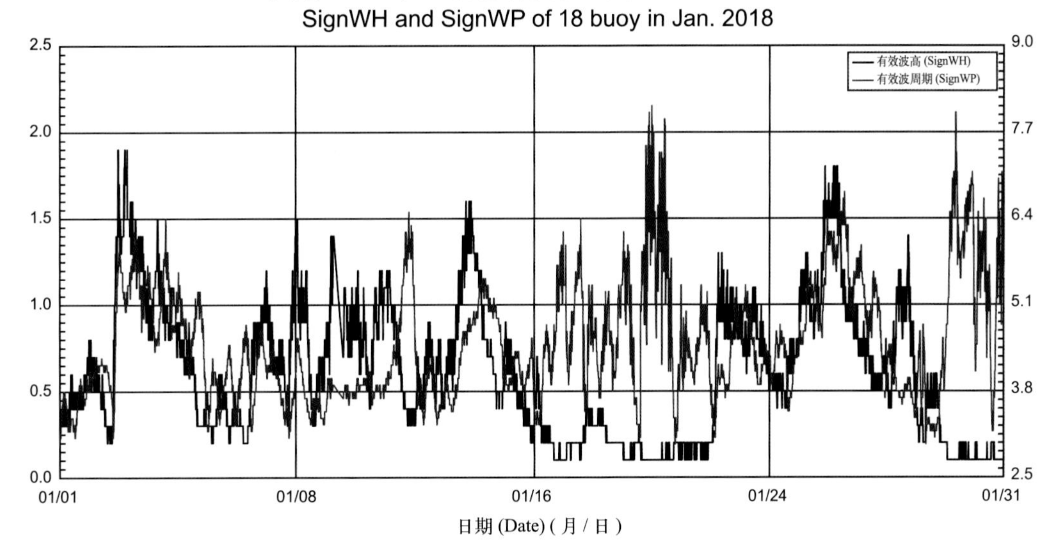

18 号浮标 2018 年 02 月有效波高、有效波周期观测数据曲线

SignWH and SignWP of 18 buoy in Feb. 2018

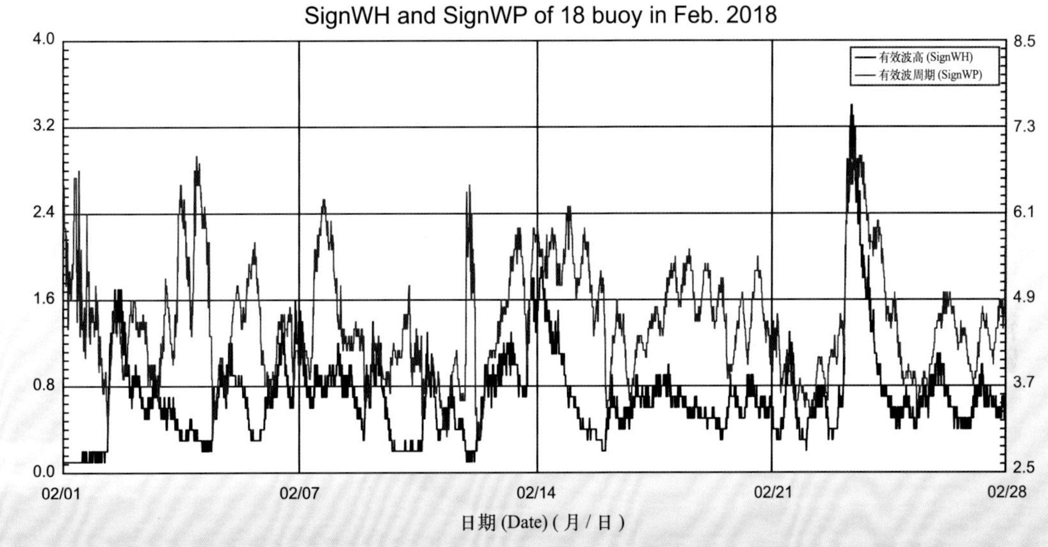

18 号浮标 2018 年 03 月有效波高、有效波周期观测数据曲线

SignWH and SignWP of 18 buoy in Mar. 2018

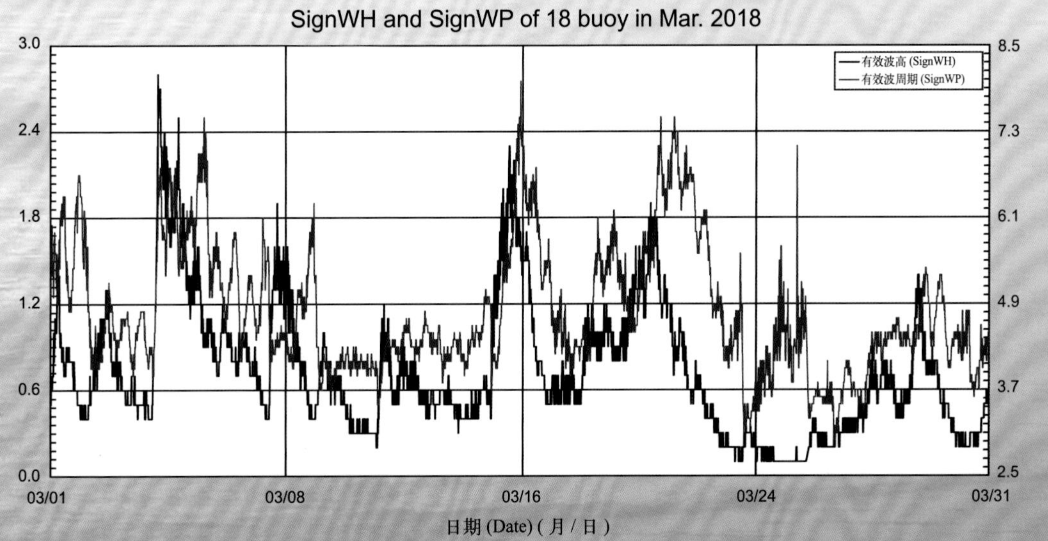

18 号浮标 2018 年 04 月有效波高、有效波周期观测数据曲线
SignWH and SignWP of 18 buoy in Apr. 2018

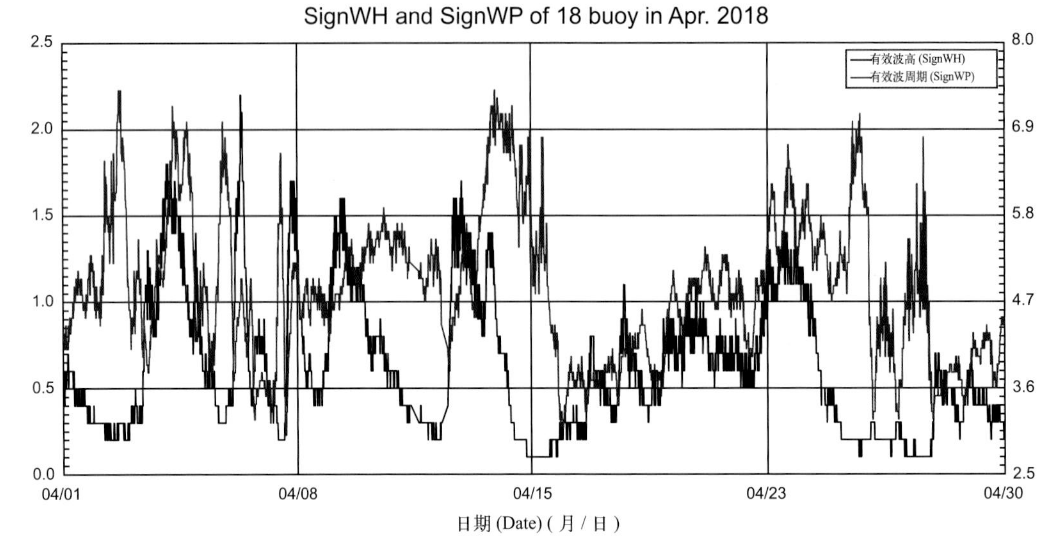

18 号浮标 2018 年 05 月有效波高、有效波周期观测数据曲线
SignWH and SignWP of 18 buoy in May 2018

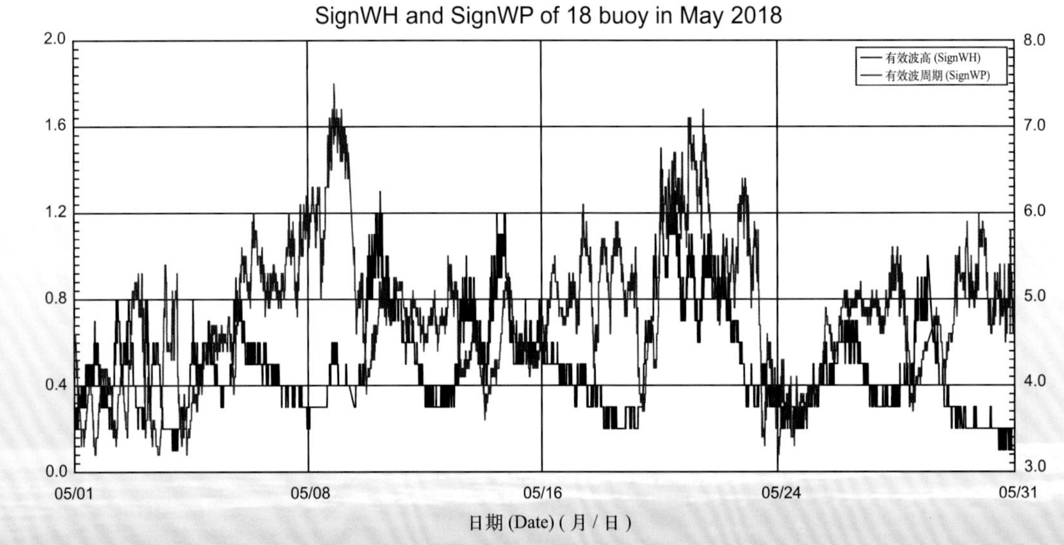

18 号浮标 2018 年 06 月有效波高、有效波周期观测数据曲线
SignWH and SignWP of 18 buoy in Jun. 2018

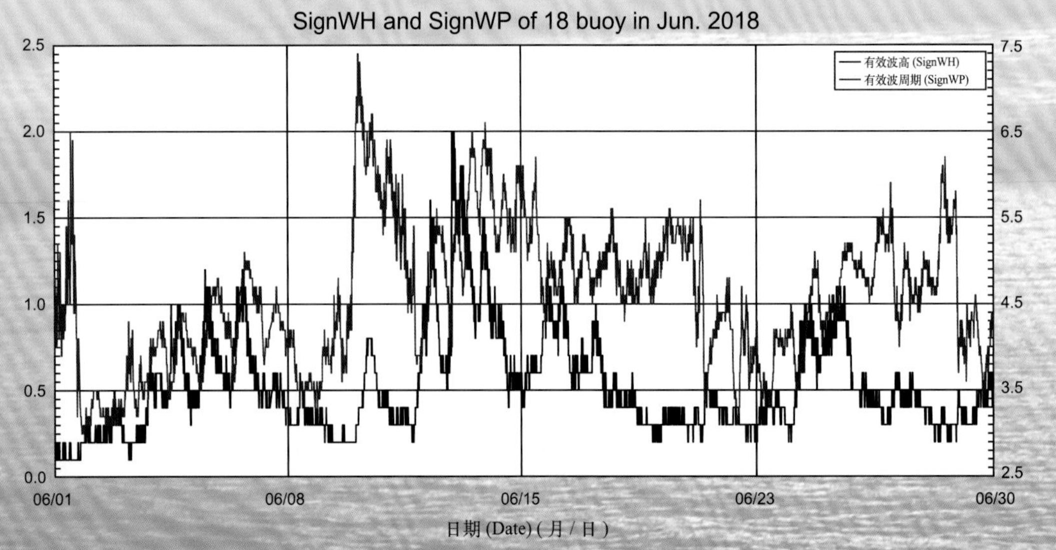

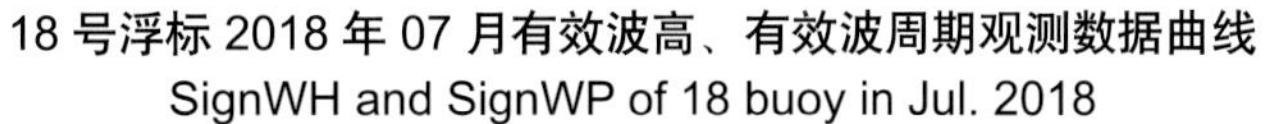

18 号浮标 2018 年 07 月有效波高、有效波周期观测数据曲线
SignWH and SignWP of 18 buoy in Jul. 2018

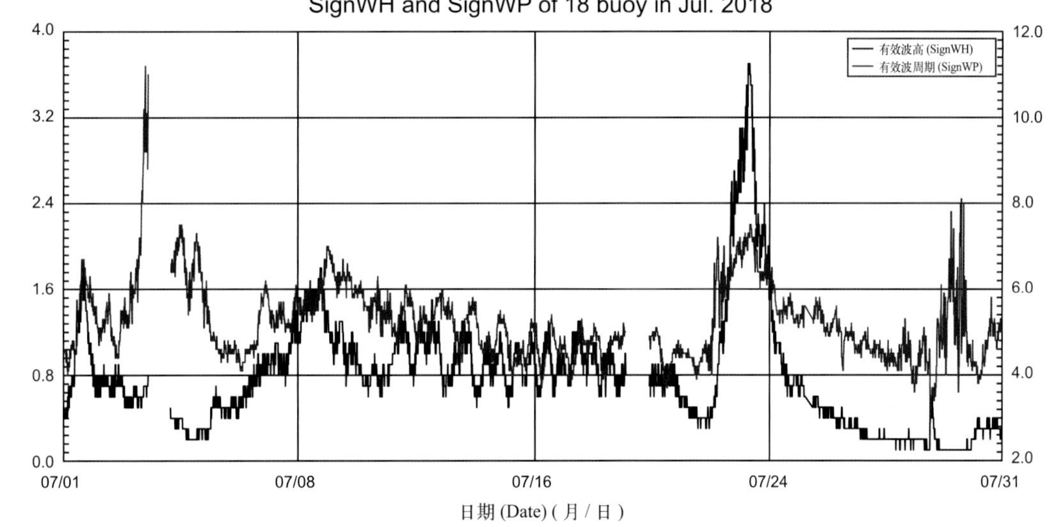

18 号浮标 2018 年 08 月有效波高、有效波周期观测数据曲线
SignWH and SignWP of 18 buoy in Aug. 2018

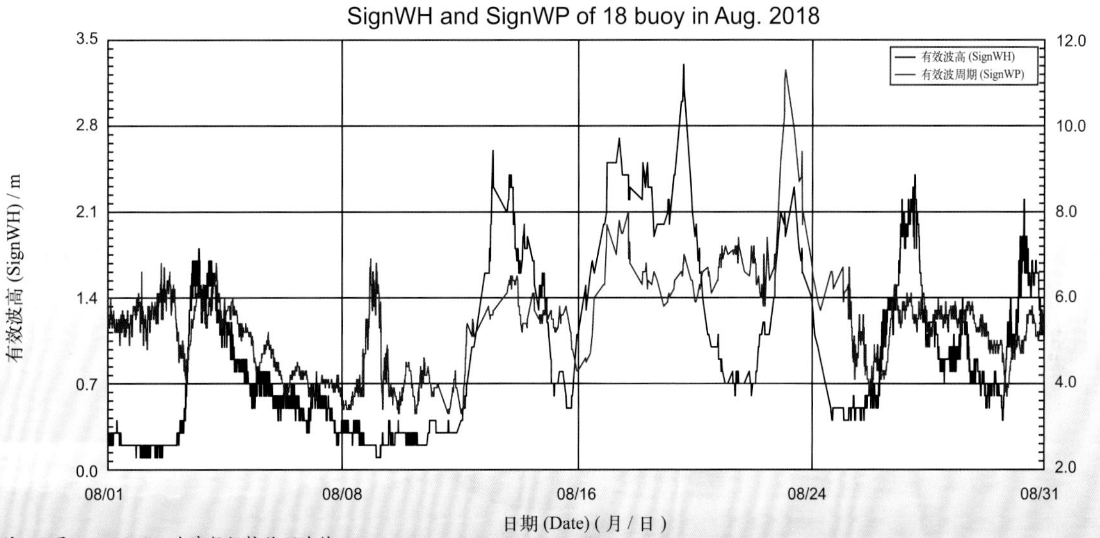

注：8 月 11—26 日，波浪数据接收不连续。

18 号浮标 2018 年 09 月有效波高、有效波周期观测数据曲线
SignWH and SignWP of 18 buoy in Sep. 2018

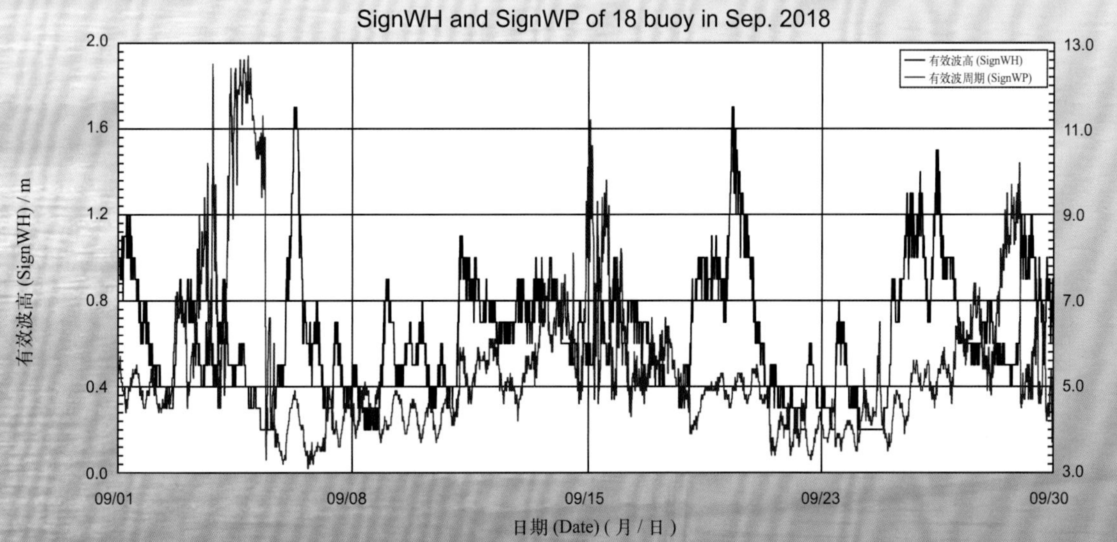

18 号浮标 2018 年 10 月有效波高、有效波周期观测数据曲线
SignWH and SignWP of 18 buoy in Oct. 2018

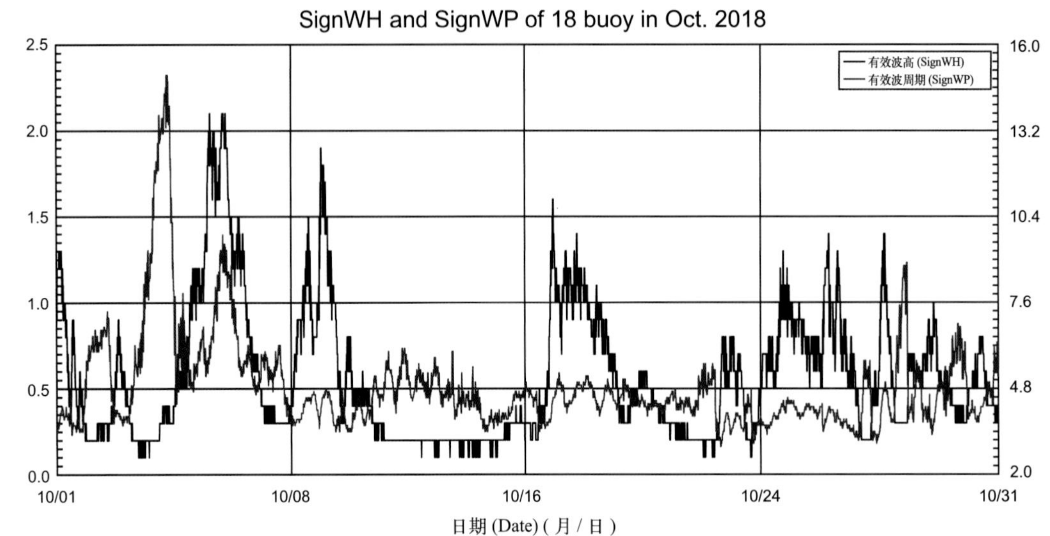

18 号浮标 2018 年 11 月有效波高、有效波周期观测数据曲线
SignWH and SignWP of 18 buoy in Nov. 2018

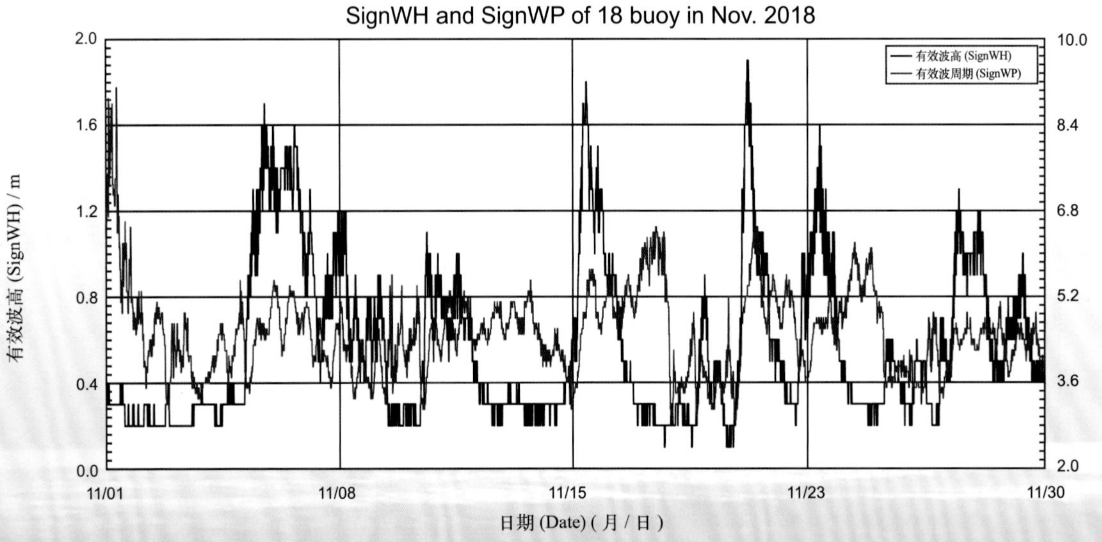

18 号浮标 2018 年 12 月有效波高、有效波周期观测数据曲线
SignWH and SignWP of 18 buoy in Dec. 2018

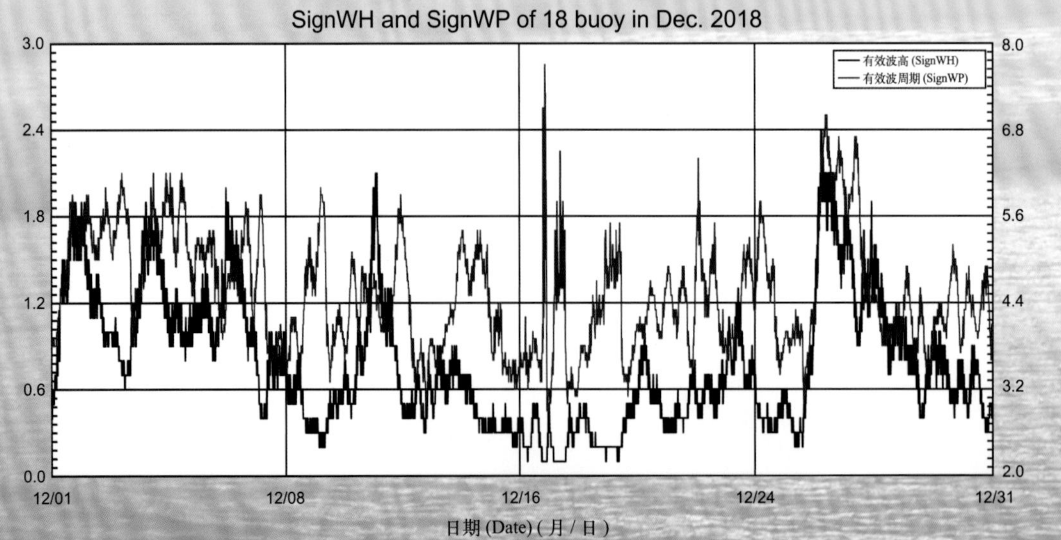

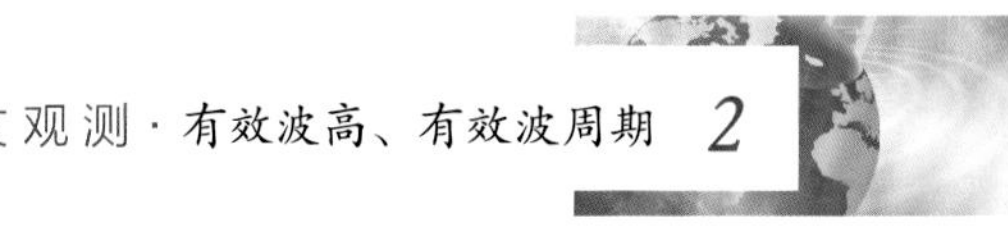

2018 年度 20 号浮标观测数据概述及曲线（有效波高和有效波周期）

2018 年，20 号浮标共获取 352 天的有效波高和有效波周期长序列观测数据。获取数据的主要区间为 1 月 14 日 02:50 至 12 月 31 日 23:50。通过对获取数据质量控制和分析，20 号浮标观测海域 2018 年度有效波高、有效波周期数据和季节数据特征如下。

年度有效波高平均值为 1.27 m，年度有效波周期平均值为 6.67 s；测得的年度最大有效波高为 6.6 m（10 月 5 日），对应的有效波周期为 9.8 s，当时有效波高不小于 4 m 以上的海浪持续了 18.8 h（10 月 5 日）；测得的年度最长有效波周期为 14.6 s（10 月 28 日）。以 2 月为冬季代表月，观测海域冬季的平均有效波高是 1.22 m，平均有效波周期是 6.23 s；以 5 月为春季代表月，观测海域春季的平均有效波高是 1.04 m，平均有效波周期是 6.27 s；以 8 月为夏季代表月，观测海域夏季的平均有效波高是 1.58 m，平均有效波周期是 7.15 s；以 11 月为秋季代表月，观测海域秋季的平均有效波高是 1.13m，平均有效波周期是 6.16 s。

2018 年，20 号浮标观测海域有效波高、有效波周期的月平均值、最大值和最小值数据参见表 26。

2018 年，20 号浮标获取到有效波高不小于 4 m 的灾害性海浪过程共有 6 次，记录到 5 次台风过程。第一次台风过程，受第 10 号强热带风暴“安比”的影响，获取到的最大有效波高为 5.2 m（7 月 22 日 02:50），对应的有效波周期为 9.5 s。第二次台风过程，受第 12 号台风“云雀”的影响，获取到的最大有效波高为 2.1 m（8 月 3 日 22:50），对应的有效波周期为 6.3 s。第三次台风过程，受第 18 号强热带风暴“温比亚”的影响，获取到的最大有效波高为 2.9 m（8 月 17 日 12:00），对应的有效波周期为 6.6 s。第四次台风过程，受第 19 号强台风“苏力”的影响，获取到的最大有效波高为 3.5 m（8 月 22 日 17:00），对应的有效波周期为 12.0 s。第五次台风过程，受第 25 号超强台风“康妮”的影响，获取到的最大有效波高为 6.6 m（10 月 5 日 14:00），对应的有效波周期为 9.8 s。

表 26　20 号浮标各月份有效波高、有效波周期观测数据

月份	有效波高 / m			有效波周期 / s			备注
	平均	最大	最小	平均	最大	最小	
1	1.28	3.1	0.5	6.22	8.4	4.1	缺测 13 天数据
2	1.22	2.5	0.4	6.23	9.1	3.8	
3	1.22	3.5	0.4	7.19	10.4	4.4	
4	0.96	2.6	0.3	6.43	10.1	4.2	
5	1.04	2.4	0.4	6.27	9.9	3.8	
6	1.05	2.6	0.4	6.36	10.1	4.4	
7	1.37	6.2	0.3	7.21	12.4	4.4	记录 2 次有效波高不小于 4 m 过程，记录 1 次台风
8	1.58	5.2	0.3	7.15	13.0	4.4	记录 1 次有效波高不小于 4 m 过程，记录 3 次台风
9	1.57	5.0	0.5	7.64	13.8	3.9	记录 2 次有效波高不小于 4 m 过程
10	1.23	6.6	0.4	6.92	14.6	3.8	记录 1 次有效波高不小于 4 m 过程，记录 1 次台风
11	1.13	3.0	0.5	6.16	10.1	4.0	
12	1.57	4.0	0.4	6.16	8.7	3.8	

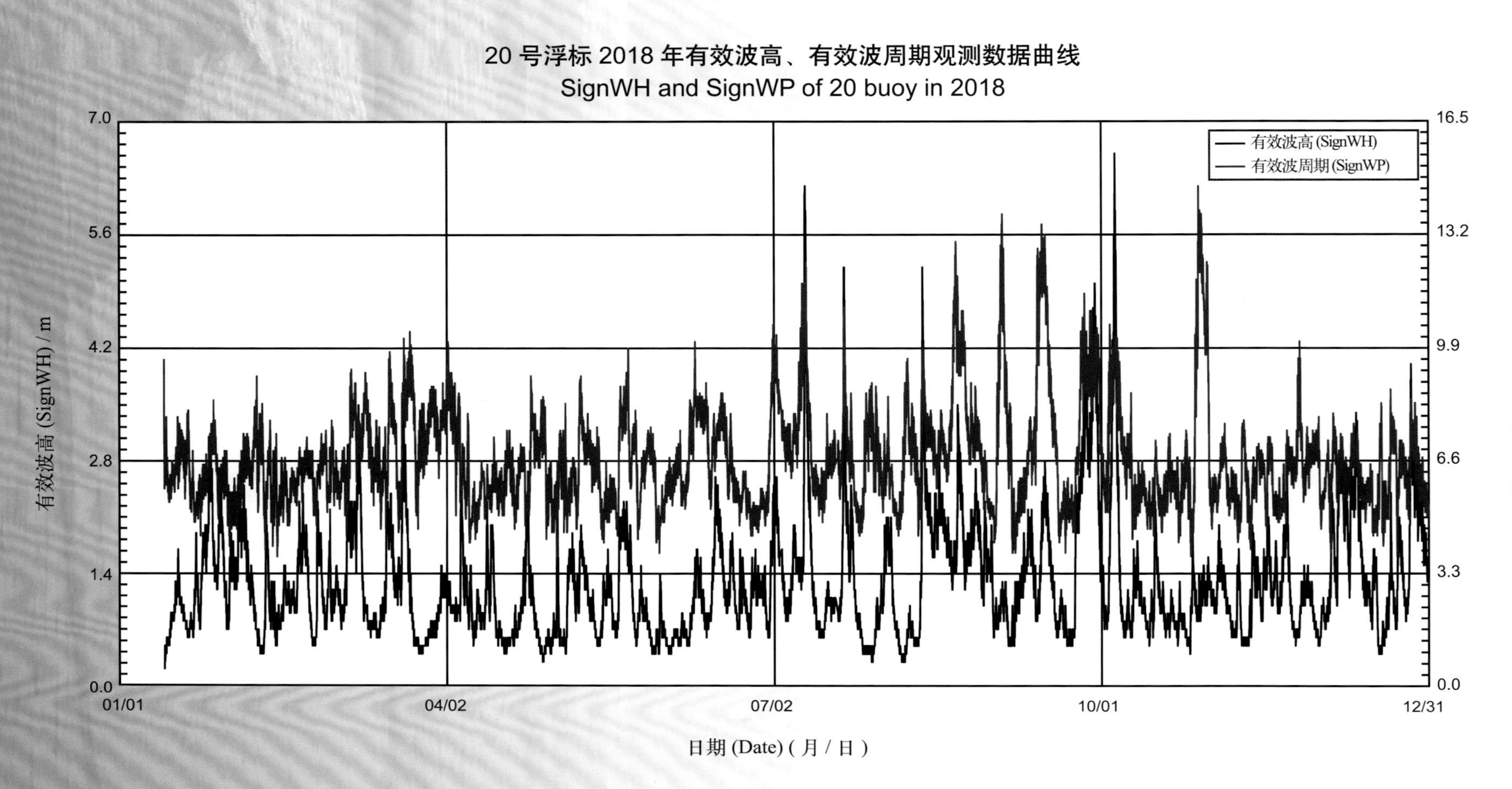
20 号浮标 2018 年有效波高、有效波周期观测数据曲线
SignWH and SignWP of 20 buoy in 2018
有效波高 (SignWH)
有效波周期 (SignWP)
有效波高 (SignWH) / m
7.0
5.6
4.2
2.8
1.4
0.0
有效波周期 (SignWP) / s
16.5
13.2
9.9
6.6
3.3
0.0
01/01
04/02
07/02
10/01
12/31
日期 (Date) (月 / 日)

20 号浮标 2018 年 01 月有效波高、有效波周期观测数据曲线
SignWH and SignWP of 20 buoy in Jan. 2018

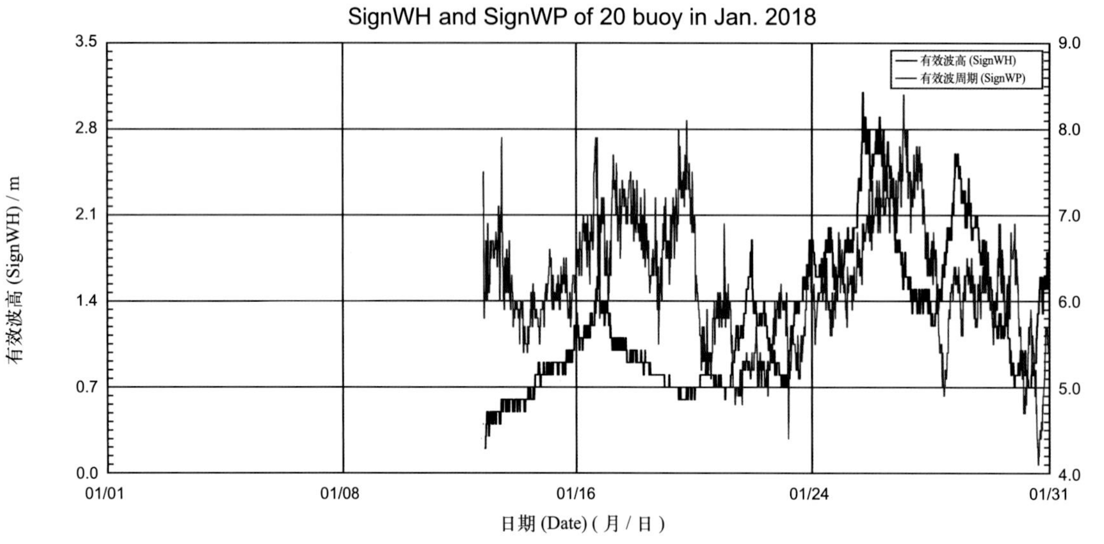

20 号浮标 2018 年 02 月有效波高、有效波周期观测数据曲线
SignWH and SignWP of 20 buoy in Feb. 2018

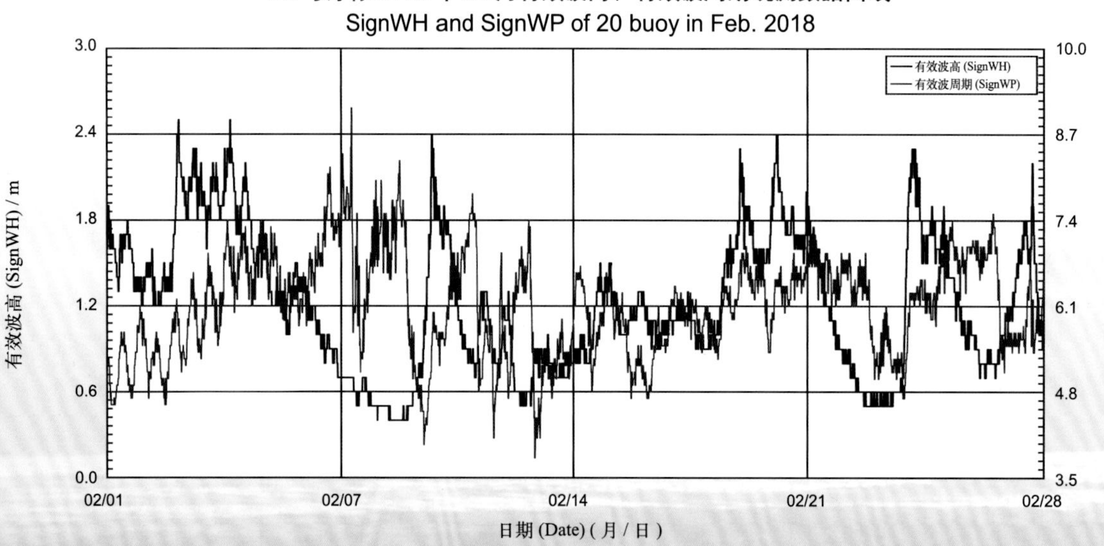

20 号浮标 2018 年 03 月有效波高、有效波周期观测数据曲线
SignWH and SignWP of 20 buoy in Mar. 2018

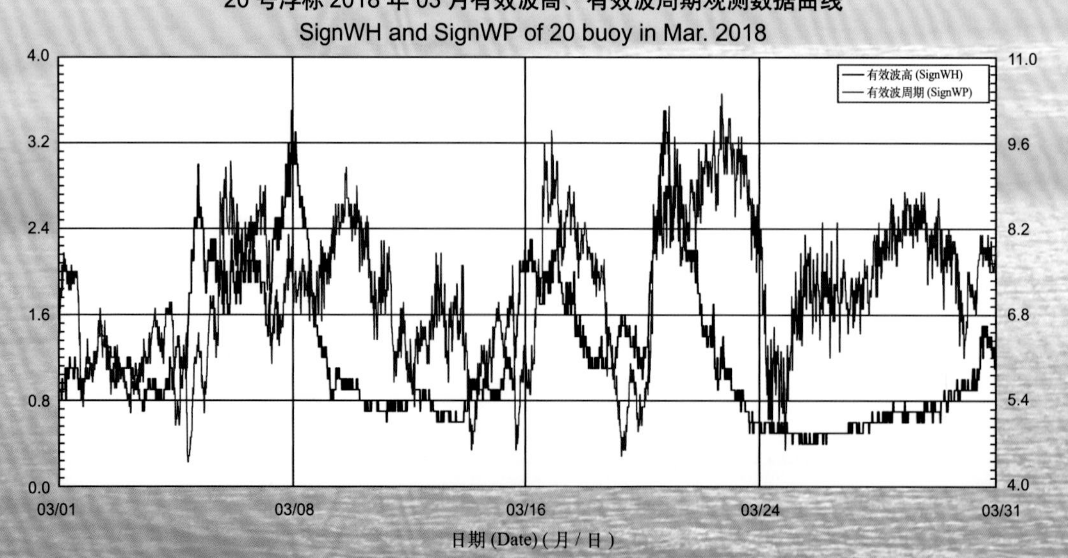

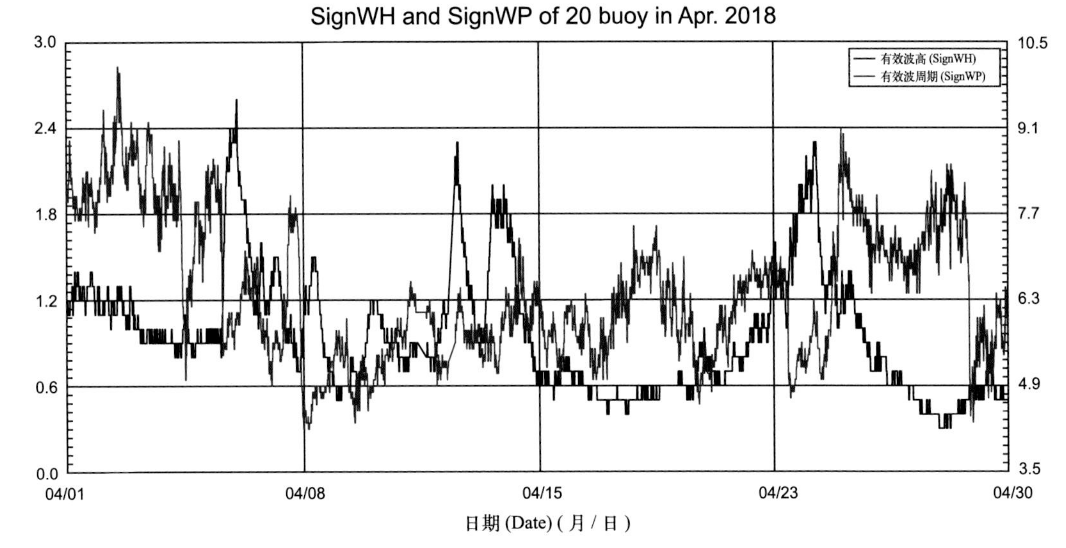
20 号浮标 2018 年 04 月有效波高、有效波周期观测数据曲线
SignWH and SignWP of 20 buoy in Apr. 2018
有效波高 (SignWH)
有效波周期 (SignWP)
有效波高 (SignWH) / m
有效波周期 (SignWP) / s
3.0
2.4
1.8
1.2
0.6
0.0
10.5
9.1
7.7
6.3
4.9
3.5
04/01
04/08
04/15
04/23
04/30
日期 (Date) (月 / 日)

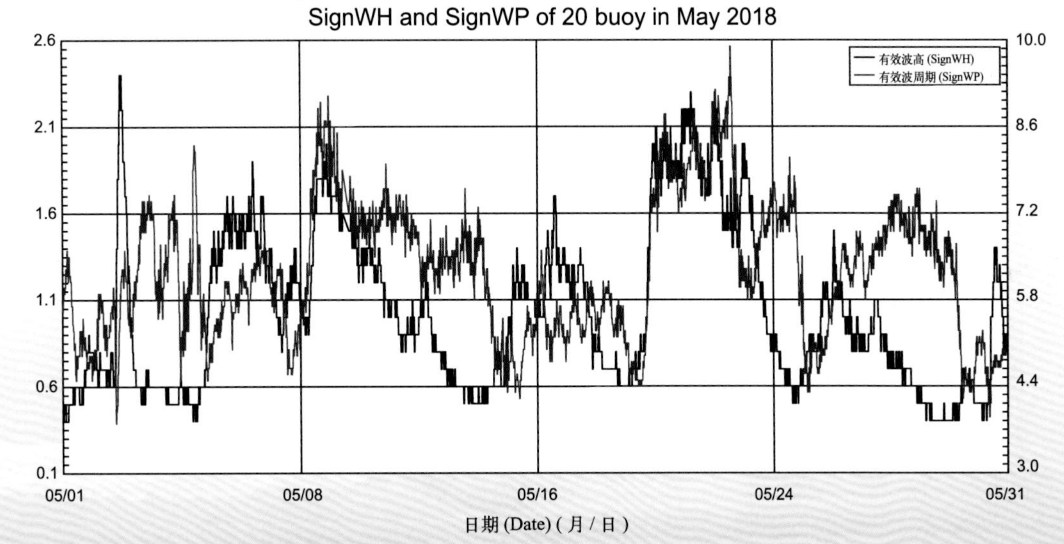
20 号浮标 2018 年 05 月有效波高、有效波周期观测数据曲线
SignWH and SignWP of 20 buoy in May 2018
有效波高 (SignWH)
有效波周期 (SignWP)
有效波高 (SignWH) / m
有效波周期 (SignWP) / s
2.6
2.1
1.6
1.1
0.6
0.1
10.0
8.6
7.2
5.8
4.4
3.0
05/01
05/08
05/16
05/24
05/31
日期 (Date) (月 / 日)

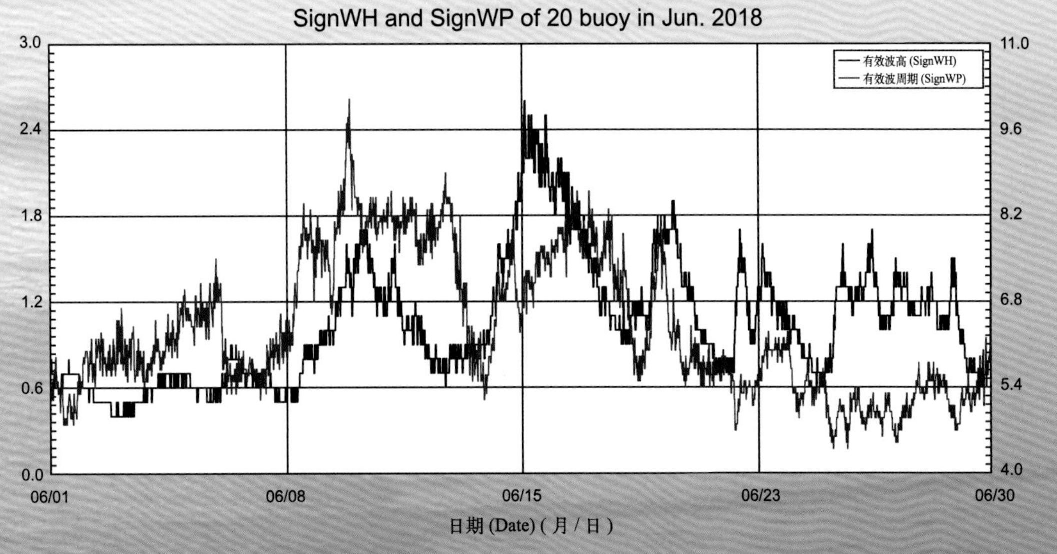
20 号浮标 2018 年 06 月有效波高、有效波周期观测数据曲线
SignWH and SignWP of 20 buoy in Jun. 2018
有效波高 (SignWH)
有效波周期 (SignWP)
有效波高 (SignWH) / m
有效波周期 (SignWP) / s
3.0
2.4
1.8
1.2
0.6
0.0
11.0
9.6
8.2
6.8
5.4
4.0
06/01
06/08
06/15
06/23
06/30
日期 (Date) (月 / 日)

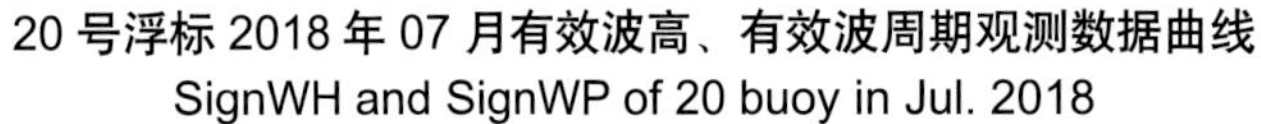

20 号浮标 2018 年 07 月有效波高、有效波周期观测数据曲线
SignWH and SignWP of 20 buoy in Jul. 2018

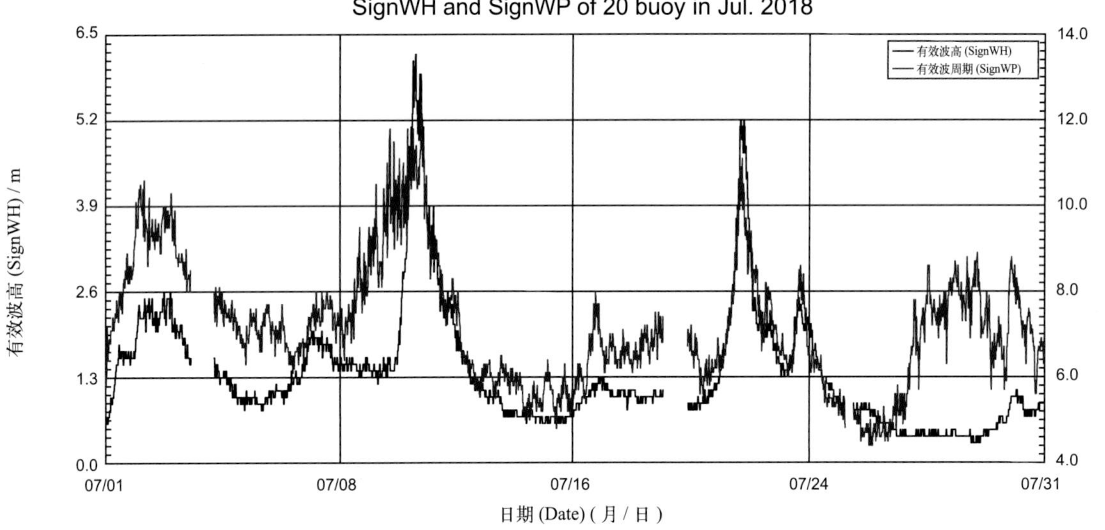

20 号浮标 2018 年 08 月有效波高、有效波周期观测数据曲线
SignWH and SignWP of 20 buoy in Aug. 2018

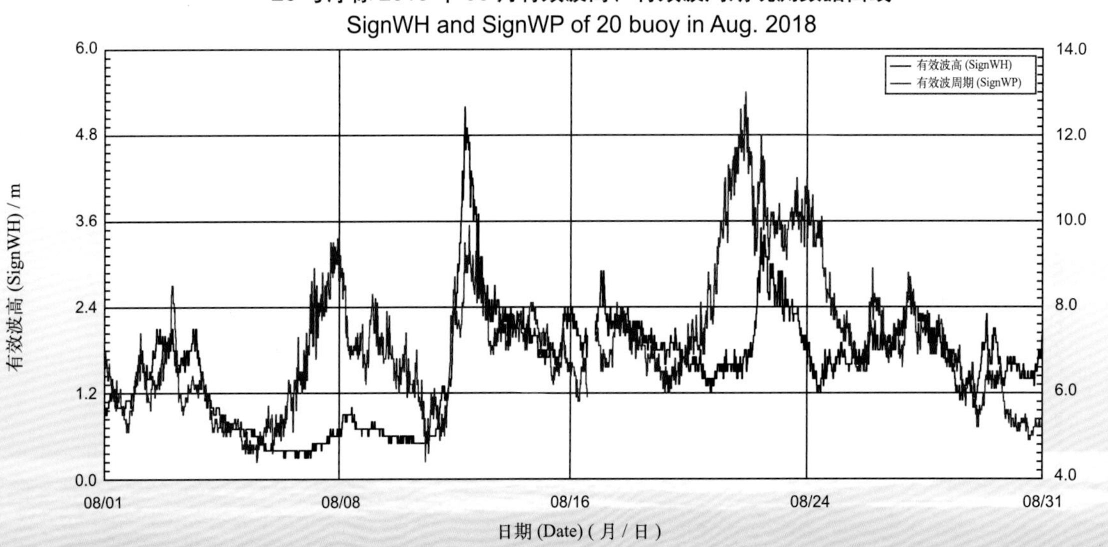

20 号浮标 2018 年 09 月有效波高、有效波周期观测数据曲线
SignWH and SignWP of 20 buoy in Sep. 2018

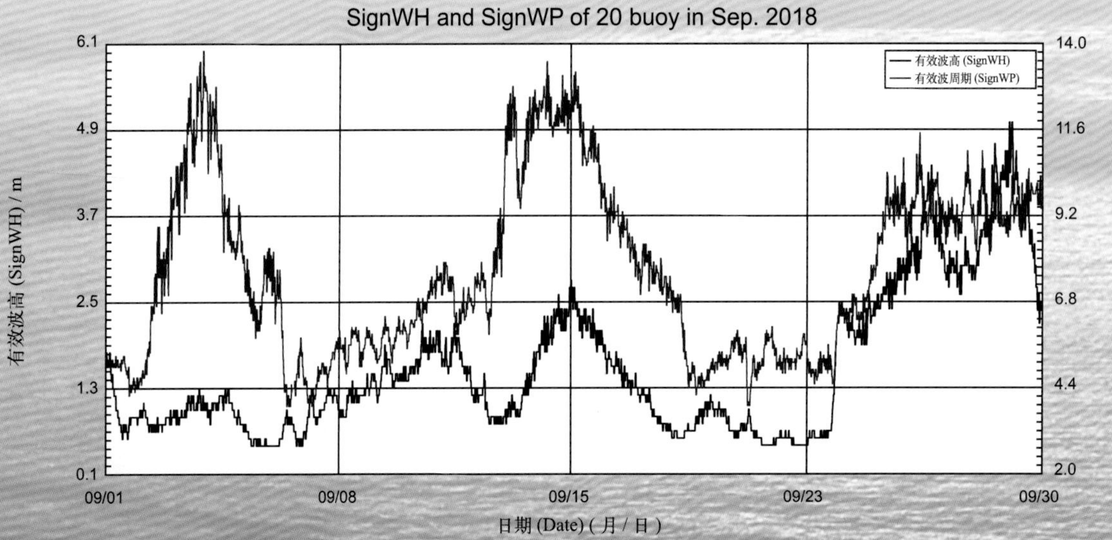

20 号浮标 2018 年 10 月有效波高、有效波周期观测数据曲线

SignWH and SignWP of 20 buoy in Oct. 2018

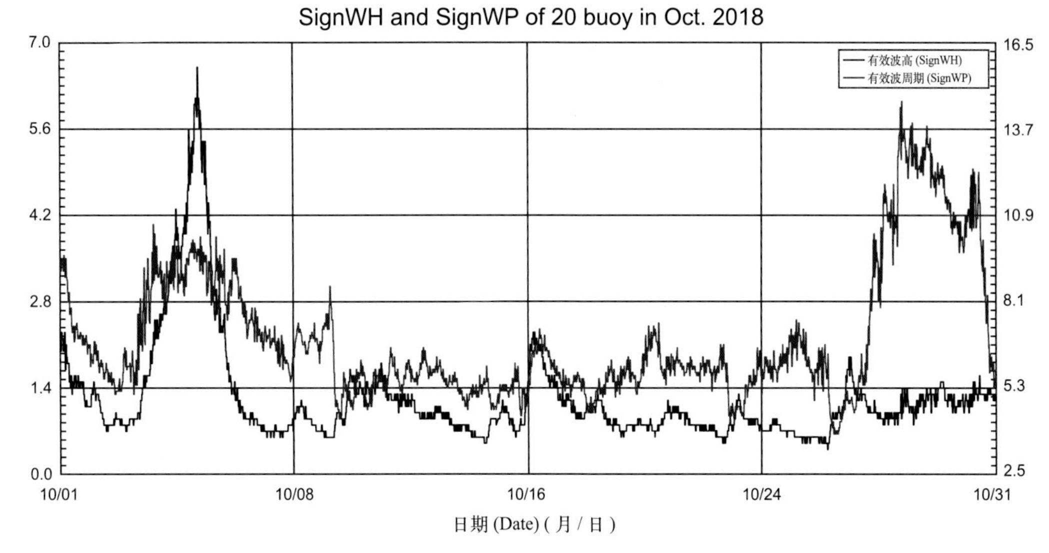

20 号浮标 2018 年 11 月有效波高、有效波周期观测数据曲线

SignWH and SignWP of 20 buoy in Nov. 2018

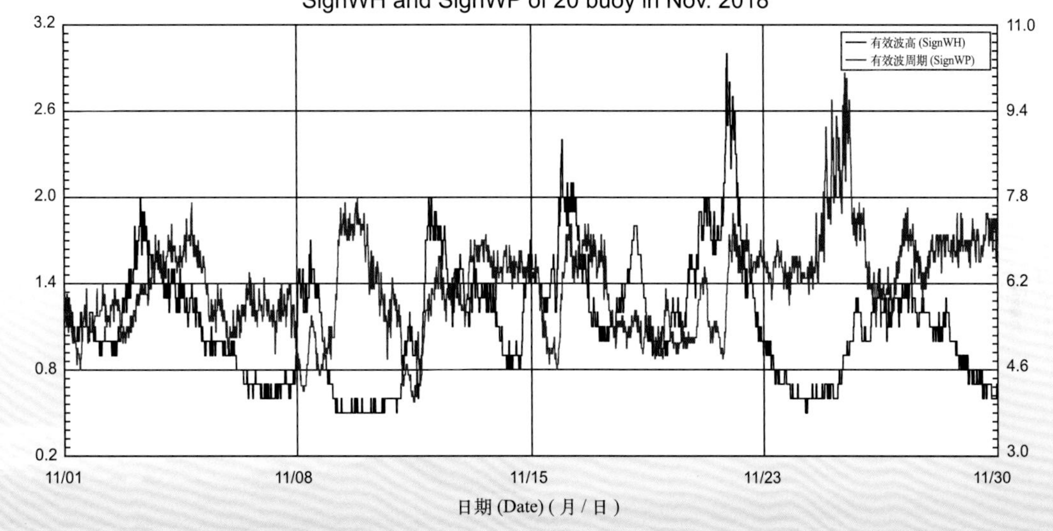

20 号浮标 2018 年 12 月有效波高、有效波周期观测数据曲线

SignWH and SignWP of 20 buoy in Dec. 2018

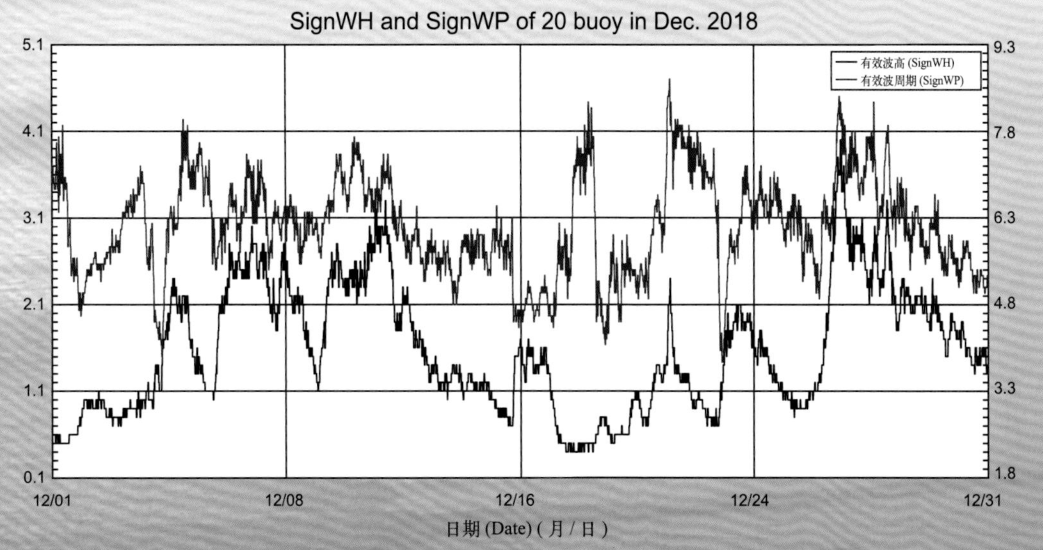